高等学校应用型“十三五”规划教材 ·**计算机类**

★ 精品课程配套教材

C/C++语言程序设计

龚尚福 贾澎涛 主编

西安电子科技大学出版社

内 容 简 介

全书共 14 章。前 8 章主要介绍 C 语言相关的基础知识和程序设计方法，其目的是使读者能迅速了解和掌握 C 语言的简单运用。这部分内容包括：C/C++语言程序设计概述、数据类型和表达式、程序设计基础、数组存储类型、函数、指针、结构体、编译预处理、文件等。后 6 章介绍 C++语言面向对象程序设计的主要概念、方法和应用。这部分内容包括：C++语言的非面向对象特性、类与对象、静态成员、友元、运算符重载、继承、多态性和虚函数、输入输出流、模板、异常处理等。

本书既保持体系合理、内容丰富、层次清晰、通俗易懂、图文并茂、易教易学的特色，又根据“夯实基础、面向应用、培养创新”的指导思想，加强了教材的基础性、应用性和创新性，注重培养读者程序设计的思维方式和技巧，可为其学习后续课程打下扎实的基础。读者可通过做书面作业和大量的上机练习熟练掌握所学内容。

本书适合作为高等院校 C/C++语言程序设计课程的教材，也适合于程序设计初学者自学使用，还可供成人教育及在职人员培训使用，同时也可作为全国计算机等级考试应试者的参考书。

图书在版编目（CIP）数据

C/C++语言程序设计 / 龚尚福，贾澎涛主编. —西安：西安电子科技大学出版社，2012.1(2020.4 重印)

高等学校应用型“十三五”规划教材

ISBN 978-7-5606-2735-9

Ⅰ. ① C… Ⅱ. ① 龚… ② 贾… Ⅲ. ① C 语言—程序设计—高等学校—教材 Ⅳ. ① TP312

中国版本图书馆 CIP 数据核字（2012）第 003037 号

策　　划　李惠萍

责任编辑　李惠萍

出版发行　西安电子科技大学出版社(西安市太白南路 2 号)

电　　话　(029)88242885　88201467　　　邮　　编　710071

网　　址　www.xduph.com　　　　　　　　电子邮箱　xdupfxb001@163.com

经　　销　新华书店

印刷单位　陕西日报社

版　　次　2012 年 1 月第 1 版　　2020 年 4 月第 6 次印刷

开　　本　787 毫米×1092 毫米　1/16　印　张　22.5

字　　数　535 千字

印　　数　17 001～20 000 册

定　　价　45.00 元

ISBN 978-7-5606-2735-9/TP

XDUP 3027001-6

前　言

随着科学技术的发展和人类社会的进步，计算机语言的应用日益渗透到国防、工业、农业、企事业和人们日常生活的各个领域，其中C语言是应用面最广的语言之一。C语言具有简洁、紧凑、灵活、实用、高效、可移植性好等优点，也是高等院校讲授程序设计课程的首选语言。随着程序设计方法的改进，面向对象的程序设计已成为主流，C++语言也应运而生并很快流行起来。因此，学习并熟练掌握C和C++就显得尤为重要。

本教材的理念是："以实例驱动教学"，不能削弱基础知识和基本语法；既需要强调基础，更需要加强实践应用。我们的目的是：让学生在掌握C/C++语法知识的基础上更好地学习程序设计的思维方式，培养学生理论联系实际、触类旁通的能力。

本教材主要具有以下特点：

(1) 注重基础性、系统性和实用性。

编者结合长期教学实践，力求在程序设计语言教学上做到循序渐进、深入浅出地阐述程序设计的方法和过程。

(2) 以原理为主线，以案例为引导，以掌握、应用为目的。

根据本科生的培养要求，本教材侧重于对学生程序设计的分析、设计、开发、调试和应用能力等方面的培养。在介绍基本语法的基础上，以大量的应用实例加以引导和启发，并通过加强习题练习和实验的训练，使学生在掌握基本语法的基础上，具有一定的程序设计思维和实践能力。

(3) 重点突出，难点分散，由浅入深。

本教材遵循面向应用的教学目标，重点突出，难点分散。例如，在指针概念的讲解上，首先将指针看做是一种数据类型，在第2章引入。其余相关的指针概念和用法分散到各章节讲授，由浅入深、循序渐进，让学生逐步接受指针的概念和用法。对内容的选取、概念的引入，以及文字叙述、例题和习题的设计等都进行了精心的策划和安排。

(4) 以实例为主，驱动教学。

本教材引入了俄罗斯方块游戏案例编程，该案例贯穿了面向对象程序设计的整个过程。该案例应用了前面所学过的几乎全部的语法知识，是编者精心设计的一个案例，更具实践性和趣味性，寓教于乐。

(5) 全书风格良好，适用面广。

本教材每章开头都有问题的引入和本章的主要内容摘要，书中还提供了大量的例题，每章末尾都附有一定数量的习题。全书文字叙述简练，风格统一，图文并茂，且所给例题程序均在机器上调试通过。

全书由14章和两个附录组成，可以分为两大部分。其中，第一部分是C语言的基础知识和程序设计方法，第二部分是C++语言面向对象的程序设计方法及应用。每一部分内容又分成不同的模块，如下所述：

第一部分：C语言的基础知识(1～3章)；C语言的主要内容(4～6章，第8章)；C语言的编译(第 7 章)。

第二部分：C++的非面向对象特性(第 9 章)；C++的主要特性(10～12 章)；模板(第 13 章)；异常处理(第 14 章)。

建议读者独立完成每章末尾所附的习题，以便复习及检查学习效果。

本教材适用面较宽，为了能适应各类专业的不同要求，C 和 C++之间既相互配合又自成体系，便于读者删减使用。

本教材由西安科技大学龚尚福、贾澎涛任主编，西安科技大学梁荣、史晓楠、龚星宇参编。其中，龚尚福编写了第 1 章，梁荣编写了第 3、4、6、7 章，史晓楠编写了第 2、5、13 章，贾澎涛编写了第 10～12 章，龚星宇编写了第 8、9、14 章，龚尚福、贾澎涛审读了全书内容。

在本教材的编写过程中参考了大量同类专著和教材，我们也尽可能地将这些文献列于书后。对于因疏漏而未能列出的参考文献，在此特向其作者表示歉意。同时也对所有参考文献的作者们表示诚挚的感谢。在本教材的编写过程中，还得到了西安科技大学领导和教务处有关同志的大力支持，在此也表示衷心的感谢。

由于时间仓促，加之编者水平有限，书中不妥或错误之处敬请读者批评、指正。

为了帮助读者学习本教材，还配套编写了《C/C++语言程序设计同步进阶经典 100 例与习题指导》(李军民主编，西安电子科技大学出版社出版)一书，其中提供了本教材中各章习题的答案与上机实习指导，供读者选用。

编　者

2011 年 12 月

目　　录

第1章 概 述

教学目标

※ 了解计算机语言的基本概念。
※ 了解算法与流程的基本概念。
※ 掌握程序设计的特点及其一般方法。
※ 了解C/C++语言的发展及其特点。
※ 掌握Microsoft Visual C++ 6.0集成环境。

1.1 计算机语言及其发展

计算机是一个有用的工具，它能做许多事情，例如进行矩阵计算、方程求解、辅助设计等。在通过计算机解决某一个问题之前，必须先把求解问题的步骤描述出来，这个步骤称为算法。例如，对一个一元二次方程，若求其实数解，算法应为：

(1) 计算方程的判别式；

(2) 如判别式小于零，则输出方程没有实根的信息；

(3) 否则，计算方程的实根，并输出计算结果。

但是，这个算法不能直接输入到计算机，因为用这种自然语言表达的算法，计算机并不理解。正像人类之间通过语言进行沟通一样，要计算机做事，就必须使用计算机能够理解的语言，称之为计算机语言。将这个算法用某种特定的计算机语言表达出来，并且输入到计算机里，通过计算机编译系统编译后运行，才能得到计算机处理的结果。把算法通过特定语言进行描述的过程称为计算机编程(或程序设计)。

自从有了计算机，也就有了计算机编程语言。计算机语言的发展经历了三个阶段：

(1) 机器语言阶段。最初的计算机编程语言是所谓的机器语言(也称为第一代语言)，即直接使用机器代码编程。机器语言即机器指令的集合。每种计算机都有自己的指令集合，计算机能直接执行用机器语言所编的程序。机器语言包括指令系统、数据类型、通道指令、中断字、屏蔽字、控制寄存器的信息等。机器语言是计算机能理解和执行的唯一语言。机种不同，其机器语言组合方式也不一样。因此，同一个题目到不同的计算机上计算时，必须编写不同机器语言的程序。机器语言是最低级的语言。

(2) 汇编语言阶段。由于机器语言指令是用多位二进制数表示的，用机器语言编程必然很繁琐，非常消耗精力和时间，难记忆，易出错，并且难以检查程序和调试程序，工作效率低。例如，字母A表示为1010，数字9表示为1001；机器语言的加法指令码有三种形式，既要考虑进位、符号，也要考虑溢出等情况，要用加法指令，就必须分别记忆。为了提高编程效率，人们引入了助记符，例如，加法用助记符 ADD 表示，减法用助记符 SUB 表示等。这就出现了所谓汇编语言(也称为第二代语言)。汇编语言同机器语言相比，并没有本质的区别，只不过是将机器指令用助记符号代替，但这已是很大的进步，它提高了编程效率，改进了程序的可读性和可维护性。直到今天，仍然有人在用汇编语言编程。但是汇编语言在运行之前，还需要一个专门的翻译程序(称为汇编程序)将其翻译为机器语言，因此实现同样的功能，汇编语言编写的程序执行效率相对于机器语言来说降低了。

(3) 高级语言阶段。虽然汇编语言较机器语言已有很大的改进，但仍有两个主要缺点：一是涉及太多的细节；二是与具体的计算机结构相关。所以，汇编语言也是低级语言，被称为面向机器的语言。为了进一步提高编程效率，改进程序的可读性、可维护性，20 世纪 50 年代以来相继出现了许多种类的高级计算机编程语言(也称为第三代语言)，例如：Fortran、Basic、Pascal、Java、C 和 C++ 等，其中 C 和 C++ 是当今最流行的高级计算机程序设计语言。

高级语言比低级语言更加抽象、简洁，它具有以下特点：

① 一条高级语言的指令相当于几条机器语言的指令；

② 用高级语言编写的程序同自然英语语言非常接近，易于学习；

③ 用高级语言编写程序并不需要熟悉计算机的硬件知识。

同汇编语言类似，高级语言也需要专门的翻译程序(称为编译器或解释器)将它翻译成机器语言后才能运行。因此，实现同样的功能，用高级语言编写的程序执行效率相对于机器语言和汇编语言来说是最低的。

1.2 算法与流程

1.2.1 算法的概念

程序设计的灵魂是算法，而语言只是形式。可以说计算机语言只是一种工具，用来描述处理问题的方法和步骤。但是只要有正确的算法，就可以利用任何一种语言编写程序，使计算机进行工作，得出正确的结果。

所谓“算法”，指为解决一个问题而采取的方法和步骤，或者说是解题步骤的精确描述。对于同一个问题，可以有不同的解题方法与步骤。例如求 $1+2+3+\cdots+100$，即 $\sum_{n=1}^{100} n = 1+2+3+\cdots+100$，就有不同的方法，有人先进行 $1+2$，再加 3，再加 4，一直加到 100，得到结果 5050。而有的人采取另外的方法：$\sum_{n=1}^{100} n = 100+(99+1)+(98+2)+\cdots+(51+49)+50 = 50+50\times100=5050$。显然，对心算来说，后者比前者更容易得出正确的结果。

算法有优劣，一般而言，应当选择简单的、运算步骤少的，运算快、内存开销小的算法(算法的时空效率)。算法应具备有穷性、确定性、有效性、有零个或多个输入(即：可以没有输入，也可以有输入)、有一个或多个输出(即算法必须得到结果)的特性。

1.2.2　算法的表示形式

为了表示一个算法，可以用不同的方法。常用的算法表示方法有自然语言、传统流程图、结构化流程图(N-S 流程图)、伪代码、计算机语言等。本书将重点讲述传统流程图和 N-S 流程图。

1. 传统流程图

流程图即用一些约定的几何图形来描述算法的组合图。用某种图框表示某种操作，用箭头表示算法流程。图 1.1 所示的图例就是美国标准化协会 ANSI 规定的一些常用的流程图符号，已为世界各国程序工作者普遍采用。

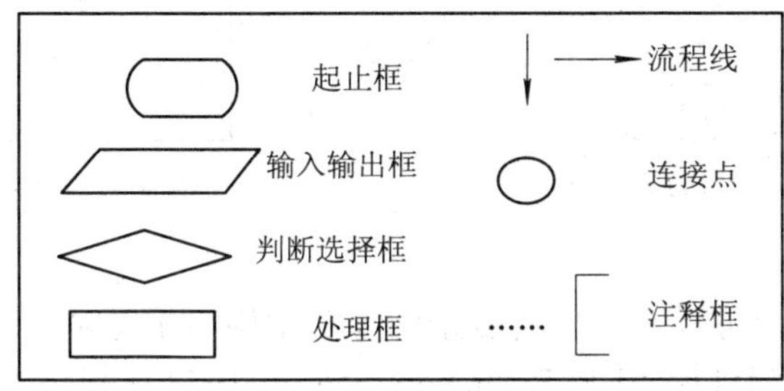

图 1.1　常用的流程图符号

- 起止框：表示算法的开始和结束。一般内部只写“开始”或“结束”。
- 输入输出框：表示算法请求输入需要的数据或算法将某些结果输出。一般内部常常填写“输入…”，“打印/显示…”。
- 判断选择框：对一个给定条件进行判断，根据给定的条件是否成立来决定如何执行其后的操作。它有一个入口，两个出口。
- 处理框：表示算法的某个处理步骤，一般内部常常填写赋值操作。
- 连接点：用于将画在不同地方的流程线连接起来。同一个编号的点是相互连接在一起的，实际上同一编号的点是同一个点，只是画不下才分开来画。使用连接点，还可以避免流程线的交叉或过长，使流程图更加清晰。
- 注释框：注释框不是流程图中必须的部分，不反映流程和操作，它只是对流程图中某些框的操作做必要的补充说明，以帮助阅读流程图的人更好地理解流程图的作用。

例 1.1　求 5!。

① 算法分析：实际上是在做 1×2×3×4×5 的运算。

② 算法步骤可以分为：

步骤 1：设变量 p，被乘数，p=1；

步骤 2：设变量 i，代表乘数，i=2；

步骤 3：使 p×i，乘积放在被乘数变量 p 中，可表示为：p×i⇒p；

步骤 4：使 i 的值加 1，即 i+1⇒i；

步骤 5：如果 i 不大于 5，返回重新执行步骤 3 以及其后的步骤 4、步骤 5，否则，算法

结束。最后得到的 p 就是 5! 的值。

③ 绘制流程图，如图 1.2 所示。

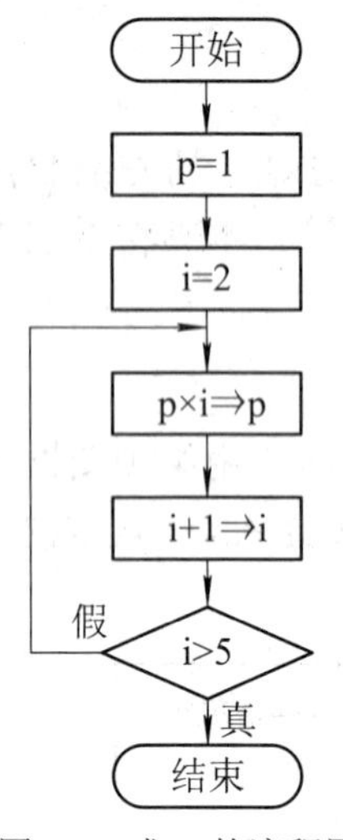

图 1.2　求 5!的流程图

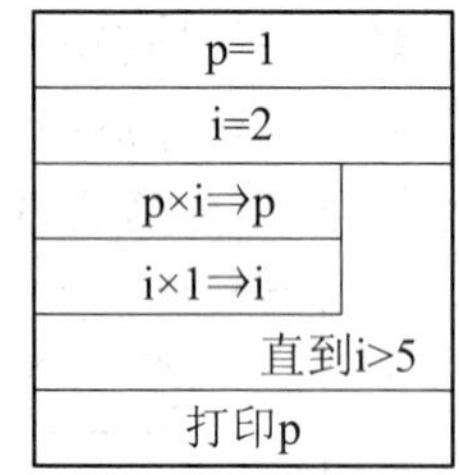

图 1.3　求 5!的 N-S 流程图

2. N-S 流程图

基本结构的顺序组合可以表示任何复杂的算法结构，于是基本结构之间的流程线就属于多余的了，于是美国学者 I.Nasii 和 B.shneiderman 于 1973 年提出了一种新的流程图形式：将全部算法写在一个矩形框内，完全去掉了带箭头的流程线。这种流程图称为 N-S 结构化流程图，也称盒图。

例 1.2　将求 5! 的算法用 N-S 图表示。

5!的 N-S 流程图如图 1.3 所示。

N-S 图比文字描述直观、形象，便于理解，比传统流程图紧凑易画，尤其是它废除了流程线，整个算法是由各个基本结构按顺序组成的。N-S 图的上下顺序就是执行时的顺序，写算法和看算法都是从上到下，十分方便。用 N-S 图表示的算法都是结构化算法，它由几种基本结构顺序组成，基本结构之间不存在跳转，流程的转移只存在于一个基本结构范围之内(如循环中流程的跳转)。N-S 图不能表示非结构化算法，而且当问题很复杂时，N-S 图可能很大。在后续章节程序算法描述中将采用传统流程图，如果读者感兴趣的话，可以将它们转化成为 N-S 流程图。

1.3　程序设计方法

为解决一个问题，用计算机语言编写计算机程序的过程，称为程序设计。程序设计需要有一定的方法来指导，有些问题算法比较简单，可以直观得到，如前面提到的一元二次方程求解的算法；对于有些较为复杂的问题，则需要对问题进行分解，如字符串的处理就要复杂一些，涉及到字符串的合并、拷贝、比较等，就不是一个简单算法能够表达的。对要解决的问题进行抽象和分解，对程序进行组织与设计，使得程序的可维护性、可读性、稳定性、效率等更好，是程序设计方法研究的问题。目前，有两种重要的程序设计方法：

结构化的程序设计和面向对象的程序设计，下面分别进行简单的介绍。

1.3.1 结构化程序设计方法

1. 结构化程序设计的基本概念

结构化程序设计(SP，Structured Programming)方法是由 E. Dijkstra 等人于 1972 年提出来的，它建立在 Bohm、Jacopini 证明的结构定理的基础上。结构定理指出：任何程序逻辑都可以用顺序、选择和循环三种基本结构来表示，如图 1.4 所示。在结构定理的基础上，Dijkstra 主张避免使用 goto 语句(goto 语句会破坏这三种结构形式)，而仅仅用上述三种基本结构反复嵌套来构造程序。在这一思想指导下，进行程序设计时，可以用所谓“自顶向下，逐步求精”的方式对问题进行分解。

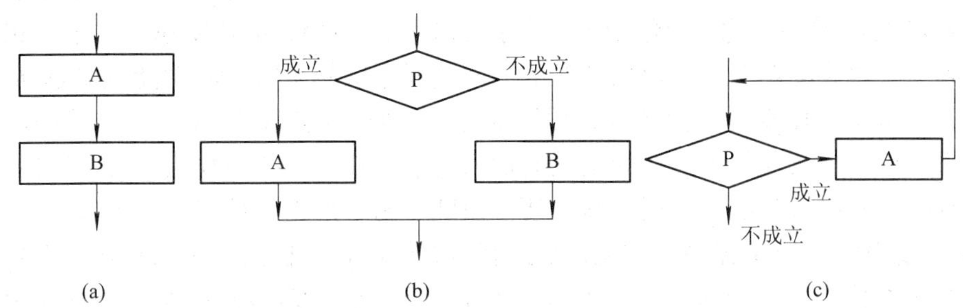

图 1.4 程序的顺序、选择和循环三种基本结构

(a) 顺序结构；(b) 选择结构；(c) 循环结构

由于用结构化方法设计的程序只存在三种基本结构，程序代码的空间顺序和程序执行的时间顺序基本一致，因此程序结构比较清晰。一个结构化程序应符合以下标准：

(1) 程序仅由顺序结构、选择结构和循环结构三种基本结构组成，基本结构可以嵌套。

(2) 每种基本结构都只有一个入口和一个出口，即一端进，一端出。这样的结构置于其他结构之间时，程序的执行顺序必然是从前一结构的出口到本结构的入口，经本结构内部的操作，到达本结构的唯一出口，体现出流水化特点。

(3) 程序中没有死循环(不能结束的循环)和死语句(程序中永远执行不到的语句)。

2. 结构化程序设计方法遵循的原则

结构化程序设计强调程序设计风格和程序结构的规范化，提倡清晰的流程结构。如果面临一个复杂的问题，是难以很快写出一个层次分明、结构清晰、算法正确的程序的。结构化程序设计方法的基本思路是：把一个复杂问题的求解过程分阶段(流水作业)进行，每个阶段处理的问题都控制在人们容易理解和处理的范围内。具体来说，可采取以下方法保证得到结构化的程序。

(1) 自顶向下，逐步求精。这种方法的特点是抓住整个问题的本质特性，采用自顶而下逐层分解的方法，对问题进行抽象，划分出不同的模块，形成不同的层次概念。把一个较大的复杂问题分解成若干相对独立而又简单的小问题，只要解决了这些小问题，整个问题也就解决了。实际上，其中每一个小问题又可进一步分解为若干更小的问题，一直重复下去，直到每一个小问题足够简单，便于编程为止。这种方法便于检查算法的正确性，在上

一层正确的情况下向下细分，如果每层都没有问题，整个算法就是正确的。由于每层细化时都相对比较简单，容易保证算法的正确性。检查时也是由上向下逐层进行，思路清晰，既严谨又方便。

(2) 模块化设计。模块化设计是把复杂的算法或程序，分解成若干相对独立、功能单一，甚至可供其它程序调用的模块。在引入结构化程序设计之后，这些模块不仅与通常所说的子算法、子程序或子过程有着相似的概念，是一种可供调用、相对独立的程序段，而且必须是由三种基本结构组成的。整个系统犹如积木一般，由各个模块组合而成。各模块之间相互独立，每个模块可以独立地进行分析、设计、编程、调试、修改和扩充，而不影响其他模块或整个程序的结构。

进行模块化设计时，注意在不同模块中提取功能相同的子模块，作为一个独立的子模块。这样可以缩短程序，提高模块的复用率。设计模块时要尽量减小模块间的耦合度(模块间的相互依赖性)，增大内聚度(模块内各成分的相互依赖性)。耦合度越小，模块相互间的独立性就越大；内聚度越大，模块内部各成分间的联系就越紧密，其功能也就越强。

模块化结构不仅使复杂的程序设计得以简化，开发周期得以缩短，节省费用，提高了软件的质量，还可有效地防止模块间错误的扩张，增强整个系统的稳定性与可靠性；同时，也使程序结构具备层次分明、条理清晰、便于组装、易于维护等特点。

(3) 程序结构化。所谓程序结构化，是指利用高级语言提供的相关语句实现三种基本结构，每个基本结构具有唯一的入口和出口，整个程序由三种基本结构组成，程序中不使用goto之类的语句。

3. 结构化程序设计过程

结构化程序设计的过程分为三个基本步骤：分析问题(Question)、设计算法(Algorithm)、编写程序(Program)，简称QAP方法。

第一步：分析问题。对问题进行定义与分析。① 确定要产生的数据(称为输出)，定义表示输出的变量。② 确定需要进行输入的数据(称为输入)，定义表示输入的变量。③ 研制一种算法，从有限步的输入中获取输出。这种算法定义为结构化的顺序操作，以便在有限步内解决问题。就数字问题而言，这种算法包括获取输出的计算；但对非数字问题来说，这种算法可能包括许多文本和图像处理操作。

第二步：设计算法。设计程序的轮廓(结构)，并画出程序的流程图。① 对一个简单的程序来说，通过列出程序顺序执行的动作，便可直接画出程序的流程。② 对于复杂的程序来说，使用自上而下的设计方法，把程序分割为一系列的模块，形成一张结构图。每一个模块完成一项任务，再对每一项任务进行逐步求精，描述这一任务中的全部细节，最终将结构图转变成流程图。

第三步：编写程序。采用一种计算机语言(如使用C语言)实现算法编程。① 编写程序，即将前面步骤中描述性的语言转换成C语句。② 编辑程序，即测试和调试程序。③ 获取结果，即获取程序运行结果。

结构化的程序设计虽然是广泛使用的一种程序设计方法，但也有一些缺点：

(1) 恰当的功能分解是结构化程序设计的前提。然而，对于用户需求来讲，变化最大的部分往往就是功能的改进、添加和删除。结构化程序要实现这种功能变化并不容易，有时甚至要重新设计整个程序的结构。

(2) 在结构化程序设计中，数据和对数据的操作(即函数)分离，函数依赖于数据类型的表示。数据的表示一旦发生变化，则与之相关的所有函数均要修改，这就使得程序维护量增大。

(3) 结构化的程序代码复用性较差。通常也就是调用一个函数或使用一个公共的用户定义的数据类型而已。由于数据结构和函数密切相关，使得函数并不具有一般特性。例如，一个求解方程实根的函数不能应用于求解复数的情形。

1.3.2　面向对象程序设计方法

面向对象程序设计是另一种重要的程序设计方法，它能够有效地改进结构化程序设计中存在的问题。面向对象的程序与结构化的程序不同，例如，由 C++ 语言编写的结构化的程序是由一个个的函数组成的，而由 C++ 语言编写的面向对象的程序是由一个个的对象组成的，对象之间通过消息可以相互作用。

在结构化程序设计中，解决某一个问题，就是要确定这个问题能够分解为哪些函数，数据能够分解为哪些基本的类型，如 int(整型)、double(双精度实型)等。也就是说，思考方式是面向机器结构的，而不是面向问题结构的，需要在问题结构和机器结构之间建立联系。而面向对象程序设计方法的思考方式是面向问题结构的，它认为现实世界是由一个个对象组成的，在解决某个问题时，先要确定这个问题是由哪些对象组成的。

客观世界中任何一个事物都可以看做一个对象。或者说，客观世界是由千千万万个对象组成的，它们之间通过一定的渠道相互联系。例如一所学校是一个对象，一个班级也是一个对象。实际生活中，人们往往在一个对象中进行活动，或者说对象是进行活动的基本单位。例如在一个班级对象中，学生上课、休息、开会和参加文娱活动等。作为对象，它应该至少具备两个因素：一是从事活动的主体，例如班级中的若干名学生；二是活动的内容，如上课、开会等。

从计算机的角度看，一个对象应该包括两个因素：一是数据，相当于班级中学生的属性；二是需要进行的操作(函数)，相当于学生进行的各种活动。对象就是一个包含数据以及与这些数据有关的操作集合。图 1.5 表示了一个对象是由数据和操作组成的集合。

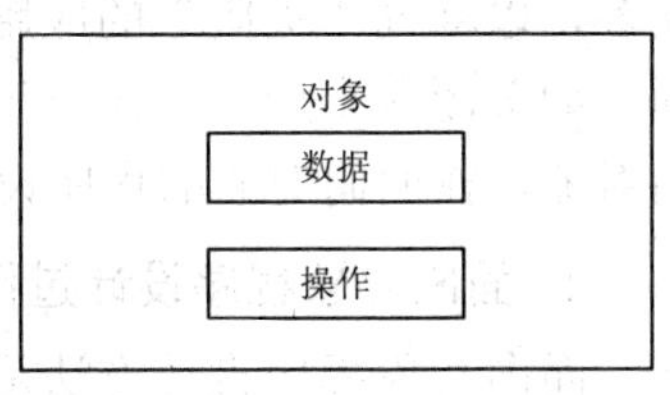

图 1.5　对象的组成

单个对象的用处并不大，程序往往通过对象之间的交互作用，获得更高级的功能和更复杂的行为。例如，一辆汽车停在路边，本身并不能动作，仅当另一个对象(一个司机)和它交互(开车)时才有用。对象之间的这种相互作用需通过消息进行通信(消息需要有足够的信息)。当对象 A 要执行对象 B 的方法时，对象 A 发送一个消息到对象 B，通知接收对象 B 要它做什么。

消息由三个部分组成：① 接受消息的对象；② 要执行的函数的名字；③ 函数需要的参数。例如，教师要求学生张三完成 5 的阶乘计算这一任务，则这个教师会说：“张三，5 的阶乘是多少？”这句话就是教师向学生张三发出的消息。其中，教师是发送消息的对象，张三是接受消息的对象，教师调用张三计算阶乘的函数并发送了参数 5。

面向对象的程序设计有三个主要特性，它们是：封装、继承和多态，下面先对这几个特性作简单的介绍，具体内容将在后续章节中详细叙述。

1. 封装

在现实世界中，常常有许多相同类型的对象。例如，李四的汽车只是世界上许多汽车中的一个。如果把汽车看做一个大类，那么李四的汽车只是汽车对象类中的一个实例。汽车对象都有相同的数据和对数据的操作行为，但是每一辆汽车的数据又是独立的。根据这个事实，制造商制造汽车时，用相同的蓝图制造许多汽车。在面向对象的程序设计中，称这个蓝图为类。也就是说，类是定义某种对象共同的数据和操作的蓝图或原型。在C++中，封装是通过类来实现的。数据成员和成员函数可以是公有的或私有的。公有的数据成员和成员函数能够被其他的类访问。如果一个成员函数是私有的，它仅能被该类的其他成员函数访问，而私有的数据成员仅能被该类的成员函数访问。因而，它们被封装在类的作用域内。封装是一个有用的机制，具体表现为：① 可以保护未经许可的访问；② 可使信息局部化。

2. 继承

继承在现实生活中很容易理解，例如，我们每个人都从我们的父母身上继承了一些特性，如血型、肤色、毛发的颜色等等。以面向对象程序设计的观点看，继承所表达的是对象类之间相关的关系，这种关系使得某类对象可以继承另外一类对象的特征和能力。再以哺乳动物猫为例，波斯猫和安哥拉猫都是猫的一种，它们都继承了猫科动物的所有特性，但又有自己的特征。用面向对象的术语来说，它们都是猫类的子类(或派生类)，而猫类是它们的父类(基类或超类)。它们的关系如图1.6所示。

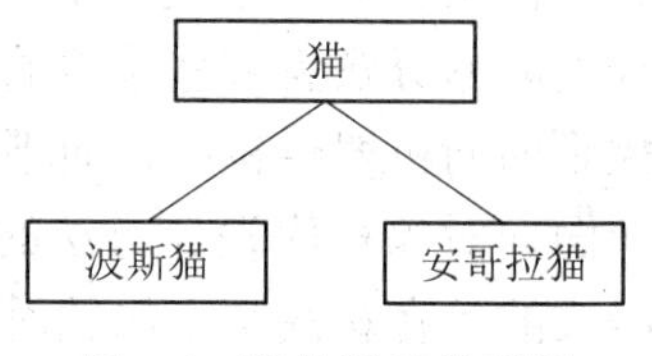

图1.6　猫的继承关系图

每一个子类继承了父类的数据和操作，但是子类并不仅仅局限于父类的数据和操作，还可以扩充自己的内容。继承的主要益处是可以复用父类的程序代码。

3. 多态

多态是指对于相同的消息，不同的对象具有不同反应的能力。多态在自然语言中应用很多，以动词“关闭”的应用为例来看，同一个“关闭”应用于不同的对象时含义就不相同，如关闭一个门、关闭一个银行账户或关闭一个窗口。精确的含义依赖于执行这种行为的对象。在面向对象的程序设计中，多态意味着不同的对象对同一消息具有不同的解释。

4. 面向对象程序设计过程

面向对象程序设计方法是遵循面向对象方法的基本概念而建立起来的，它的设计过程主要包括面向对象的分析(OOA，Object Oriented Analysis)、面向对象的设计(OOD，Object Oriented Design)、面向对象的实现(OOI，Object Oriented Implementation)三个阶段。

(1) 面向对象的分析(OOA)。OOA的主要目的就是自上而下地进行分析，即将整个软件系统看做是一个对象，然后将这个大的对象分解成具有语义的对象簇和子对象，同时确定这些对象之间的相互关系。

(2) 面向对象的设计(OOD)。OOD的任务是将对象及其相互关系进行模型化，建立分类关系，解决问题域中的基本构建。在这个阶段确定对象及其属性，以及影响对象的操作并实现每个对象。

(3) 面向对象的实现(OOI)。OOI是软件具体功能的实现，是对对象的必要细节加以刻画，是面向对象程序设计由抽象到具体的实现步骤，即最终用面向对象的编程实现建立在

OOA 基础上的模型。

通过上面的介绍可以看出，面向对象的程序设计完全不同于结构化的程序设计。后者是将问题进行分解，然后用许多功能不同的函数来实现，数据与函数是分离的；前者是将问题抽象成许多类，将数据与对数据的操作封装在一起，各个类之间可能存在着继承关系，对象是类的实例，程序是由对象组成的。面向对象的程序设计可以较好地克服结构化程序设计存在的问题，使用得好，可以开发出健壮的、易于扩展和维护的应用程序。

1.4　C/C++的特点

C 语言是集汇编语言和高级语言的优点于一身的程序设计语言，既可以用来开发系统软件，也可以用来开发应用软件。

C 语言是从 B 语言衍生而来的，它的原型是 ALGOL 60 语言。1963 年，剑桥大学将 ALGOL 60 语言发展成为 CPL(Combined Programming Language)语言。1967 年，剑桥大学的 Matin Richards 对 CPL 语言进行了简化，于是产生了 BCPL 语言。1970 年，美国贝尔实验室的 Ken Thompson 对 BCPL 进行了修改，提炼出它的精华进而设计出了 B 语言，并用 B 语言编写了第一个 UNIX 操作系统。1973 年，美国贝尔实验室的 D.M.Ritchie 在 B 语言的基础上设计出了一种新的语言，他取了 BCPL 的第二个字母作为这种语言的名字，这就是 C 语言。

为了使 UNIX 操作系统得以推广，1977 年，D.M.Ritchie 发表了不依赖于具体机器系统的 C 语言编译文本《可移植的 C 语言编译程序》。1978 年，B.W.Kernighan 和 D.M.Ritchie 出版了名著《The C Programming Language》，从而使 C 语言成为目前世界上流行最广泛的高级程序设计语言。

随着微型计算机的日益普及，出现了许多 C 语言版本。由于没有统一的标准，使得这些 C 语言之间出现了一些不一致的地方。为了改变这种情况，美国国家标准化协会(ANSI)对 C 语言进行了标准化，于 1983 年颁布了第一个 C 语言标准草案(83 ANSI C)，后来于 1987 年又颁布了另一个 C 语言标准草案(87 ANSI C)。随后的 C 语言标准是在 1999 年颁布并在 2000 年 3 月被 ANSI 采用的 C99，但由于未得到主流编译器厂家的支持，直到 2004 年 C99 也未被广泛使用。

在 C 语言被创建不久，出现了新的概念——面向对象程序设计。但 C 语言并不支持对象，于是美国贝尔实验室的 Bjarne Stroustrup 在 C 语言的基础上弥补了 C 语言存在的一些问题，增加了面向对象的特征，于 1980 年开发出一种既支持过程也支持对象的语言，称为“含类的 C”，1983 年取名为 C++。

1. C 语言的特点

C 语言作为目前世界上使用最广泛的程序设计语言，被许多程序员选择来设计各类程序，它的优势主要取决于 C 语言具有结构化、语言简洁、运算符丰富、移植性强等诸多特点。

(1) 结构化。C 语言是结构化的程序设计语言，其主要结构成分是函数，可通过函数实现不同程序的共享。另外，C 语言具有结构化的控制语句，支持多种循环结构，复合语句也支持程序的结构化。这些特点使得 C 语言层次清晰、结构紧凑，比非结构化的语言更易于使用和维护。

(2) 语言简洁。C 语言的语言形式简洁、紧凑，其语言表达方式尽可能的简单。在 C 语言中使用一个运算符就能够完成在其他语言中通常要用多个语句才能实现的功能，如条件运算符“?:”就是在一个表达式中完成了分支结构。简洁的表达方式不仅使程序的编写更加精练，而且减少了程序员的书写量，极大地提高了编程效率。

(3) 功能强大。C 语言具有高级语言的通用性，能完成数值计算及字符、数据等的处理；同时，C 语言还具有低级语言的特点，能对物理地址进行访问，对数据的位进行处理和运算。C 语言这种兼具高级语言和低级语言功能的特点使得它能够代替低级语言开发系统软件和应用软件。著名的 UNIX 操作系统的 90% 以上的代码就是用 C 语言实现的。

(4) 数据结构丰富。C 语言具有其他高级语言所具有的各种数据结构，而且 C 语言又赋予了这些数据结构更加丰富的特性，用户能够扩充数据类型，实现各种复杂的数据结构，完成各种问题的数据描述。

(5) 运算符丰富。C 语言除了具有其他高级语言所具有的运算符外，还具有 C 语言特有的运算符，比如增量运算符、逗号运算符、条件运算符、移位运算符和强制类型转换运算符等。大量的运算符使得 C 语言的绝大多数的处理和运算都可以用运算符来表达，提高了 C 语言的表达能力。

(6) 生成的代码质量高。实验表明，用 C 语言开发的程序生成的目标代码的效率只比用汇编语言开发同样程序生成的目标代码的效率低 10% 到 20%。由于用高级语言开发程序描述算法比用汇编语言描述算法要简单、快捷，编写的程序可读性好，修改、调试容易，所以 C 语言就成为人们用来开发系统软件和应用软件的一个比较理想的工具。

(7) 可移植性好。由于 C 语言程序本身不依赖于机器的硬件系统，因此用 C 语言编制的程序只需少量修改，甚至可以不用修改就可以在其他的硬件环境中运行。正因为 C 语言程序的可移植性好，UNIX 操作系统才可以迅速地在各种机型上得以实现和使用。

C 语言虽然具有上述这些优点，但也并非尽善尽美，它也存在一些缺点。比如，程序设计人员可以利用指针对任意的物理地址进行访问，而且不加检验，这就有可能访问到被禁止访问的内存单元，造成程序错误甚至系统瘫痪。但是这样的错误却无法被 C 编译系统检验出来。因此要求程序设计人员首先要透彻地理解 C 语言，才可避免可能出现的错误。尽管 C 语言有这些缺点，但仍不失为一种优秀的程序设计语言。对于 C 语言的上述这些特点，随着以后的学习会逐渐有所体会。

2. C++ 的优点

C++ 从 C 语言发展而来，比 C 语言具有更多的优点，主要包括下述几个方面：

(1) 与 C 语言兼容，既支持面向对象的程序设计，也支持结构化的程序设计。因此，熟悉 C 语言的程序员，能够迅速掌握 C++ 语言。

(2) 修补了 C 语言中的一些漏洞，提供更好的类型检查和编译时的分析功能。

(3) 生成目标程序质量高，程序执行效率高。一般来说，完成同样功能，用面向对象的 C++编写的程序其执行速度与 C 语言程序的执行速度不相上下。

(4) 提供了异常处理机制，简化了程序的出错处理。利用 throw、try 和 catch 关键字，出错处理程序不必与正常的代码紧密结合，提高了程序的可靠性和可读性。

(5) 函数可以重载也可以使用缺省参数。重载允许相同的函数名具有不同参数表，系统根据参数的个数和类型匹配相应的函数。缺省参数可以使得程序员能够以不同的方法调用同一个函数，并自动对某些缺省参数提供缺省值。

(6) 提供了模板机制。模板包括类模板和函数模板两种，它们将数据类型作为参数。对于具体数据类型，编译器自动生成模板类或模板函数，模板提供了源代码复用的一种手段。

1.5　C 与 C++ 程序实例

1.5.1　C 程序实例

每一种程序设计语言都具有自己的语法规则和特定的表达方法。一个程序只有严格按照语言规定的语法和表达方式编写，才能保证编写的程序在计算机中能正确地执行。首先通过分析一个简单的程序，了解计算机程序结构以及如何通过程序来控制计算机的操作。

例 1.3　简单的 C 语言程序。

```
#include<stdio.h>                          /*预处理指令*/
main( )                                    /*主函数*/
{
  printf("My first C program!\n");         /*输出双引号中的内容*/
}
```

程序运行结果为：

```
My first C program!
```

一个计算机高级语言程序均由一个主程序和若干个(包括零个)子程序组成，程序的运行从主程序开始，子程序由主程序或其他子程序调用执行。在 C 语言中，主程序和子程序都称为函数，规定主函数必须以 main 命名。因此，一个 C 语言程序必须由一个名为 main 的主函数和若干个(包括零个)函数组成，程序的运行从 main 函数开始，其他函数由 main 函数或其他函数调用执行。

例 1.3 程序的第 1 行“#include”是编译程序的预处理指令，末尾不能加分号；“stdio.h”是 C 编译程序提供的系统头文件(或称为包含文件)。当程序中调用标准输入/输出函数时，应在调用之前需写上“#indude<stdio.h>”。

在 C 语言程序中，每一语句占一行(也可若干条语句在同一行，但为了阅读方便，建议一条语句占一行)，语句右边“/* …*/”是注释，“/*”是注释的开始符号，“*/”是注释的结束符号；注释符号之间的文字是注释内容。注释的作用是对程序功能、被处理数据或处理方法进行说明，注释部分仅供程序员阅读，不参与程序运行，所以注释内容不需要遵守 C 语言的语法规则。如例 1.3 中，“/*输出双引号中的内容*/”注明了“printf("My first C program!\n");”语句的作用。再来看一个例子。

例 1.4　求两个整数之和。

```
#include<stdio.h>
main()                /*主函数*/
{
  int a,b,sum;        /*设置变量的数据类型*/
```

```
    a=1;                    /*给变量赋初值*/
    b=2;
    sum=a+b;                /*加法运算*/
    printf("sum=%d\n",sum);
}
```

程序运行结果为：

```
sum=3
```

程序从主函数 main 开始，大括号之间的内容为主函数的函数体部分。在函数体中，第一句为变量说明语句，说明语句说明 a、b 和 sum 为整型变量，存放整数，分别代表加数 a、b 以及和变量 sum。语句“a=1”和“b=2”的作用是给变量 a、b 赋值 1 和 2。这样就可以通过“sum=a+b”计算出“a+b”的值为 3，最后程序输出 a 加 b 的和值。

通过对上面两个程序的分析，相信大家对 C 语言程序有了一个初步认识。虽然对其中的某些细节问题可能还不能完全理解，但至少应当了解到 C 语言程序结构具有以下几个方面的特点：

(1) C 语言程序是由函数构成的。一个 C 语言程序可以由一个或多个函数构成，函数是 C 语言程序的基本单位。其中必须有而且只能有一个主函数 main，主函数是 C 语言程序运行的起始点，每次执行 C 语言程序时都要从主函数开始执行。

(2) 除了主函数之外，其它函数的运行都是通过函数调用实现的。在一个函数中可以调用另外一个函数，这个被调用的函数可以是用户定义的函数，也可以是系统提供的标准库函数，比如 printf()和 scanf()。使用函数时，建议读者尽量使用库函数，这样不仅能够缩短开发时间，也能提高软件的可靠性，从而开发出可靠性高、可读性强以及可移植性好的程序。

(3) 可以在程序的任何位置给程序加上注释，注释的形式为“/*注释内容*/”。添加注释是提高程序可读性的一个手段，它对程序的编译和运行没有任何影响。

(4) C 语言程序的书写格式非常自由，一条语句可以在一行内书写，也可以分成多行书写，而且一行可以书写多条语句。尽管这样，还是建议在一行只写一条语句，而且采用逐层缩进的形式，这样可以使得程序的逻辑层次一目了然，便于对程序的阅读、理解和修改。

(5) C 语言中每条语句和数据定义语句都以分号结尾，分号是 C 语言语句的必要组成部分。

(6) C 语言本身没有输入/输出语句。输入和输出操作由标准库函数 scanf()和 printf()等来完成，所以注意在使用之前程序最前面要加上预处理语句“#include<stdio.h>”。

1.5.2　C++ 程序实例

在了解了 C 语言程序结构之后，再看一个简短的 C++ 程序实例。由于还没有介绍有关面向对象的特征，该实例只是一个面向过程的程序。

例 1.5　简单的 C++ 程序。

```
#include <iostream.h>
void main()
{
    cout<<"Hello! My first C++ program!\n";
}
```

程序运行结果为：

Hello! My first C++ program!

例 1.5 程序的第一条语句“#include <iostream.h>”同例 1.3 一样是编译程序的预处理语句。“iostream.h”是 C++编译程序提供的系统头文件，声明了程序所需要的输入和输出操作的有关信息。“cout”和“<<”操作的有关信息就是在该文件中声明的。在 C++ 程序中如果使用了系统中提供的一些功能，就必须嵌入相关的头文件。main( )是主函数名，函数体用一对大括号括住。函数是 C++ 程序中最小的功能单位。在 C++ 中，必须有且只能有一个名为 main( )的函数，它表示程序执行的起始点。main()之前的 void 表示 main( )函数没有返回值(关于函数返回值将在第 5 章中介绍)。程序由语句组成，每条语句由分号“;”作为结束符。“cout”是一个输出流对象，它是 C++ 系统预定义的对象，其中包含了许多有用的输出功能。输出操作由操作符“<<”来表达，其作用是将紧随其后的双引号中的字符串输出到标准输出设备(显示器)上。

可以看出，C++ 语言具有 C 语言的特点，并有所增强。

当编写完程序文本后，C 的源程序被存储为后缀为 .c 的文件，而 C++ 源程序的后缀名为 .cpp(为 c plus plus 的缩写，即 C++)，再经过编译系统的编译、连接后，生成后缀为 .exe 的可执行文件。

注：如未加特殊说明，本教材中所给示例的运行环境均为 Microsoft Visual C++ 6.0。

1.6 C/C++ 程序上机步骤

由于 C 或 C++ 源程序一般是由 ASCII 代码构成的，计算机不能直接执行源程序。要使 C 或 C++ 源程序在计算机上运行，必须将 ASCII 代码的程序翻译成机器能够执行的二进制目标程序，这种转换工作手工很难完成，通常需要一种特定的软件工具，这种软件工具称为编译程序，而把这种转换工作称为程序编译。例如，一个编写完成的 C 源程序，在成功运行之前一般经过编辑源代码、编译、链接、运行四个步骤。为方便读者上机练习，下面给出在 Microsoft Visual C++ 6.0 集成环境下开发 C 和 C++ 程序的步骤。

1.6.1 Microsoft Visual C++ 6.0 集成环境简介

Visual C++ 6.0 提供了一个支持可视化编程的集成开发环境：Visual Studio(又名 Developer Studio)。Developer Studio 是一个通用的应用程序集成开发环境，它不仅支持 Visual C++，还支持 Visual Basic、Visual J++、Visual InterDev 等 Microsoft 系列开发工具。Developer Studio 采用标准的多窗口 Windows 用户界面，包含项目工作区、ClassWizard、AppWizard、WizardBar、Component Gallery 等。Developer Studio 提供了许多工具，包含一个文本编辑器、资源编辑器、工程编译工具、增量连接器、源代码浏览器、集成调试工具，以及一套联机文档。使用 Developer Studio，可以完成创建、调试、修改应用程序等各种操作。一个典型的 Developer Studio 用户界面如图 1.7 所示。

一般情况下，开发一个 C 或 C++ 应用程序可以按照如下步骤来进行：

(1) 创建一个项目；

(2) 编辑项目中的源代码；

(3) 编译项目中的文件；

(4) 纠正编译中出现的错误；

(5) 运行可执行的文件。

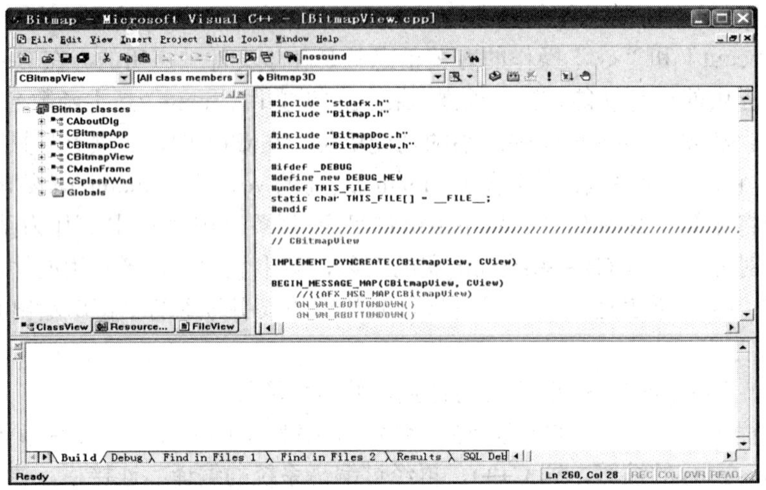

图 1.7　Developer Studio 用户界面

1.6.2　C 程序上机步骤

下面给出 C 程序编制过程。

(1) 启动 Visual C++ 6.0 进入 Developer Studio 编译环境，如图 1.8 所示。

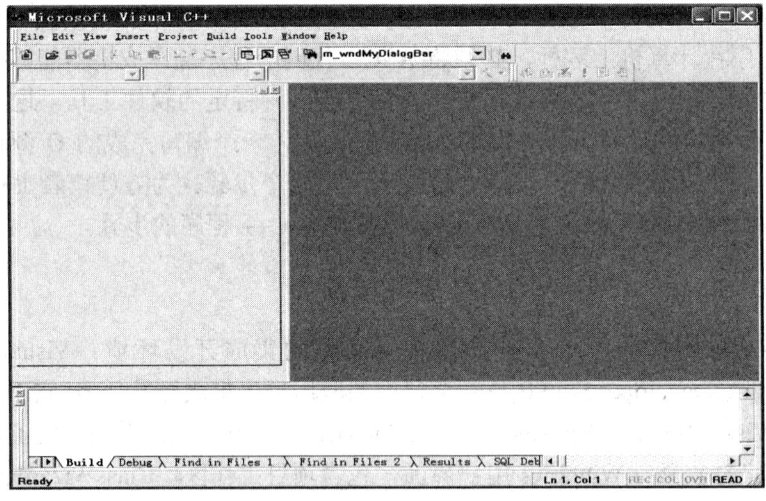

图 1.8　Visual C++ 6.0 编译环境窗口

(2) 单击主窗口菜单栏中的“File”(文件)菜单项，单击下拉式菜单中的选项“New”(新建)，弹出新建对话框。

(3) 在“New”(新建)对话框上选择“Projects”(工程)选项卡，选择“Win32 Console Application”(Win32 控制台应用程序)，如图 1.9 所示。

(4) 在“Project Name”(工程名称)文本框内输入工程名称 exam1。可点击按钮 选择工程文件存放的位置，选择路径，之后点击“OK”(确定)按钮。

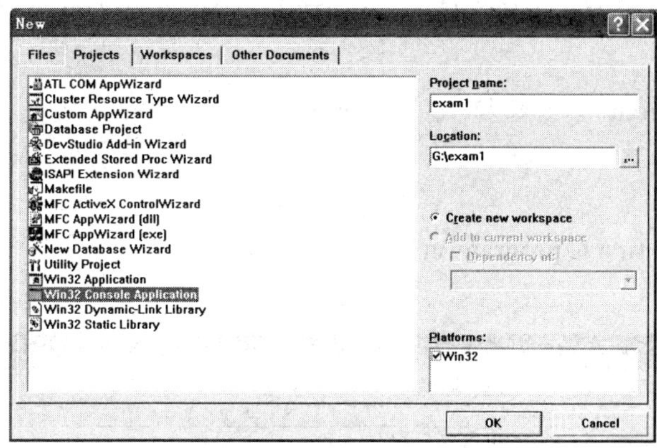

图 1.9　工程命令对话框

(5) 在弹出的对话框(如图 1.10 所示)中，选择建立一个空项目的单选按钮，再点击“Finish”(完成)按钮。

(6) 在弹出的对话框(如图 1.11 所示)中，给出了新建工程的一些信息，点击“OK”(确定)按钮。

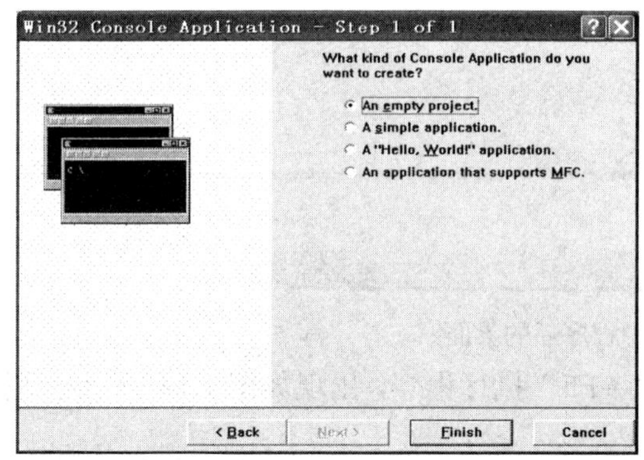

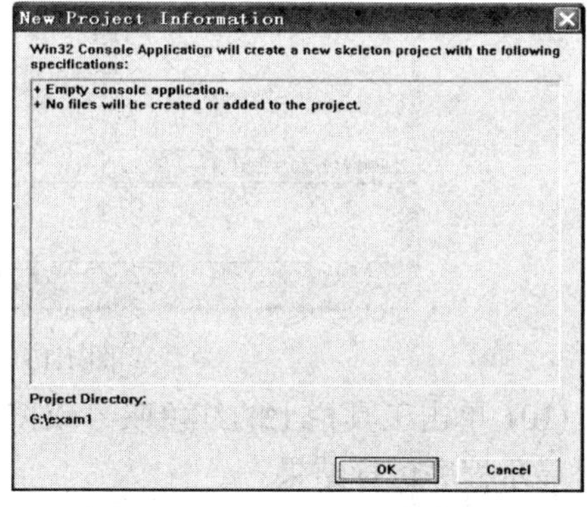

图 1.10　Win32 Console Application-Step1 of 1 对话框　　　　图 1.11　新建工程信息窗口

(7) 再单击“File”菜单中的“New”命令，选择“Files”选项卡，选择“Text File”，如图 1.12 所示。注意“Add to project”应勾选。

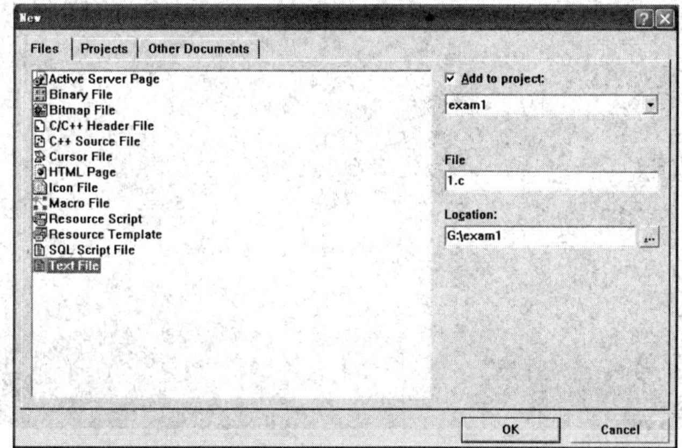

图 1.12　文件选项卡中的 Text File 选项

(8) 在“File”文本框内输入文件名称“1.c”，点击“OK”按钮。

(9) 逐行输入源程序直至完毕，如图 1.13 所示。然后点击“File”菜单的“Save”(保存)命令。

```
#include "stdio.h"
main()
{
   printf("My first C program!\n");
}
```

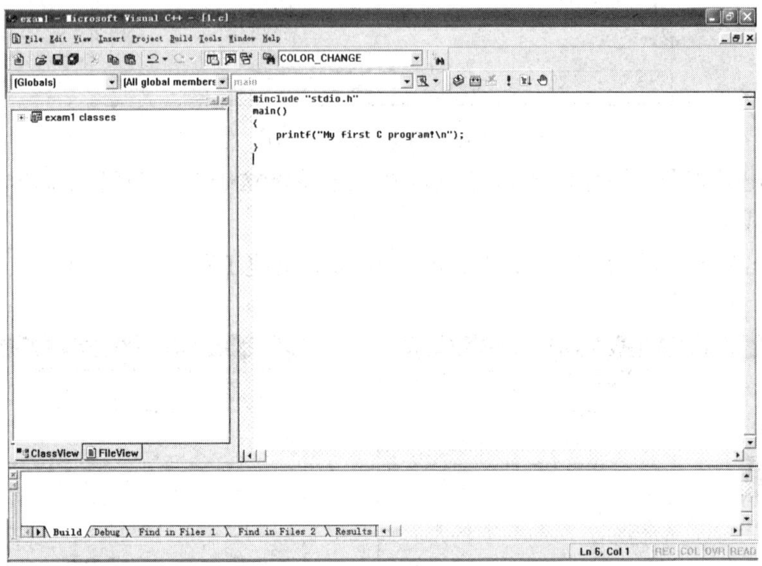

图 1.13　输入源程序后的界面

(10) 单击工具栏上的红色叹号或按“Ctrl + F5”执行程序，出现如图 1.14 所示对话框，此时显示程序运行结果。

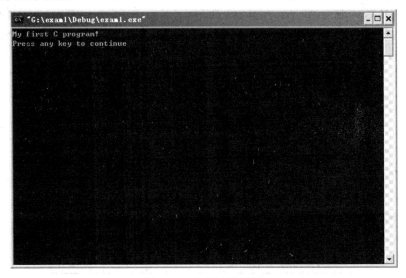

图 1.14　执行结果界面

注：本书的所有 C 例题都可仿照上面步骤建立应用程序。

1.6.3　C++ 程序上机步骤

下面给出 C++ 程序编制过程。

(1) 按照 C 程序上机步骤(1)～(6)操作，建立一个工程 exam2，再单击“File”菜单中的“New”命令，选择“Files”选项卡，选择“C++ Source File”，如图 1.15 所示。注意“Add to project”应勾选。

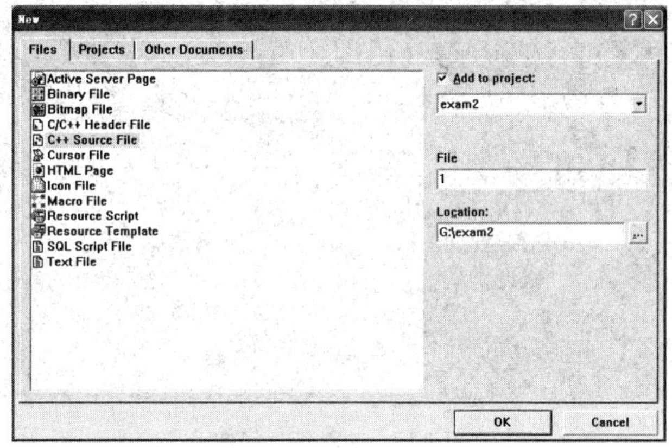

图 1.15　文件选项卡中的 C++Source File 选项

(2) 在“File”文本框内输入文件名称“1”，点击“OK”按钮。

(3) 逐行输入源程序直至完毕，如图 1.16 所示。然后点击“File”菜单的“Save”(保存)命令。

```
#include<iostream.h>
void main()
{
   cout<<"Hello!\n";
   cout<<"Welcome to C++!\n";
}
```

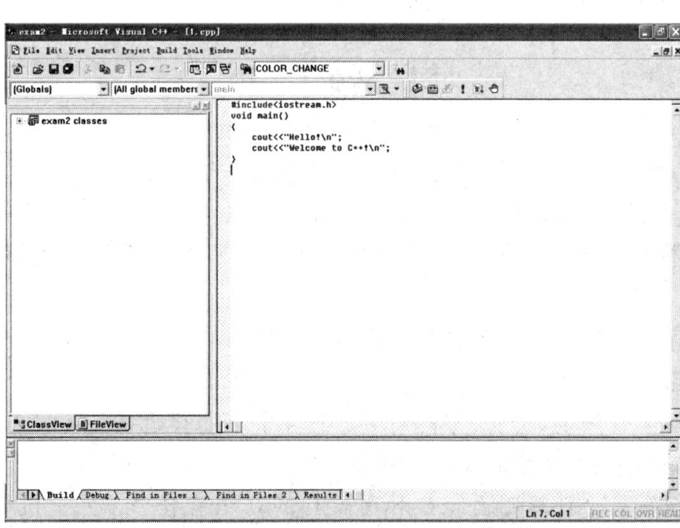

图 1.16　输入 C++ 源程序后的界面

(4) 单击工具栏上的红色叹号或按“Ctrl + F5”执行程序，出现如图1.17所示对话框，此时显示程序运行结果。

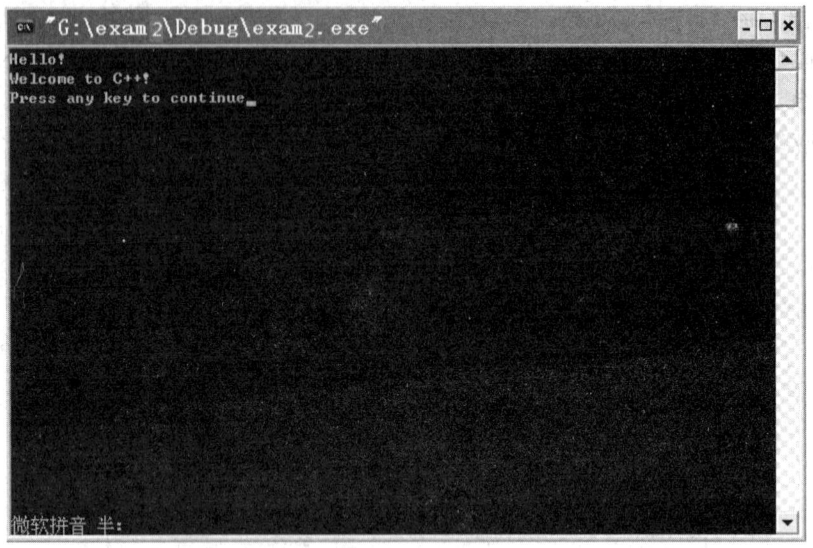

图1.17　执行结果界面

注：本书的所有C++例题都可仿照上面步骤建立应用程序。

建立完一个应用程序后，如果想再建立一个程序，可选择“File”菜单的“Close Workspace”菜单，关闭当前工程，然后重复上面的步骤即可。

1.7　小　　结

本章介绍了计算机语言的基本概念，计算机程序设计的特点及一般方法，C/C++语言的发展及特点，并通过示例使读者建立C/C++语言程序结构的概念，最后，对Microsoft Visual C++ 6.0的集成环境及C/C++程序上机步骤作了简单介绍。

习　题　一

1. 什么是算法？用计算机解题时，算法起到什么作用？
2. 计算机语言经历了哪几代？它们各具有哪些特点？
3. 简述计算机程序设计的概念。目前常用的程序设计分哪两种类型？各自的特点是什么？
4. 计算机程序结构有几种？各自的特点是什么？
5. 什么是对象？请举例说明。
6. 简述面向对象程序设计方法中的封装、继承和多态概念的主要特征。
7. 简述C语言与C++语言的关系与特点。
8. 仿照例题编写一个计算圆面积S和周长L的C语言程序，并上机编制运行。

第 2 章　数据类型和表达式

教学目标

※ 理解计算机程序设计中的词法构成。
※ 掌握基本数据类型和指针的概念。
※ 掌握常量和变量的概念及其运用特点。
※ 理解各类运算符的概念及其运用特点。
※ 掌握表达式的特点及其运用技巧。

数据是程序加工、处理的对象，也是加工的结果，所以数据是程序设计中所要涉及和描述的主要内容。那么，在解决如微分方程求解、学生考试成绩计算和文档资源管理等实际问题中，程序是如何描述相关数据的(包括数据结构、数据表示范围和数据在内存中的存储分配等)？程序所能够处理的基本数据对象被划分成一些组，或说是一些集合。属于同一集合的各数据对象都具有同样的性质，例如对它们能够做同样的操作，它们都采用同样的编码方式等等，把程序语言中具有这样性质的数据集合称为数据类型。

数据类型除了决定数据的存储方式及取值范围外，还决定了数据能够进行的运算。那么像 $x^3 + 2x^2 - 4x$ 这样的算式在C语言中如何表达呢？写出的表达式表示的计算过程如何？x 取实数和取整数的计算结果又是什么呢？实际上，回答这些问题需要学习并掌握 C 语言中的数据类型、各种运算符、表达式以及运算时的相关规定。

本章介绍基本数据类型和指针类型的概念、定义和用法，并在此基础上介绍常量、变量定义的方法、运算符及其规则，以及表达式的组成、书写、分类和相关计算特性。

2.1　词 法 构 成

在 C 语言程序设计中使用到的词汇有标识符、关键字(保留字)、运算符、分隔符、常量和注释符等，它们各自具有严格的语法规则，下面主要介绍字符集、关键字、标识符和注释符四类，其余将在后续章节介绍。

2.1.1　字符集

字符是组成词汇和程序的最基本元素。C 语言的字符集是 ASCII 字符集的一个子集，由字母、数字、标点符号和特殊字符构成。

(1) 英文字母：a～z，A～Z。

(2) 数字：0～9。

(3) 空白符：空格符、制表符、换行符等统称为空白符。它们只在字符常量和字符串常量中起作用。在其它地方出现时，只起间隔作用，编译程序时它们将被忽略。

(4) 特殊字符：

① 标点符号：+、–、*、/、^、=、&、!、|、.、,、:、<、>、?、'、"、(、)、[、]、{、}、~、%、#、_、/、;；

② 转义字符：利用反斜杠符号“\”后加上字母的一个字符组合来表示这些字符。表2.1列举了常用的转义字符。

表 2.1　常用转义字符表

名　称	符号	名　称	符号
空字符(null)	\0	换行(newline)	\n
换页(formfeed)	\f	回车(carriage return)	\r
退格(backspace)	\b	响铃(bell)	\a
水平制表(horizontal tab)	\t	垂直制表(vertical tab)	\v
反斜线(backslash)	\\	问号(question mark)	\?
单引号(single quotation marks)	\'	双引号(double quotation marks)	\"
1 到 3 位八进制数所代表的字符	\ddd	1 到 2 位十六进制数所代表的字符	\xhh

转义字符有特定的含义，用于描述特定的控制字符(不可显示与打印的 ASCII 码)，也可用来表示任何可输出的字符。例如，表 2.1 中涉及的字符“\n”，目的是用于控制输出时的换行处理，而不是字符常量；而“\0”则代表 ASCII 码值为 0 的字符，即输出为空白。“\101”代表 ASCII 码十进制数为 65 的字符“A”，这里的 101 是八进制数。“\x41”也代表 ASCII 码十进制数为 65 的字符“A”，这里的 41 是十六进制数。

2.1.2　标识符

在程序中有许多需要命名的对象，以便在程序的其它地方使用。如何表示在不同地方使用的同一个对象？最基本的方式就是为对象命名，通过名字在程序中建立定义与使用的关系。为此，每种程序语言都规定了在程序里描述名字的规则，这些名字包括：变量名、常数名、数组名、函数名、文件名、类型名等，通常被统称为“标识符”。标识符在语句和程序中用来表示各类实体成分。有一些标识符是系统指定的，如系统为用户提供的关键字、库函数的函数名称等，其余未经规定的实体名称则由用户自行定义。C 语言规定，标识符只能是字母(A～Z，a～z)、数字(0～9)、下划线(_)组成的字符串，并且第一个字符必须是字母或下划线。

例如，以下标识符是合法的：

　　a，a_1，A1，a1，name_1，sun，day6

使用标识符应该注意以下几点：

(1) C 语言中标识符严格区分大小写，即 A1 和 a1 是不同的标识符。习惯上，符号常量用大写字母表示，变量名则用小写字母表示。

(2) ANSI C 标准规定标识符的长度可达 31 个字符，但各个 C 编译系统都有自己的规定，譬如 Turbo C 中标识符最大长度为 32 个字符，而 Microsoft C 编译器中为 247 个字符。为了程序的可移植性(即在甲机器上运行的程序可以基本上不加修改，就能移到乙机器上运行)以及阅读程序的方便，建议变量名的长度不要超过 31 个字符。

(3) 标识符命名应尽量具有相应的意义，最好能“见名知义”；由多个单词组成的变量名有助于程序具有更强的可读性，应避免像 averagescore 这样把所有单词合在一起，而应像 average_score 这样用下划线将单词分隔开，或者将第一个单词后的每个单词的首字母大写，如 averageScore。注意标识符不要和 C 语言本身所使用的保留字、函数名以及类型名重名。

(4) 在 C 语言程序中，所用到的变量名都要“先定义，后使用”。这样做的目的是：

① 未被事先定义的，不作为变量名，这就能保证程序中变量名使用的正确性；

② 每一个变量被指定为一个确定的类型，在编译时就能为其分配相应的存储单元；

③ 每一个变量都属于一个特定类型，便于在编译时据此检查该变量所进行的运算是否合法。

根据以上的命名规则可见以下标识符是不合法的：

a.3，6days，name-8，π。

2.1.3 关键字

关键字也称为保留字，它们是 C 语言中预先规定的具有固定含义的一些单词，在 C 语言编译系统中赋有专门的含义。用户只能原样使用它们而不能擅自改变其含义。

ANSI C 定义的关键字共 32 个，根据关键字的作用，可将其分为数据类型关键字、控制语句关键字、存储类型关键字和其它关键字四类。

(1) 数据类型关键字(12 个)：char，int，float，double，void，struct，union，enum，long，short，signed，unsigned；

(2) 控制语句关键字(12 个)：goto，if，else，switch，case，default，break，do，for，while，continue，return；

(3) 存储属性关键字(4 个)：auto，extern，register，static；

(4) 其它关键字(4 个)：const(常量修饰符)，volatile(易变量修饰符)，sizeof(编译状态修饰符)，typedef(数据类型定义)；

Microsoft C 在 ANSI C 基础上扩展的关键字有(19 个)，包括：_asm，_based，_except，_int8，_int16，_int32，_int64，_stdcall，_cdecl，_fastcall，_finally，_try，_inline，_leave，_declspec，dllimport，naked，thread，dllexport。

2.1.4 注释符

C 语言的注释符以“/*”开头，并以“*/”结尾，其间的内容为注释，一般出现在程序语句行之后，用来帮助阅读程序。

注释对程序的执行没有任何影响，因为程序编译时，不对注释作任何处理。注释也可以出现在程序的任何位置，向用户提供或解释程序的意义，增强程序的可读性。

2.2 数据类型

就像物品要分类、人要区分性别一样，在程序中使用的数据也要区分类型。数据区分

类型的目的是便于对它们按不同方式和要求进行处理。在 C 程序中，每个数据都属于一个确定的、具体的数据类型。

不同类型的数据在其表示形式、合法的取值范围、占用内存空间的大小以及可以参与运算的种类等方面均有所不同。

C 语言具有丰富的数据结构(Data Type)，其数据类型分类如下：

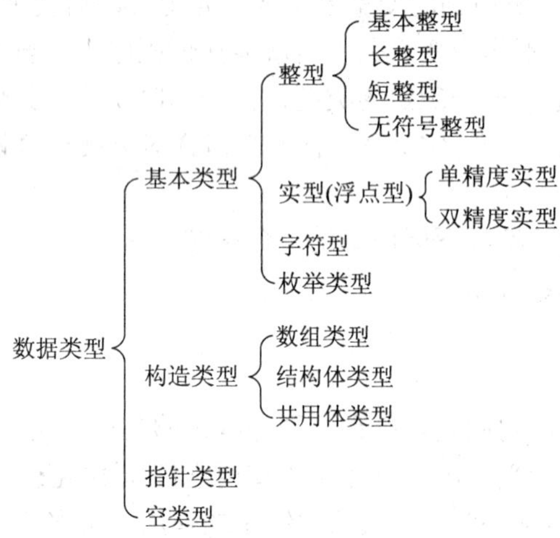

2.2.1　整型

整型数就是通常使用的整数，分为带符号整数和无符号整数两大类。

1. 基本类型定义

类型说明符：int

例如，int a,b,c;

说明变量 a,b,c 被同时定义为基本整型数据类型。

除了基本整型数据类型之外，C 语言还通过类型修饰符 short(缩短数值所占字节数)、long(扩大数值所占字节数)、unsigned(无符号位)、signed(有符号位，缺省方式)来扩展整数的取值范围，扩展后的整型数分为短整型、长整型和无符号整型。

2. 整型数的存储与取值范围

整型数在内存中是以二进制形式存放的，实际上，数值是以补码的形式表示的。在机器中用最高位表示数的符号，正数符号用“0”表示；负数符号用“1”表示。(正数的补码=原码，而负数的补码=该数绝对值的二进制形式，按位取反再加“1”。)

例如，求 –15 的补码：

15 的原码：

0	0	0	0	0	0	0	0	0	0	0	0	1	1	1	1

取反：

1	1	1	1	1	1	1	1	1	1	1	1	0	0	0	0

再加 1，得 –15 的补码：

1	1	1	1	1	1	1	1	1	1	1	1	0	0	0	1

由此可知，左面的第一位是表示符号的。

各种无符号类型量所占的内存空间字节数与相应的有符号类型量相同，但由于省去了符号位，故不能表示负数。

在 Turbo C 环境下，有符号基本整型变量最大表示 32 767：

0	1	1	1	1	1	1	1	1	1	1	1	1	1	1	1

同样，在 Turbo C 中，无符号基本整型变量最大表示 65 535：

1	1	1	1	1	1	1	1	1	1	1	1	1	1	1	1

由于无符号数是相对于有符号数将最高位不作符号处理，所以表示的数的绝对值是对应的有符号数的 2 倍，如 Visual C++ 6.0 无符号短整型数存储占 2 个字节，取值范围为 0～65 535，即 0～$2^{16}-1$；无符号长整型数存储占 4 个字节，取值范围为 0～4 294 967 295，即 0～$2^{32}-1$。无符号数经常用来处理超大整数和地址数据，表 2.2 列出了 Visual C++ 6.0 环境下整型数据的属性。

表 2.2　Visual C++ 6.0 环境中整型数属性表

数据类型	占用字节数	二进制位长度	值　域
int	4	32	–2 147 483 648～2 147 483 647
short [int]	2	16	–32 768～32 767
long [int]	4	32	–2 147 483 648～2 147 483 647
[signed] int	2	16	同 int
[signed] short [int]	2	16	同 short
[signed] long [int]	4	32	同 long
unsigned [int]	2	16	0～65 535
unsigned short [int]	2	16	同 unsigned int
unsigned long [int]	4	32	0～4 294 967 295

方括弧内的部分是可以省略的。例如，signed short int 与 short 等价，尤其 signed 是完全多余的，一般都不写 signed。注意，在不同的编译系统中，整型数所占字节数有所不同。

3. 整型数的表示形式

C 语言允许使用十进制(Decimal)、八进制(Octal)和十六进制(Hexadecimal)三种形式表示整数，十进制整数由 0～9 的数字序列组成，数字前可以带正负号；八进制整数由前导数字“0”开头，后面跟 0～7 的数字序列；十六进制整数以 0x(数字“0”和字母“x”)开头，后面跟 0～9、A～F(大小写均可)的数字序列。例如：

十进制整数：254、–127、0 都是正确的，而 0291(不能有前导 0)、23D (含有非十进制数码)都是非法的；

八进制整数：021、–017 都是正确的，它们分别代表十进制整数 17、–15，而 256(无前缀 0)、03A2(包含了非八进制数码)是非法的；

十六进制整数：0x12、-0x1F 都是正确的，它们分别代表十进制整数 18、31，而 5A(无前缀 0x)、0x3H (含有非十六进制数码)是非法的。

2.2.2 实型

实型数(Real Number)也称为浮点型数(Floating Point Number)，即小数点位置可以浮动，如 3.14159、-42.8 等。浮点数主要分为单精度(float)、双精度(double)和长双精度型(long double)。

1. 基本类型定义

类型说明符：float(单精度型)，double(双精度型)，long double(长双精度型)

2. 实型数的存储与取值范围

在计算机中，实型数是以浮点数形式存储的，所以通常将单精度实数称为浮点数。由计算机基础知道，浮点数在计算机中是按指数形式存储的，即把一个实型数分成小数和指数两部分。例如单精度实型数在计算机中的存放形式如图 2.1 所示。其中，小数部分一般都采用规格化的数据形式。

1位	7位	1位	23位
阶符	阶码	数符	尾数
指数部分		小数部分	

图 2.1　单精度实型数在计算机中的存放形式

实际上计算机中存放的是二进制数，这里仅用十进制数说明其存放形式。标准 C 没有规定用多少位表示小数，多少位表示指数部分，由 C 编译系统自定。例如，对于 float 型数据来说，很多编译系统以 24 位表示小数部分，8 位表示指数部分。小数部分占的位数多，实型数据的有效数字多，精度高；指数部分占的位数多，则表示的数值范围大。这样，单精度实数的精度就取决于小数部分的 23 位二进制数位所能表达的数值位数，将其转换为十进制，最多可表示 7 位十进制数字，所以单精度实数的有效位是 7 位。

由实型数的存储形式可见，由于机器存储位数的限制，浮点数都是近似值，而且多个浮点数运算后误差累积很快，所以又引进了双精度实型和长双精度实型，用于扩大存储位数，目的是增加实数的长度，减少累积误差，改善计算精度。

在 Microsoft C 环境中，单精度型实数占 4 个字节的内存空间，其数值范围为 |-3.4E - 38～3.4E + 38|，只能提供 7 位有效数字。双精度型实数占 8 个字节(64 位)内存空间，其数值范围为 |-1.7E - 308～1.7E + 308|，可提供 16 位有效数字。Microsoft C 中实型数据属性参见表 2.3。

表 2.3　Microsoft C 中实型数属性表

数据类型	比特数(字节数)	有效数字	数的范围
float	32(4)	6～7	|-3.4E - 38～3.4E + 38|
double	64(8)	15～16	|-1.7E - 308～1.7E + 308|
long double	64(8)	18～19	|-1.7E - 308～1.7E + 308|

对于长双精度类型的实数，它是由计算机系统决定的，所以对于不同平台可能有不同的实现。如在 Microsoft C 中是 8 字节，在 Turbo C 中是 10 字节，一般来说长双精度型数据的精度要大于等于双精度型数据。

3. 浮点数的表示形式

在 C 语言中，实数表示只采用十进制。它有两种形式：十进制数形式和指数形式。

(1) 十进制数形式，由整数、小数部分和小数点组成，整数和小数都是十进制形式。例如，0.123、−125.46、.78、80.0 等都是合法形式。

(2) 指数形式，由尾数、指数符号 e 或 E 和指数组成，尾数是小数点左边有且只有一位非零数字的实数。e 或 E 前面必须有数字，e 或 E 后面必须是整数。指数形式用于表示较大或者较小的实数。例如，0.00000532 可以写成 5.32e − 6，也可以写成 0.532e − 7；45786.54 可以写成 4.578654e + 4 等。而 e3、2e3.5 都是不合法的表示形式。

一个实数可以有多种指数表示形式。例如 123.456 可以表示为 123.456e0、12.3456e1、1.23456e2、0.123456e3、0.0123456e4、0.00123456e5 等。把其中的 1.23456e2 称为“规范化的指数形式”，即在字母 e(或 E)之前的小数部分中，小数点左边应有一位(且只能有一位)非零的数字。例如 2.3478e2、3.0999e5 都属于规范化的指数形式，而 12.908e10、756e0 则不属于规范化的指数形式。一个实数在用指数形式输出时，是按规范化的指数形式输出的。例如，指定将实数 5689.65 按指数形式输出，必然输出 5.689650e + 003，而不会是 0.568965e + 004 或 56.896500e + 002。

特别注意，太大或太小的数据若超出了计算机中数的表示范围则称为溢出，溢出发生时表示计算出错，需要做适当的调整。

2.2.3　字符类型

C 语言中的字符型数据分为字符和字符串数据两类。字符数据是指由单引号括起来的单个字符，如 'a'、'2'、'#' 等；字符串数据是指由双引号括起来的一串字符序列，如 "good"、"0132"、"w1"、"a" 等。

1. 基本类型定义

类型说明符：char

2. 字符型数据的存储与取值范围

字符型数据的取值范围为 ASCII 码字符集中的可打印字符。一个字符型数据的存储占 1 个字节，存储时实际上存储的是对应字符的 ASCII 码值(即一个整数值)。

3. 字符型数据的表示方法

字符型数据在计算机中存储的是字符的 ASCII 码值的二进制形式，一个字符数据的存储占用一个字节。因为 ASCII 码形式上就是 0～255 之间的整数，因此 C 语言中字符型数和整型数可以通用。例如，字符 'a' 的 ASCII 码值用二进制数表示是 1100001，用十进制数表示是 97，在计算机中的存储示意图见图 2.2。由图 2.2 可见，字符 'a' 的存储形式实际上就是一个整型数 97，所以它可以直接与整型数进行运算，可以与整型变量相互赋值，也可以将字符型数据以字符或整数两种形式输出。以字符形式输出时，先将 ASCII 码值转换为相应的字符，然后再输出；以整数形式输出时，直接将 ASCII 码值作为整数输出。

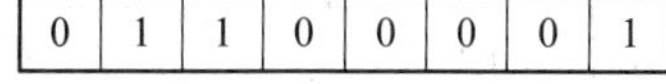

图 2.2　字符型数据存储示意图

C 语言从语法上共提供了三种字符类型，其取值范围如表 2.4 所示。在 Microsoft C 中，

若不指定字符变量的类型，则默认为 signed char 类型。因为字符型数据主要是用来处理字符的，故对它不能用 long 或 short 类型修饰符修饰。

表 2.4　字符型数的取值范围

类型(关键字)	二进制长度	值　域
char	8	−128～127
signed char	8	−128～127
unsigned char	8	0～255

- 字符数据：用单引号括起来的单个字符，如 'A'，'%'，' : '，'9' 等。而 '12' 或 'abc'是不合法的字符。
- 字符串数据：用双引号括起来的单个或一串字符，如 "good"、"0132"、"w1"、"a"等。注意，"a" 是字符串而不是字符。

为了便于 C 程序判断字符串是否结束，系统对每个字符串存储时都在末尾添加一个结束标志——ASCII 码值为 0 的空操作符 '\0'，它既不引起任何动作也不会显示输出，所以存储一个字符串的字节数应该是字符串的长度加 1。

例如，"hello" 在计算机中的表示形式如图 2.3 所示。

'h'	'e'	'l'	'l'	'o'	'\0'
104	101	108	108	111	0

图 2.3　"hello" 在计算机中的存储示意图

2.3　常量与变量

C 语言处理的数据包括常量和变量两类。对于常量来说，它的属性由其取值形式表明，而变量的属性则必须在使用前明确地加以说明。数据的属性可以通过它们的数据类型和存储类型来描述。

2.3.1　常量

1. 常量的数据类型

常量是一种在程序运行过程中保持固定类型和固定值的数据形式。C 语言中使用的常量有数值型常量、字符型常量、符号型常量等多种形式。整型、实型常量统称为数值型常量。字符型常量包括字符常量和字符串常量。常量的值域与相应类型的变量相同，常量的类型和实例见表 2.5。

表 2.5　常量的数据类型和实例

数据类型	含　　义	常 量 实 例
char	字符型	'a', '/', '9', '\n', '\x51', '\201'
int	整型	1，123，21000，−234，071，0xf1
long int	长整型	65350L，−34L
unsigned int	无符号整型	10000，30000
float	单精度实型	123.34，123456，1e − 5
double	双精度实型	1.23456789，−1.98765432e15

2. 常量的表示方法

(1) 数值常量的书写方法和其他高级语言基本相同：整型数值常量有十进制表示方法、八进制表示方法(以 0 开头)和十六进制表示方法(以 0x 开头)，如：65、0101 和 0x41 都是十进制的 65。无符号后缀 u 或 U 用于指明无符号整型常量，同时长整型常量通常要在数字后面加字母 l 或 L。长整数 158L 和基本整常数 158 在数值上并无区别。但对于 158L，在 Turbo C 编译系统下，因为是长整型量，将为它分配 4 个字节存储空间。而对于 158，因为是基本整型，只分配 2 个字节的存储空间。因此在运算和输出格式上要予以注意，避免出错。前缀、后缀可同时使用以表示各种类型的数。如 0xA5Lu 表示十六进制无符号长整型数 A5，其十进制为 165。

而字符常量则是指用单引号括起来的单个字符，如 'a' 和 '/ '，或 '\n'、'\x41' 和 '\101' 等的转义字符，字符常量也可以用一个整数表示，例如 65、0101、0x41 都表示字符常量 A。

(2) 常量也可以用标识符来表示，称为符号常量。一般用大写字母表示。使用前要用宏定义命令先定义，后使用。

宏定义命令 #define 用来定义一个标识符和一个字符串，在程序中每次遇到该标识符时就用所定义的字符串替换它。这个标识符叫做宏名，替换过程叫做宏替换或宏展开。宏定义命令 #define 的一般形式是：

#define 宏名 字符串

例如：用 PI 表示数值 3.141 59，可以用宏定义 #define 来说明：

```
#define   PI   3.14159
```

这样在编译时，每当在源程序中遇到 PI 就自动用 3.141 59 代替，这就是宏展开。

若定义了一个宏名，这个名字还可以做为其它宏定义的一个部分来使用。例如：

```
#define   PI   3.14159
#define   PI2   2*PI
```

则在程序中出现的“PI2”处被“2*3.14159”替换。

使用符号常量有两点好处：增加可读性；增强程序的可维护性。

但应注意宏替换仅是简单地用所说明的字符串来替换对应的宏名，无实际的运算发生，也不作语法检查。例如：

```
#define PI   3.14159;
area=PI*r*r;
```

经过宏替换后，该语句展开为:

```
area=3.14159; *r*r;
```

经编译将出现语法错误。

符号常量也可以用关键字 const 来定义，如：const float PI=3.141592654；符号常量可以像普通常量那样参加运算，但是符号常量的值在程序执行中不允许被修改，也不能再次赋值。

(3) C 语言还支持字符串常量，字符串常量是用双引号括起来的一串字符，如 "This is a string!"。系统在存储时自动在字符串的结束处加上终止符 '\0'，即字符串的储存要多占一个字符。因此 'A' 和 "A" 是不同的。由于字符串往往是用字符数组来处理的，所以将在后面的章节中进一步讨论它。

(4) 常量的长度、值域根据其类型不同而不同。

(5) 空类型没有常量，常量也没有指针类型。

2.3.2　变量

在程序运行中其值会被改变的量称为变量。一个 C 程序中会有许多变量被定义，用来表示各种类型的数据。每个变量应该有一个名字，称为变量名；一个变量根据数据类型不同会在内存中占据一定的存储空间，称为存储单元；在该存储单元中存放对应变量的值。变量名、变量值和存储单元(又称变量存储地址)是不同的概念，其相互关系见图 2.4 所示。

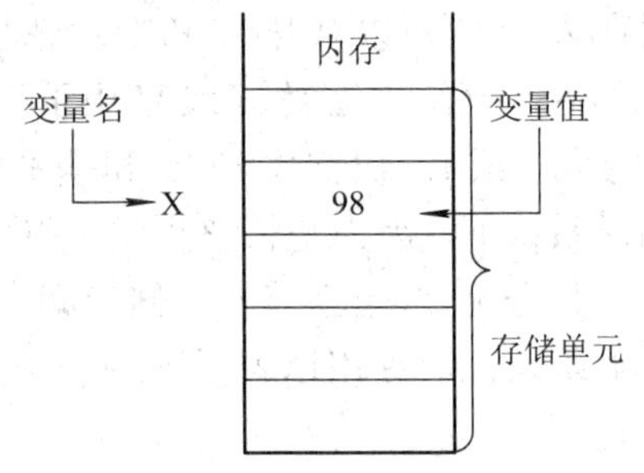

图 2.4　变量与存储的关系

1. 变量的类型

变量的类型与数据类型是对应的，变量的基本类型有：字符型、整型、单精度实型、双精度实型等，它们分别用 char、int、float 和 double 来定义，空类型用 void 来定义。

字符型变量用于存储 ASCII 字符，也用于存储 8 位二进制整数；整型变量用于存储整型量；单精度型和双精度型用于存储实数。

空类型有两个用途：第一个用途是明确表示一个函数不返回任何值；第二个用途是产生同一类型的指针。这两个用途将在后续章节中介绍。

变量的指针和组合类型将在后续章节中讨论。

2. 变量定义的方法

C 语言规定任何程序中的所有对象，如函数、变量、符号常量、数组、结构体、联合体、指针、标号及宏等，都必须先定义后使用。当然，变量也必须遵守先定义后使用的原则，定义的位置一般在函数体的开头。变量定义的一般形式如下：

[类型修饰符] 数据类型 变量表；

其中，数据类型必须是 C 语言的有效数据类型；变量表可以是一个以逗号分隔的标识符名表。

变量的定义可以在程序中的 3 个地方出现：在函数的内部、在函数的参数中或在所有函数的外部，由此定义的变量分别称为局部变量、形式参数和全局变量。

特别值得注意的是：

(1) 分号是语句的组成部分，C 程序的任何语句都是以分号结束的；

(2) C 语言的变量名和它的类型无关；

(3) 在函数或复合语句中必须把要定义的变量全部定义，即不允许在后面的执行语句中插入变量的定义。

3. 类型修饰符

除了空类型外，基本数据类型可以带有各种修饰前缀以进行数据的扩展。修饰符明确了基本数据类型的含义，以准确地适应不同情况下的要求。类型修饰符有如下 4 种形式：

signed　　有符号
unsigned　无符号
long　　　长
short　　 短

4. 访问修饰符

C 语言有两个用于控制访问和修改变量方式的修饰符，它们分别是常量(const)和易失变量(volatile)。

带 const 修饰符定义的常量在程序运行过程中其值始终保持不变。例如：

```
const  int  num;
```

定义整型常量 num，其值不能被程序所修改，但可以在其它类型的表达式中使用。const 型常量可以在其初始化时直接被赋值，或通过某些硬件的方法赋值，例如 num 要定义成 100，可写成：

```
const int num=100;
```

volatile 修饰符用于提醒编译程序，该变量的值可以不通过程序中明确定义的方法来改变。例如，一个全程变量用于存贮系统的实时时钟值。在这种情况下，变量的内容在程序中没有明确的赋值语句对它赋值时，也会发生改变。这一点是很重要的，因为在假定表达式内变量内容不变的前提下，C 编译程序会自动地优化某些表达式，有的优化处理将会改变表达式的求值顺序。修饰符 volatile 就可以防止上述情况发生。

5. 变量的初始化

在定义变量的同时给它赋予一个初值的过程叫变量的初始化。它的一般形式是

[类型修饰符] 数据类型 变量名 = 常量[, 变量名 = 常量, …];

例如：

```
void main()
{   unsigned char ch='a';        /* 赋予字符变量 ch 初值为字符 a */
    int i=0, j=0, k=0;           /* 赋予整型变量 i、j、k 初值为 0 */
    float x=100.45;              /* 赋予变量 x 初值为 100.45 */
    …
}
```

说明：

(1) 注意变量在赋值或运算时，其值要在该数据类型的值域内，否则会产生数据溢出。

例 2.1　整型数据的溢出。

```
#include "stdio.h"
void main()
{   short int a,b;
    a=32767;
    b=a+1;
    printf("a: %d, b: %d" , a , b);
}
```

运行结果为：

```
a: 32767, b: -32768
```

例 2.1 中，变量 a、b 在内存中的存储如图 2.5 所示。

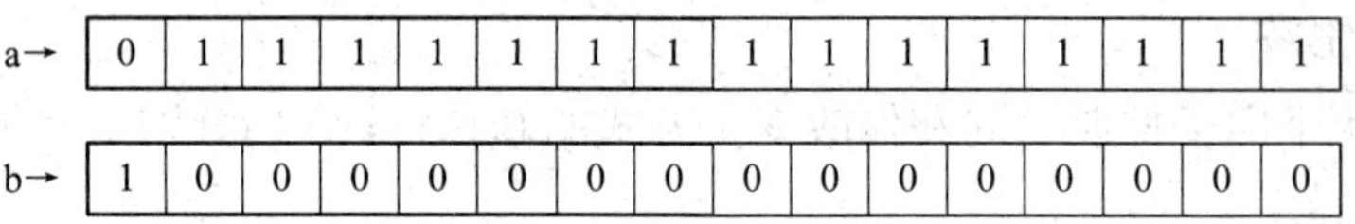

图 2.5　变量在内存中的存储示意图

从图 2.5 可以看出：变量 a 的最高位为“0”，后 15 位全为“1”。加 1 后变成第 1 位为“1”，后面 15 位全为“0”。而它是 –32768 的补码形式，所以输出变量 b 的值为 –32768。请注意：在 VC 环境下，一个 short int 型变量只能容纳 –32768～32767 范围内的数，无法表示大于 32767 的数。遇此情况就发生“溢出”，但运行时并不报错。它好像时钟一样，达到最大值 12 以后，又从最小值开始计数。所以，32767 加 1 得不到 32768，而得到 –32768，这可能与程序编制者的原意不同。从这里可以看到：C 的用法比较灵活，往往出现副作用，而系统又不给出出错信息，要靠程序员的细心和经验来保证结果的正确。将变量 b 改成 int 型就可得到预期的结果 32768。

(2) 由于实型变量是由有限的存储单元组成的，因此能提供的有效数字总是有限的，在有效位以外的数字将被舍去。由此可能会产生一些误差。例如，a 加 10 的结果显然应该比 a 大。请分析下面的程序：

例 2.2　实型数据的舍入误差。

```
#include "stdio.h"
void main()
{   float a,b,c,d;
    a=12345.6789e3;
    b=12345.6784e3;
    c=a+10;         /* 理论值应是 12345688.900000 */
    d=b+10;         /* 理论值应是 12345688.400000 */
    printf("c=%f\n", c);
   /*实型变量只能保证 7 位有效数字，运行结果是理论结果四舍五入得到的*/
    printf("d=%f\n", d);
}
```

运行结果

```
c=12345689.000000
d=12345688.000000
```

(3) 字符型数据与整型数据可通用，增加了程序设计的自由度，例如对字符作多种转换就比较方便。但也需注意，字符型数据与整型数据的通用是有条件的，即在 0～255 的范围之内才可以通用。

例 2.3　计算字符 'B' 与整型数据 20 的和。

```
#include "stdio.h"
void main()
{     char a;              /* 说明 a 为字符型变量 */
      int b;               /* 说明 b 为整型变量 */
      a='B';               /* 为 a 赋字符常量 'B' */
```

```
        b=a+20;              /* 计算 66 + 20 并赋值给字符变量 b */
        printf("%c,%d,%c,%d\n",a,a,b,b);      /* 分别以字符型和整型两种格式输出 a、b */
    }
```

程序运行的输出结果如下：

B，66，V，86

(4) 注意转义字符的使用。

例 2.4　转义字符的使用。

```
    #include "stdio.h"
    void main()
    {
      printf(" ab c\t de\rf\tg\n");  /* "\r" 为"回车"(不换行)，返回到本行最左端(第 1 列)*/
      printf("h\ti\b\bj k");          /* "\t" 跳至下一制表位，即第 9 列; */
    }
```

程序的运行结果为：

f □□□□□□□gde

h□□□□□□□j□k

"□"表示空格。注意在打印机上最后看到的结果与上述显示结果不同，是：

fab□c□□□gde

h□□□□□□□j□k

实际上，屏幕上完全按程序要求输出了全部的字符，只是因为在输出前面的字符后很快又输出了后面的字符，在人们还未看清楚之前，新的字符已取代了旧的，所以误以为未输出应输出的字符。而在打印机输出时，不像显示屏那样会"抹掉"原字符，留下了不可磨灭的痕迹，它能真正反映输出的过程和结果。

2.4　指针类型

C 语言中一种重要的数据类型就是指针，指针是 C 语言的特色之一。正确灵活地运用指针，可以使程序编写简洁、紧凑、高效。利用指针变量可以有效地表示各种复杂的数据结构，如队列(Queue)、栈(Stack)、链表(Linked Table)、树(Tree)、图(Graph)等等。因此，熟练掌握和正确使用指针对一个成功的 C 语言程序设计人员来说是十分重要的。

2.4.1　指针的概念

为了使读者正确理解指针的概念以便正确地使用指针数据类型，首先解释几个与指针相关的概念。

1. 变量的地址与变量的内容

在计算机中，所有的数据都是以二进制形式存放在内存储器(简称内存)中的。一般把内存中的一个字节称为一个内存单元，不同的数据类型所占用的内存单元数不等。为了正确

地访问这些内存单元，必须为每个内存单元编号。根据一个内存单元的编号即可准确地找到该内存单元所在位置，内存单元的编号叫做内存地址。

通过对变量概念的理解可知，C 语言中的每个变量在内存中都要占有一定字节数的存储单元，C 编译系统在对程序编译时会自动根据程序中定义的变量类型在内存中为其分配相应字节数的存储空间，用来存放变量的数值。变量在内存单元中存放的数据，称为变量的内容(Content)，而把存放该数据所占的存储单元位置(即内存地址)，称为变量的地址(Address)。各种类型的数据在计算机内存中的存储形式如图 2.6 所示。

当编译系统读到说明语句“short a=9;”时，则给变量 a 分配两个字节(即两个存储单元)的内存空间，它们的地址是 0x6000 和 0x6001(占两个字节单元)。

同样地，说明语句“float b=6.00;”被分配到的内存地址是 0x6002 到 0x6005(占 4 个字节单元)；“double c;”被分配到的内存地址是 0x6006 到 0x600D(占 8 个字节单元)；“char d='d'”被分配的内存地址是 0x600E(占一个字节单元)。

需特别注意的是，变量 a、b、d 在分配内存单元的同时也赋予了相应的初始值数据，而变量 c 只是定义了双精度实数类型，没有给变量赋予初值，编译系统仅为该变量分配了对应的 8 个字节的内存空间，等待在程序运行过程中随机存放数据。

2. 直接访问(寻址)与间接访问(寻址)

程序中欲对变量进行操作时，可以直接通过变量地址对其存储单元进行存取操作，把这种按变量地址存取变量值的方式称为“直接访问(寻址)”方式。通常情况下，只需要使用变量名就可以直接引用该变量在存储单元中的内容。

例如，对于图 2.6 所示程序中的变量定义语句：

```
short  a=9;
```

已知编译程序为变量 a 分配了地址从 0x6000 到 0x6001 的两个字节存储单元并被赋予初值 9，变量名 a 的存储单元首地址是 0x6000，那么 a 就代表变量的内容 9。

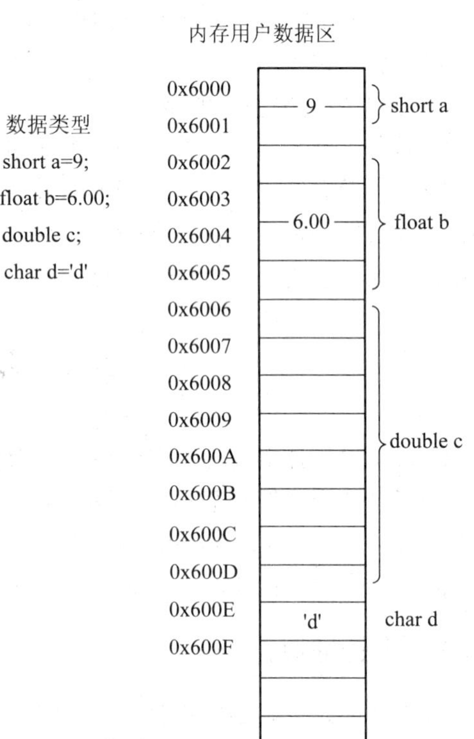

图 2.6　各种类型数据在内存中的存储形式

如果将变量 a 的内存地址存放在另一个变量 p 中，为了访问变量 a，就必须通过先访问变量 p 获得变量 a 的内存首地址 0x6000 后，即经过变量 p“中介”，再到相应的地址中去访问变量 a 并得到 a 的值。把这种间接地得到变量 a 的值的方法称为“间接访问(寻址)”方式，这个专门用来存放内存地址数据的“中介变量 p”就是下面要介绍的指针类型变量，简称为指针变量。

3. 指针和指针变量

通过对内存单元“间接访问”的概念可知，通过存储单元地址可以找到所需要的变量单元，即该地址“指向”某个变量所在的内存单元。因此在 C 语言中，将一个变量的地址形象地称为该变量的“指针”，如上例中的变量 p 就是内存变量 a 的“指针变量”。

“指针”是一个地址，变量的指针就是变量的地址。存放指向地址的变量叫做“指针变量”。“指针”和“指针变量”实际上是不同的两个概念。存放变量 a 的内容的存储单元首地址 0x6000 是变量 a 的“指针”，而存放变量 a“指针”的变量 p 才叫“指针变量”，这两个概念一定要搞清楚。

4. 指针变量的数据类型

指针变量是用来存放存储单元地址的，所以指针变量的数据类型并不代表指针变量本身的数据类型，而是它所指向的目标变量的数据类型。因此，目标变量的数据类型决定了指针变量的数据类型。由于各种类型的数据在内存单元中占据的空间(字节数多少)是不同的，所以指针变量只能是指向某个变量的存储单元的首地址，而不能随便指向该空间的其它地址。例如针对上述语句“short a=9;”的指针变量 p 必须指向变量 a 的内容所在单元的首地址 0x6000。因为当一个指针变量运算时，如执行“p++;”之后，指针变量 p 的值就成了 0x6002，已经指向另一个地址单元了。所以，一个指针变量+1 运算后，它会一次性跳过所指向的目标变量的类型所占用内存全部单元，这个“步长”根据数据类型是可变的，如在 Visual C++ 6.0 环境下，针对字符型为 1，短整型为 2，单精度型为 4，双精度型为 8，而针对数组、结构型等变量，其“步长”可以是任意的。

5. 使用指针变量应注意的原则

由于指针变量使用上的灵活多样，因此极其复杂，使用不当时极易出错，严重时会造成程序错误甚至瘫痪。因此，使用指针必须注意以下原则：

(1) 指针变量使用前必须明确其指向，否则会带来歧义；

(2) 一个类型的指针变量只能用来指向同一数据类型的目标变量，而且必须指向目标变量所在存储单元空间的首地址；

(3) 指针变量指向数组元素时，要注意防止数组下标出界；

(4) 分析程序时要特别注意指针变量当前的值，尤其是在指针变量运算后的当前值。

2.4.2　指针变量的定义

指针变量的使用规则也是必须先定义，后使用。指针变量是专门存放地址的，因此在使用前必须将它定义成指针类型。

1. 指针变量的定义

指针变量定义的一般形式为：

[类型修饰符] 数据类型　*变量名列表；

例如：

```
int i,j;
int *p1,*p2;
```

定义了两个整型变量 i、j 和两个指向整型变量的指针变量 p1、p2。

可以分别使每个指针变量指向一个整型变量，如：

```
p1=&i;
p2=&j;
```

指针变量名遵循标识符的命名规则。

说明：

(1) 变量名前的*号表示该变量为指针变量，以上定义的 p1 和 p2 是指针变量，而不是说 *p1 和 *p2 是指针变量。

(2) 指针变量的类型绝不是指针变量本身的类型，不管是整型、实型，还是字符型指针变量，它们都是用来存放地址的，所以指针变量就其本身来说它没有类型之分，这里所说的类型是指它指向的目标变量的数据类型。一个类型的指针变量只能用来指向同一数据类型的目标变量，例如一个整型指针变量只能指向整型变量而不能指向其它类型的变量。也就是说，只有同一类型变量的地址才能够存放到指向该类型变量的指针变量中。

例如：

```
int *p;
char *str;
float *q;
```

其中，p 是指向整型数据的指针变量；str 是指向字符型数据的指针变量；q 是指向实型数据的指针变量。

(3) 同一存储属性和同一数据类型的变量、数组、指针等可以在一行中定义。

2. 指针变量的初始化

给指针变量赋予数值的过程称为指针变量的初始化。指针变量在定义的同时也可以进行初始化。例如：

```
int *p=&a;
```

说明：

(1) “*”只表示其后面跟的标识符是个指针变量，“&”表示取地址符，取出变量的地址给该指针变量赋值。

(2) 把一个变量的地址作为初始值赋予指针变量时，该变量必须在此之前已经被定义过，因为变量只有在定义后才被分配存储单元。

(3) 指针变量定义时的数据类型必须和它所指向的目标变量的数据类型一致。

(4) 可以用初始化了的指针变量给另一个指针变量进行初始化赋值。例如：

```
int x;
int *p=&x;
int *q=p;        /* 用已经赋值的指针变量 p 给另一个指针变量 q 赋值 */
```

(5) 不能用数值作为指针变量的初值，但可以将一个指针变量初始化为一个空指针。例如：

```
int *p=6000;  /* 非法 */
int *p=0;     /* 合法，代表将 p 初始化为空指针，“0”代表 NULL 的 ASCII 字符 */
```

3. 指针变量的引用

关于对指针变量的引用，通过上述已经出现的两个相关的运算符进行说明。

(1) *：称为指针运算符或称为“间接访问内存地址”运算符；在定义时，通过它标明某个变量被定义为指针变量，而在使用时，*p 则表示 p 所指向的变量的内容。

(2) &：称为取地址运算符，通过它获得目标变量所在存储单元的地址。

例 2.5　指针变量的引用。

```
#include<stdio.h>
void main()
{  int a,b;
   int *pointer_1, *pointer_2;
   a=100;
   b=10;
   pointer_1=&a;          /* 把变量 a 的地址赋给指针变量 pointer_1 */
   pointer_2=&b;          /* 把变量 b 的地址赋给指针变量 pointer_2 */
   printf("%d, %d\n",a,b);
   printf("%d, %d\n",* pointer_1, *pointer_2);
}
```

该程序运行结果为：

```
100, 10
100, 10
```

2.5　运算符和表达式

表达式由操作数和运算符构成，操作数描述数据的状态信息，运算符限定了建立在操作数之上的处理动作。简单的运算符表达式对应着程序设计语言中的一条指令。在表达式后加一个分号“;”就构成表达式语句，用于表达式的求值计算。例如“x=y”是赋值表达式，“x=y;”是赋值语句。

2.5.1　运算符和表达式概述

1. 运算符

运算符也称操作符，是一种表示对数据进行某种运算处理的符号。C 语言编译器通过识别这些运算符，完成各种算术运算、逻辑运算、位运算等运算。C 语言的运算符按所完成的运算操作性质可以分为算术运算符、关系运算符、逻辑运算符、赋值运算符和其它运算符五类；按参与运算的操作数又可以分为单目运算符、双目运算符与三目运算符。

运算符具有优先级(precedence)和结合性(associativity)。运算符的优先级是指运算符执行的先后顺序。第 1 级优先级最高，第 15 级优先级最低。表达式求值按运算符的优先级别从高到低的顺序进行，通过圆括号运算可改变运算的优先顺序。运算符的结合性是指优先级相同的运算从左到右(左结合性)还是从右至左进行(右结合性)，左结合性是人们习惯的计算顺序。当一个表达式包含多个运算符时，先进行优先级高的运算，再进行优先级低的运算。如果表达式中出现了多个相同优先级的运算，运算顺序就要看运算符的结合性了。表 2.6 按运算的优先级(从高到低)列出了 C 语言所有的操作符。

表 2.6　运算符的优先级和结合性

优先级	运算符	名　称	操作数个数	结合规则
1	( ) [ ] -> .	圆括号运算符 数组下标运算符 指向结构指针成员运算符 取结构成员运算符		从左至右
2	! ～ ++ −− − (类型) * & sizeof	逻辑非运算符 按位取反运算符 自增运算符 自减运算符 负号运算符 强制类型转换运算符 取地址的内容(指针运算)运算符 取地址运算符 求字节数运算符	1 (单目运算符)	从右至左
3	* / %	乘法运算符 除法运算符 求余运算符	2 (双目运算符)	从左到右
4	+ −	加法运算符 减法运算符	2 (双目运算符)	从左到右
5	<< >>	左移运算符 右移运算符	2 (双目运算符)	从左到右
6	< <= > >=	小于运算符 小于等于运算符 大于运算符 大于等于运算符	2 (双目运算符)	从左到右
7	== !=	等于运算符 不等于运算符	2 (双目运算符)	从左到右
8	&	按位“与”运算符	2 (双目运算符)	从左到右
9	^	按位“异或”运算符	2 (双目运算符)	从左到右
10	|	按位“或”运算符	2 (双目运算符)	从左到右
11	&&	逻辑“与”运算符	2 (双目运算符)	从左到右
12	||	逻辑“或”运算符	2 (双目运算符)	从左到右
13	?:	条件运算符	3 (三目运算符)	从右到左
14	=　+=　−= *=　/=　%= >>=　<<= &=　^=　|=	赋值运算符	2 (双目运算符)	从右到左
15	,	逗号运算符(顺序求值运算符)		从左到右

2. 表达式的组成

表达式是描述运算过程并且符合 C 语法规则的式子，用以描述对数据的基本操作，是程序设计中描述算法的基础。表达式由运算符和操作数组成，操作数是运算符的操作对象，可以是常量、变量、函数和表达式。

例如：a/b+9*c+'d' 就是一个合法的 C 语言表达式。

3. 表达式的书写

C 语言的表达式虽然源于数学表达式，是数学表达式在计算机中的表示，但是限于计算机识别文字符号的特殊性，将数学表达式在计算机世界中表示出来需要严格遵循 C 语言表达式书写的原则。

(1) C 语言的表达式采用线性形式书写。例如：数学表达式 $\frac{1}{6}-i+j^6$ 应该写成

    1/6–i+j*j*j*j*j*j

(2) C 语言的表达式只能使用 C 语言中合法的运算符和操作数，对有些操作必须调用 C 语言提供的标准库函数来完成，而且运算符不能省略。例如：2πr 应该写成

    2*3.14159*r

而 $\sqrt{b^2-4ac}$ 应该写成

    sqrt(b*b–4*a*c)

类似地，$|z-y|$ 应该写成

    fabs(z–y)

其中变量 y 和 z 是 double 型变量；2 sinα cosα 应该写成

    2*sin(alpha)*cos(alpha)

由于 α 不能在 C 语言中显示，所以我们定义一个 double 型变量 alpha 代替 α。

4. 表达式的分类

C 语言表达式的种类很多，有多种分类方法。一般根据运算的特征将表达式分为算术表达式、关系表达式、逻辑表达式、赋值表达式、条件表达式、逗号表达式等。下面就来详细讨论各种类型的运算符及表达式。

2.5.2　算术运算符和算术表达式

1. 算术运算符

C 语言中的算术运算符包括基本算术运算符和自增自减运算符。

1) 基本算术运算符

基本算术运算符包括双目的“+”、“–”、“*”、“/”四则运算符和“%”运算符，以及单目的“–”(负号)运算符，其具体含义、优先级及结合性见表 2.6。

说明：

① 基本算术运算符的意义与数学中相应符号的意义是一致的。它们之间的相对优先级关系与数学中也是一致的，即先乘除、后加减，同级运算自左至右进行。

② 两个整数相除的结果仍为整数，自动舍去小数部分的值。若其中一个操作数为实数，则整数与实数运算的结果为 double 型。例如，6/4 与 6.0/4 运算的结果是不同的，6/4 的结果

值为整数 1，而 6.0/4 的结果值为实型数 1.5。若两操作数都是正的，则两者相除的结果是小于两者代数商的最大整数；若两操作数中至少有一个为负，则相除的结果可以是小于等于两者代数商的最大整数，也可以是大于两者代数商的最小整数，具体取值依赖于具体的编译系统。例如，设 a = 13, b = –4, c = –13，则：

a/b 的结果可以是 –3，也可以是 –4；

c/b 的结果可以是 3，也可以是 4(取决于具体的编译系统)。

③ 运算符“–”除了用作减法运算符之外，还有另一种用法，即用作负号运算符。用作负号运算符时只要一个操作数，其运算结果是取操作数的负值。如 –(3 + 5)的结果是 –8。

④ 求余运算也称求模运算，即求两个数相除之后的余数。求模运算要求两个操作数只能是整型数据，如 5.8%2 或 5%2.0 都是不正确的。其中，运算符左侧的操作数为被除数，右侧的操作数为除数(除数不能为 0，否则会引起异常)，运算结果为整除后的余数，余数的符号与被除数的符号相同。例如：

12%7 = 5，12%(–7) = 5，(–12)%7 = –5

2) 自增、自减运算符

C 语言有两个自增和自减运算符，分别是“++”和“––”。

① 自增运算符的一般形式为：++

自增运算符是单目运算符，操作数只能是整型变量，有前置、后置两种方式：

++i，在使用 i 之前，先使 i 的值增加 1，又称其为先增后用。

i++，先使用 i 的值，然后使 i 的值增加 1，又称其为先用后增。

自增运算符优先级处于第 2 级，结合性自右向左。

② 自减运算符的一般形式为：––

自减运算符与自增运算符一样也是单目运算符，操作数也只能是整型变量，同样有前置、后置两种方式：

––i，在使用 i 之前，先使 i 的值减 1，又称其为先减后用。

i––，先使用 i 的值，然后使 i 的值减 1，又称其为先用后减。

自减运算符和自增运算符一样，优先级也处于第 2 级，结合性自右向左。

说明：

① 自增、自减运算符只能用于整型变量，而不能用于常量或表达式。

② 自增、自减运算比等价的赋值语句生成的目标代码更高效。

③ 该运算常用于循环语句中，使循环控制变量自动加、减 1，或用于指针变量，使指针向下递增或向上递减一个地址。

④ C 语言的表达式中“++”、“––”运算符如果使用不当，很容易导致错误。

例如：表达式“i+++++j”在编译时是通不过的，应该写成：

(i++)+ (++j)

又如，设 i=3，则表达式“k=(i++)+(i++)+(i++)”的值是多少呢？

在某些系统下认为其相当于 k=3+4+5，结果为 k=12。而另外一些系统，如在 Turbo C 2.0 编译系统中，把 3 作为表达式中所有 i 的值，3 个 i 相加得到 k=9，然后 i 再自加三次，i=6。

相当于：

```
k=i+i+i; i++; i++; i++;
```

再如，设 i=3，则表达式“k=(++i)+(++i)+(++i)”的值是多少呢？

Microsoft C 系统中，从左到右使 i 增加，相当于 k=4+5+6，结果为 k=15；在 Turbo C 2.0 中，k=18，此时的 i=6，因为它相当于

```
++i; ++i; ++i; k=i+i+i;
```

不同的 C 编译系统结合方式不一样，所以不同的编译系统中，针对上述表达式得出的答案并不一定同编程者的原意相同。所以在使用“++”和“--”时要特别小心，避免出现歧义性。如为避免 k=(i++)+(i++)+(i++)出现歧义性，可写为：

```
A=i++;
B=i++;
C=i++;
k=A+B+C;
```

例 2.6　自增自减运算的应用。

```
#include "stdio.h"
void main()
{
   int i,j;
   i=j=5;
   printf ("i++=%d, j--=%d\n", i++, j--);
   printf ("++i=%d, --j=%d\n", ++i, --j);
   printf ("i++=%d, j--=%d\n", i++, j--);
   printf ("++i=%d, --j=%d\n", ++i, --j);
   printf ("i=%d, j=%d\n", i, j);
}
```

运行结果为：

```
i++=5, j--=5
++i=7, --j=3
i++=7, j--=3
++i=9, --j=1
i=9, j=1
```

2. 算术表达式

算术表达式由算术运算符和操作数组成，相当于数学中的计算公式。算术表达式可以出现在任何值出现的地方，如 a+2*b−5，18/3*(2.5+8)−'a' 等。算术表达式类似于数学中的表达式，这里不再赘述了。

2.5.3　关系运算符和关系表达式

关系运算实际上就是比较运算，这种运算将两个值进行比较，根据两个值比较运算的

结果给出一个逻辑值(即真假值)。C 语言没有专门提供逻辑类型，而是借用整型、字符型和实型来描述逻辑值，逻辑真为“1”，逻辑数据假为“0”；但在实用中判断一个量是否为“真”时，以“0”代表“假”，以非“0”代表“真”。

1. 关系运算符及其优先次序

C 语言提供了 6 种关系运算符，即“<”，“<=”，“>”，“>=”，“==”和“!=”，其具体含义、优先级及结合性见表 2.6。

2. 关系表达式

用关系运算符将两个表达式(可以是算术表达式、关系表达式、逻辑表达式、赋值表达式或者字符表达式等)连接起来的式子，称为关系表达式。关系表达式是逻辑表达式中的一种特殊情况，由关系运算符和操作数组成，关系运算完成两个操作数的比较运算。例如：a/21+3>b、(a=3)>(b=5)、'a'< 'b'、(a>b)<(b<c)等都是关系表达式。

关系表达式的结果只能有真(true)和假(false)两种可能性。在 C 语言中，true 是不为 0 的任何值，表示其逻辑值为“真”；而 false 是“0”，表示其逻辑值为“假”。

例如：若 a=3，b=2，c=1，则

a>b　　　　表达式的值为 1，即代表其逻辑值为“真”
(a>b)==c　　表达式的值为 1，即代表其逻辑值为“真”
b+c<a　　　表达式的值为 0，即代表其逻辑值为“假”
d=a>b　　　表达式的值为 1，即代表其逻辑值为“真”
f=a>b>c　　表达式的值为 0，即代表其逻辑值为“假”

注意：

(1) 由于关系运算符的结果不是 0 就是 1，故它们的值也可作为算术值处理。例如：

```
int x;
x=100;
printf("%d",x>10);   /* 这个程序输出为 1 */
```

(2) 注意与数学式子的区别。例如：int a=8,b=5,c=2；数学上 a>b>c 成立，但 C 语言的表达式 a>b>c 却不成立，其结果为“0”，而不是“1”。要写成 a>b&&b>c，结果才是“1”。

2.5.4 逻辑运算符和逻辑表达式

逻辑运算实际上也是比较运算，这种运算将两个操作数的逻辑值进行比较，根据两个逻辑值的运算结果得出一个逻辑值(也是真假值)。

1. 逻辑运算符及其优先次序

C 语言提供了 3 种逻辑运算符：&&、||、!，其具体含义、优先级及结合性见表 2.6。

2. 逻辑表达式

用逻辑运算符将表达式连接起来的式子就是逻辑表达式。逻辑表达式由逻辑运算符和关系表达式或逻辑量组成，逻辑表达式用于程序设计中的条件描述。例如，!a、a+3 && b、x || y，(i>3)&&(j=4)等都是逻辑表达式。逻辑表达式的结果只能有真(true)和假(false)两种可能性。逻辑运算真值表可参看表 2.7。

表 2.7　逻辑运算真值表

a	b	a&&b	a‖b	!a	!b
0	0	0	0	1	1
0	非 0	0	1	1	0
非 0	0	0	1	0	1
非 0	非 0	1	1	0	0

注意：

在计算逻辑表达式时，注意 && 和 ‖ 是一种短路运算。所谓短路运算，是指在计算的过程中，只要表达式的值能确定，便不再计算下去。如逻辑与运算到某个操作数为假，可确定表达式的值为假时，剩余的操作数就不再继续考虑；逻辑或运算到某个操作数为真，可确定表达式的值为真时，剩余的操作数也不再需要考虑。例如：

(1) e1&&e2，若 e1 为 0，则可确定表达式的值为逻辑 0，便不再计算 e2。

(2) e1 ‖ e2，若 e1 为真，则可确定表达式的值为真，也不再计算 e2。

(3) 注意与数学式子的区别。例如：当 a=8,b=5,c=2；数学写法 a>b>c 成立，但 C 语言的逻辑表达式必须写成 a>b&&b>c。

2.5.5　条件运算符和条件表达式

条件运算实际上也是比较运算，这种运算将两个以上的操作数运算后的逻辑值进行比较，根据其结果的逻辑值(也是真假值)进行判断并决定执行的顺序。

1. 条件运算符

(1) 条件运算符用在条件表达式中，能用来代替某些 if-else 形式的语句功能。在 C 语言中，它是一个功能强大、使用灵活的运算符。

(2) 条件运算符由“？”和“：”联合组成。一般形式如下：

表达式 1 ？ 表达式 2 ： 表达式 3

条件运算符的含义是，表达式 1 必须为逻辑表达式，如果表达式 1 的值为真(非零)，则计算表达式 2 的值，并将它作为整个表达式的值；如果表达式 1 的值为假(零)，则计算表达式 3 的值，并把它作为整个表达式的值。即如果表达式 1 为真，则条件表达式取表达式 2 的值，否则取表达式 3 的值。例如：

```
max=(a>b)? a: b;
```

如果 a>b 成立的话，max 取 a 的值，否则就取 b 的值。

条件表达式具体含义、优先级及结合性见表 2.6。

说明：

(1) 条件运算符是 C 语言中唯一的一个三目运算符。

(2) 条件运算符优先于赋值运算符。

(3) 条件运算符的结合方向为“从右向左”。

例如：

```
a>b? a: c>d? c: d
```

等价于

a>b？ a: (c>d? c: d)

如果 a=1，b=2，c=3，d=4，则条件表达式的值为 4。

(4) 表达式 1、2、3 可以是任意类型(字符型、整型、实型)的表达式。

2. 条件表达式

条件表达式由条件运算符和操作数组成，用以将条件语句以表达式的形式出现，完成选择判断处理。它简化了条件判断语句(或分支程序结构)的构造。

例 2.7　条件表达式的应用——判断整数的正负

```
#include "stdio.h"
void main()
{   int x;
    scanf("%d", &x);
    x>0?printf("%s","Positive"):printf("%s","Negative");
}
```

2.5.6　逗号运算符和逗号表达式

逗号运算提供了一个顺序求值运算形式，相当于某操作数的一个接力运算。

1. 逗号运算符

逗号运算符又称为顺序求值运算符，其具体含义、优先级及结合性见表 2.6。逗号运算符只能用于逗号表达式中，一般形式如下：

表达式 1，表达式 2

逗号运算符的含义是：先计算表达式 1，再计算表达式 2，并以此作为整个表达式的值。例如表达式："a=3*5，a*4"，先求解 a=3*5 得 a=15，然后求解 a*4 得 60，所以整个逗号表达式的值是 60。

2. 逗号表达式

逗号表达式由逗号运算符和操作数组成，用以将多个表达式连接成一个表达式。也就是将要计算的一些表达式放在一起，用逗号分隔，并以最后一个表达式的值作为整个表达式的最终结果值。逗号表达式的更一般的使用形式为：

表达式 1，表达式 2，表达式 3，……，表达式 n

计算时顺序求表达式 1、表达式 2 直至表达式 n 的值，但整个表达式的值是由表达式 n 的值决定的。例如整个表达式"x=a=3,6*x,6*a,a+x"的值为 6。

说明：

(1) 圆括号在逗号表达式中的应用有特定含义。例如：下面两个表达式是不相同的：

x=(a=3,6*3)

x=a=3,6*3

前一个是赋值表达式，将逗号表达式的值赋给变量 x，x 的值等于 18；后一个是逗号表达式，它包含一个赋值表达式和一个算术表达式，x 的值是 3，整个表达式的值是 18。

(2) 逗号表达式可以嵌套。例如："(a=3*5,a*4),a+5"整个表达式的值为 20。

(3) 求解逗号表达式时，要注意其他运算符的优先级。例如：

i=3，i++，i++，i+5

先求解赋值表达式“i=3”(“=”优于“，”)，所以 i 的值为 3，然后 i 自增两次，i 的值变为 5，然后求解 i+5，得到表达式“i+5”的值为 10，因此整个逗号表达式的值为 10。

(4) 逗号表达式是把若干个表达式“串连”起来。在许多情况下，使用逗号表达式的目的只是想分别得到各个表达式的值，而并非一定要得到和使用整个逗号表达式的值，逗号表达式最常用于 for 语句中。

2.5.7 赋值运算符和赋值表达式

赋值运算是一种在程序设计中应用十分频繁的操作，通过赋值运算可以访问存储单元中的内容，让变量得到初始值，完成表达式的计算等。

1. 赋值运算符

赋值运算符用在赋值表达式中，其作用是计算“=”右边表达式的值并存入“=”左边的变量中。它们的具体含义、优先级及结合性见表 2.6。

2. 赋值表达式

赋值表达式由赋值运算符和操作数组成。赋值表达式的一般格式为：

<变量名>=<表达式>

赋值运算符的右边是表达式，此表达式可以是常量、变量或具有确定值的数据；左边可以是变量或数组元素。赋值表达式的末尾加上分号就是赋值语句。赋值表达式通常用来构造赋值语句，也常用在条件语句中。如 i=20；或 j=i；等就是赋值语句。

3. 复合赋值运算符

(1) 在基本赋值运算符“=”之前加上任一双目算术运算符及位运算符可构成赋值运算符，又称带运算的赋值运算符。

(2) 复合赋值运算符的分类：

算术复合赋值运算符有 5 种：

+=、−=、*=、/=、%=

位复合赋值运算符有 5 种：

<<=、>>=、&=、^=、|=

复合赋值运算符的优先级和结合性同赋值运算符，优先级为 14 级，结合性从右至左。

4. 复合赋值表达式

复合赋值表达式是由复合赋值运算符将一个变量和一个表达式连接起来的式子。复合赋值运算表达式的一般形式为：

变量☆=表达式

该表达式等价于：变量=变量☆表达式，其中，☆号代表任一双目运算符或位运算符。

引入复合赋值运算符的目的：一是为了简化程序，使程序精炼；二是为了提高编译效率。

例 2.8　赋值运算应用实例。

```
#include "stdio.h"
void main()
```

```
{   int i, j;
    float x, y;
    i=j=1;
    x=y=1.1f;
    printf ("i=%d, j=%d\n", i, j);
    x=i+j;
    y+=1;/*等价于 y=y+1*/
    printf ("x=%4.2f,y=%4.2f\n", x, y);
    i=i+++j;
    x=2*x+y;
    printf ("i=%d, x=%4.2f\n", i, x);
}
```

运行结果为：

```
i=1, j=1
x=2.00, y=2.10
i=3, x=6.10
```

2.5.8 位运算符和位运算表达式

数据在计算机里是以二进制形式表示的。在实际问题中，常常也有一些数据对象的情况比较简单，只需要一个或几个二进制位就能够编码表示，如果大量的这种数据用基本数据类型表示，对计算机资源是一种浪费。另一方面，许多系统程序需要对二进制位表示的数据直接进行操作，例如许多计算机硬件设备的状态信息通常是用二进制位串形式表示的；如果要对硬件设备进行操作，也要发出一个二进制位串方式的命令。因此 C 语言提供了对二进制位的操作功能，称为位运算。

位运算仅应用于整型数据，即把整型数据看成是固定的二进制序列，然后对这些二进制序列进行按位运算。

1. 位运算符

位运算符包括位逻辑运算符 4 种：&、|、^、~；位移位运算符 2 种：<<、>>，其具体含义、优先级及结合性见表 2.6。

2. 位运算表达式

位运算表达式由位运算符和操作数组成，位运算对整型数据内部的二进制位进行按位操作。

1) 位逻辑运算

① 按位取反运算。按位取反运算符：~。

按位取反运算用来对一个二进制数按位求反，即“1”变为“0”，“0”变为“1”。例如假设机器字长为 8 位，对十进制整数 5 进行按位取反运算，5 的二进制数是 00000101(用十六进制数表示为 0x05)，按位取反操作后得到的结果是 11111010(用十六进制数表示为 0xfa)。

~运算常用于产生一些特殊的数。如高 4 位全“1”低 4 位全“0”的数 0xf0，按位取反后变为 0x0f。例如，~1 运算后，在 8 位、16 位和 32 位计算机系统中，它都表示只有最低位为“0”的整数。

~运算还常用于加密子程序。例如，对文件加密时，一种简单的方法就是对每个字节按位取反，例如：

初始字节内容　　00000101
一次取反后　　11111010
二次取反后　　00000101

在上述操作中，经连续两次求反后，又恢复了原始初值，因此，第一次求反可用于加密，第二次求反可用于解密。

② 按位与运算。按位与运算符：&。

按位与运算的规则是当两个操作数的对应位都是 1 时，则该位的运算结果为 1，否则为“0”。例如：0x29&0x37 的运算，0x29 与 0x37 的二进制表示为 00101001 与 00110111，按位与运算后的结果为 00100001，即 0x21。

按位与运算主要用途是清零、指定取操作数的某些位或保留操作数的某些位。

例如：

a&0 运算后，将使数 a 清 0。

a&0xF0 运算后，保留数 a 的高 4 位为原值，使低 4 位清 0。

a&0x0F 运算后，保留数 a 的低 4 位为原值，使高 4 位清 0。

③ 按位或运算。按位或运算符：|。

按位或运算的规则是当两个操作数的对应位都是 0 时，则该位的运算结果为 0，否则为 1。例如：0x29|0x37 的运算，0x29 与 0x37 的二进制表示为 00101001 与 00110111，按位或运算后的结果为 00111111，即等于 0x3f。

利用或运算的功能可以将操作数的部分位或所有位置为 1。

例如：

a|0x0F 运算后，使操作数 a 的低 4 位全置 1，其余位保留原值。

a|0xFF 运算后，使操作数 a 的每一位全置 1。

④ 按位异或运算。按位异或运算符：^。

按位异或运算的规则是当两个操作数的对应位相同时，则该位的运算结果为 0，否则为 1。例如，0x29^0x37 的运算，0x29 与 0x37 的二进制表示为 00101001 与 00110111，按位异或的结果为 00011110，即等于 0x1e。

利用^运算的功能可以将数的特定位翻转，保留原值，不用中间变量就可以交换两个变量的值。例如：

a^0x0F 运算后，将操作数 a 的低 4 位翻转，高 4 位不变。

a^0x00 运算后，将保留操作数 a 的原值。

若使用中间变量将变量 a 和 b 的内容进行交换，一般使用如下语句：

```
c=a; a=b; b=c;
```

若不用中间变量交换变量 a、b 的值，可采用如下异或运算交换：

```
a=a^b; b=b^a; a=a^b;
```

因为

b=b^a=b^(a^b)= b^a^b=b^b^a=0^a=a

a=a^b=a^(b^a)= a^b^a=a^a^b=0^b=b

2) 移位运算

① 向左移位运算。左移位运算符：<<。

左移位运算的左操作数是要进行移位的整数，右操作数是要移的位数。

左移位运算的规则是将左操作数的高位左移后溢出并舍弃，空出的右边低位补 0。例如：15<<2 运算，15 的二进制表示为 00001111，左移 2 位的结果为 00111100，等于 60。

左移 1 位相当于该数乘以 2，左移 2 位相当于该数乘以 4(2^2)。使用左移位运算可以实现快速乘 2 运算。

② 右移位运算。右移位运算符：>>。

右移位运算的左操作数是要进行移位的整数，右操作数是要移的位数。

右移位运算规则是低位右移后被舍弃，空出的左边高位，对于无符号数补入 0，对于带符号数，正数时空出的左边高位补入 0，负数时空出的左边高位补入其符号位的值(算术右移)。例如：15>>2 的运算，15 的二进制表示为 00001111，右移 2 位的结果为 00000011，运算结果为 3；−15>>2 的运算，−15 的二进制表示为 11110001，右移 2 位的结果为 11111100，运算结果为 −4。

右移 1 位相当于该数除以 2，右移 2 位相当于该数除以 4(2^2)。使用右移位运算可以实现快速除 2 运算。

例 2.9　取一个正整数 a(用二进制数表示)从右端开始的 4～7 位(最低位从 0 开始)。

```
#include "stdio.h"
void main()
{    unsigned int a,b,c,d;
     scanf("%o",&a);          /* 八进制形式输入 */
     b=a>>4;                  /* a 右移四位 */
     c=~(~0<<4);              /* 得到一个 4 位全为 1，其余位为 0 的数 */
     d=b&c;                   /* 取 b 的 0～3 位，即得到 a 的 4～7 位 */
     printf("a=%o, a(4～7)=%o",a,d);
}
```

输入数据：

331

运行结果为：

a=331，a(4～7)=15

2.5.9　其他运算表达式

其它运算主要介绍取地址运算&，求字节数运算 sizeof，及括号运算( )和[ ]，其具体含义、优先级及结合性见表 2.6。

1. 取地址运算

取地址运算符：&。

取地址运算可以得到变量的地址，其操作数只能是变量。C 语言程序设计中许多场合要使用到地址数据。如输入函数 scanf()，其输入参数就要求是地址列表，而其操作结果是将读入的数据送到变量对应的存储单元中。例如：

```
scanf("%d,%f",&a,&b);
```

其中，&a、&b 是地址列表，该语句表示输入变量 a、b 的值。

2. 求字节数运算

求字节数运算符：sizeof。

求字节数运算的操作数可以是类型名，也可以是变量、表达式，运算后可以求得相应类型或数据所占的字节数，即它返回变量或类型修饰符的字节长度。例如：

```
float f;
printf("%d", sizeof(f));        /* 输出实型变量 f 所占的存储单元字节个数 */
printf("%d", sizeof(int));      /* 输出整型类型所占的存储单元字节个数 */
```

不同的编译环境下，同样类型进行求字节数运算，其结果可能是不同的，如在 Turbo C2.0 环境下，输出结果为 4 和 2，而在 Visual C++ 6.0 环境下输出结果为 4 和 4。

使用 sizeof 的目的是为了增强程序的可移植性，使之不受计算机固有的数据类型长度的限制。sizeof 用于数据类型时，数据类型必须用圆括号括起来；用于变量时，可以不用圆括号括起来。例如：sizeof(int)；而 sizeof(f)与 sizeof f 等价。

3. 括号运算

在其它语言中，括号是某些语法成分的描述符，C 语言中还将括号作为运算符处理。

1) 圆括号运算符()

圆括号运算一方面用来改变运算的优先级顺序，圆括号在运算符优先级内最优先；另一方面可以用来强制进行数据类型转换。例如：

① (double)a 运算是将变量 a 的值强制改变为 double 类型。

② (int)(x+y) 运算是将(x+y)的值强制改变为整型。

③ (float)5/2 运算，本来 5/2 运算结果为 2，属于整型运算，经此强制类型转换后使数据类型变为实型，结果为 2.5，等价于：5.0/2。

2) 下标运算符 [ ]

下标运算符又称中括号运算符，主要用在数组中，用于得到数组的分量下标值，其具体应用详见数组章节(第 4 章)的内容。

2.5.10　表达式的类型转换

当不同类型的变量和常量在表达式中混合使用时，它们最终将转换为同一类型。最终类型是表达式中数据取值域最长的类型。C 语言提供了自动类型转换、强制类型转换和赋值表达式中的类型转换三种情况。

1. 自动类型转换

这种转换是编译系统自动进行的。自动类型转换遵循以下规则：

(1) 若参与运算量的类型不同，则先转换成同一类型，然后进行运算。

(2) 转换按数据长度增加的方向进行，以保证精度不降低。如 int 型和 long 型运算时，

先把 int 型转成 long 型后再进行运算。

(3) 所有的浮点运算都是以双精度进行的，即使仅含 float 单精度量运算的表达式，也要先转换成 double 型，再作运算。

(4) char 型和 short 型参与运算时，必须先转换成 int 型。

总之，转换的顺序是由精度低的类型向精度高的类型转换，即转换次序是：

char，short->int->unsigned->long-> double <-float

例如：表达式 10+'a'+1.5−8765.1234*'b'。在计算机执行的过程中从左向右扫描，运算次序为：

① 进行 10+'a' 的运算，先将 'a' 转换成为整数 97，计算结果为 107；

② 将 107 转换成 double 型的数据，再与 1.5 相加，结果是 double 型；

③ 由于“*”比“−”优先，故先进行 8765.1234*'b' 的运算，运算时同样先将 'b' 转换成为整型数，然后再转换为实型数后进行计算，但是计算结果是 double 型数；

④ 最后，将两部分计算的结果相减，最终结果为 double 型数。

2. 强制类型转换

通过使用强制类型转换，可以把表达式的值强迫转换为另一种特定的类型。

一般的形式如下：

(类型)表达式

其中，类型是 C 语言中的基本数据类型。例如：

```
(float)x/2;              /*强迫 x 的值为单精度型*/
```

强制类型转换是单目运算符，它与其它单目运算符有相同的优先级。

注意：由于强制运算符的优先级比较高，所被强制部分要用圆括号括起来。另外，被强制改变类型的变量仅在本次运算中有效，其原来的数据类型在内存中保持不变。

3. 赋值表达式中的类型转换

当赋值表达式的表达式类型如果和被赋值的变量的类型不一致时，则表达式的类型被自动转换为变量的类型之后再进行赋值。

(1) 将实型数据(包括单、双精度)赋给整型变量时，舍弃实数的小数部分。如 i 为整型变量，执行“i=5.55”的结果是使 i 的值为 5，在内存中以整数形式存储。

(2) 将整型数赋给单、双精度变量时，数值不变，但该数以浮点数形式存储到变量中，如将 35 赋给 float 变量 f，即 f=35，先将 35 转换成 35.000000，再存储在 f 中。如将 35 赋给 double 型变量 d，即 d=35，以双精度浮点数形式将 35 存储到 d 中。

(3) 将一个 double 型数据赋给 float 变量时，截取其前面 7 位有效数字，存放到 float 变量的存储单元(32 位)中。但应注意数值范围不能溢出。例如：

```
float f;
double d=123.456789e100;
f=d;
```

就出现溢出的错误。

将一个 float 型数据赋给 double 变量时，数值不变，有效位数扩展到 16 位，在内存中以 64 位存储。

(4) 字符型数据赋给整型变量时，由于字符只占 1 个字节，而整型变量为 2 个字节，因此将字符数据(8 位)放到整型变量低 8 位中。有两种情况：

① 如果所用系统将字符处理为无符号的量或对 unsigned char 型变量赋值，则将字符的 8 位放到整型变量低 8 位，高 8 位补“0”。例如：将字符 '\366' 赋给 int 型变量 i，如图 2.7(a) 所示。

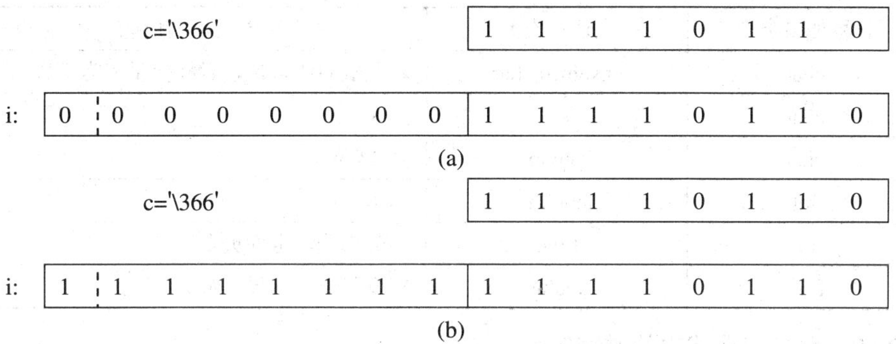

图 2.7　字符型数据赋给整型变量时变量变化示意图

② 如果所用系统(如 Turbo C)将字符处理为带符号的(即 signed char)，若字符最高位为“0”，则整型变量高 8 位补“0”；若字符最高位为 1，则高 8 位全补“1”，见图 2.7(b)。这称为“符号扩展”，这样做的目的是使数值保持不变，如变量 c(字符 '\366')以整数形式输出为 −10，i 的值也是 −10。

(5) 将一个 int、short、long 型数据赋给一个 char 型变量时，只将其低 8 位原封不动地送到 char 型变量(即截断)。例如：

```
short int i=307;
char c='a';
c=i;
```

其赋值情况见图 2.8。c 的值为 51，如果用“%c”输出 c，将得到字符 '3' (其 ASCII 码为 51)。

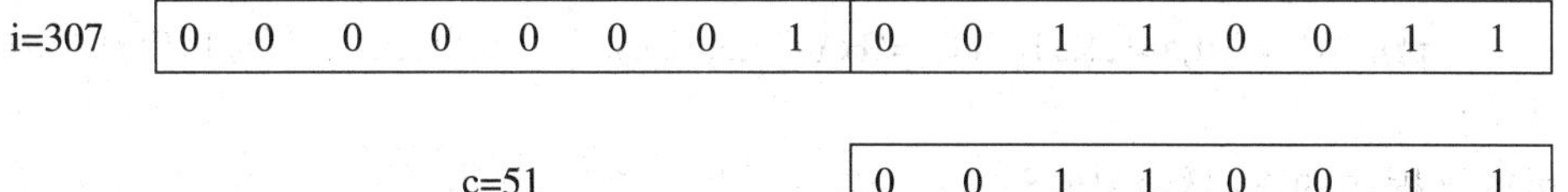

图 2.8　给 char 型变量赋值时变量变化示意图

(6) 在某些编译环境下，将带符号的整型数据(int 型)赋给 long 型变量时，要进行符号扩展，将整型数的 16 位送到 long 型低 16 位中，如果 int 型数据为正值(符号位为“0”)，则 long 型变量的高 16 位补“0”；如果 int 型变量为负值(符号位为“1”)，则 long 型变量的高 16 位补“1”，以保持数值不改变。反之，若将一个 long 型数据赋给一个 int 型变量，只将 long 型数据中低 16 位原封不动地送到整型变量(即截断)。

(7) 将 unsigned int 型数据赋给 long int 型变量时，不存在符号扩展问题，只需将高位补“0”即可。将一个 unsigned 类型数据赋给一个占字节数相同的整型变量(例如：unsigned int=>int， unsigned long=>long，unsigned short=>short)时，是将 unsigned 型变量的内容原样送到非 unsigned 型变量中，但如果数据范围超过相应整型的范围，则会出现数据错误。

(8) 将非 unsigned 型数据赋给长度相同的 unsigned 型变量，也是原样照赋(连原有的符

号位也作为数值一起传送)。

以上的赋值规则看起来比较复杂，其实，不同类型的整型数据间的赋值归根到底就是一条：按存储单元中的存储形式直接传送。表 2.8 给出了 Turbo C 中长数据类型转换为短数据类型时可能丢失的信息。

表 2.8　Turbo C 中长数据类型转换为短数据类型时可能丢失的信息

目标变量类型	表达式类型	可能丢失的信息
char	unsigned char	若所赋的值>127，目标变量将为负数
char	int	高 8 位
char	long int	高 24 位
int	long int	高 16 位
int	float	小数部分，也许更多
float	double	精度降低，结果四舍五入

例 2.10　赋值表达式中的类型转换。

```
void main()
{
  int i=43;
  float a=55.5,a1;
  double b=123456789.123456789;
  char c='B';
  printf("i=%d,a=%f,b=%f,c=%c\n",i,a,b,c);      /* 输出 i,a,b,c 的初始值 */
  a1=i;             /* int 型变量 i 的值赋给 float 型变量 a1 */
  i=a;              /* float 型变量 a 的值赋给 int 型变量 i，会舍去小数部分 */
  a=b;              /* double 型变量 b 的值赋给 float 型变量 a，有精度损失 */
  c= i;             /* int 型变量 i 的值赋给 char 变量 c, 会截取 int 型低 8 位 */
  printf("i=%d,a=%f,a1=%f,c=%c\n",i,a,a1,c);   /* 输出 i,a,a1,c 赋值以后的值 */
}
```

运行该程序的输出结果如下：

```
i=43，a=4.500000，b=123456789.123457，c=B
i=55，a=123456792.000000，a1=43.000000，c=7
```

2.6 小　　结

本章详细地介绍了计算机程序设计中的词法、句法和语法概念与用途。词法由字符集、标识符、关键字、运算符、常量、注释符构成，它们有严格的使用规定；程序中规定了数据使用的各种类型，如整型、实型(即浮点类型)、字符类型和指针类型等，要求准确理解和掌握其特点与使用限制，随着学习的深入还将出现其它数据类型；常量和变量中重点掌握变量的各种特征和用法；运算符作为连接各种运算对象的纽带，要求掌握其结合性和优先规则；掌握数据类型在表达式中的转换特征；表达式构成计算序列，是程序算法的结果体现，要求掌握各类运算符构成表达式的规则，根据数据对象的属性和运算符的优先级进行准确计算。

习　题　二

1. 选择题

(1) 下列关于 C 语言的叙述错误的是_______。

A. 大写字母和小写字母的意义相同

B. 不同类型的变量可以在一个表达式中

C. 在赋值表达式中等号(=)左边的变量和右边的值可以是不同类型的

D. 同一个运算符号在不同的场合可以有不同的含义

(2) 下面四个选项中均是不合法的整型常量的选项是_______。

A. 160　　−0xffff　　011　　　B. −0xcdf　　01a　　0xe

C. −1a　　986,012　　0668　　　D. −0x48a　　2e5　　0x

(3) 将字符 g 赋给字符变量 c，正确的表达式是_______。

A. c=\147　　B. c="\147"　　C. c='\147'　　D. c='0147'

(4) 设 a 和 b 均为 double 型常量，且 a=5.5、b=2.5，则表达式(int)a+b/b 的值是______。

A. 6.500000　　B. 6　　C. 5.500000　　D. 6.000000

(5) 有如下类型说明：

```
float n;
int m;
```

则以下能实现将 n 中的数值保留小数点后两位，第三位四舍五入的表达式是_______。

A. n=(n*100+0.5)/100.0　　　B. m=n*100+0.5,n=m/100.0

C. n=n*100+0.5/100.0　　　D. n=(n/100+0.5)*100.0

(6) 执行语句 printf("%x",−1)；屏幕显示________。

A. −1　　B. 1　　C. −ffff　　D. ffff

(7) 设有如下定义：float　*ptr；，则以下叙述中正确的是______。

A. ptr 是一个指针变量　　　B. *ptr 是一个指针变量

C. ptr 是一个 float 型指针变量　　　D. *ptr 是一个 float 型指针变量

(8) 设以下变量均为 int 类型，则值不等于 7 的表达式是______。

A. (x=y=6,x+y,x+1)　　　B. (x=y=6,x+y,y+1)

C. (x=6,x+1,y=6,x+y)　　　D. (y=6,y+1,x=y,x+1)

(9) 如果 int a=1,b=2,c=3,d=4；则条件表达式"a<b?a:c<d?c:d"的值是____。

A. 1　　B. 2　　C. 3　　D. 4

(10) 若有代数式 $\frac{4mn}{ab}$ ，则不正确的 C 语言表达式是_______。

A. m/a/b*n*4　　　B. 4*m*n/a/b

C. 4*m*n/a*b　　　D. m*n/b/a*4

2. 填空题

(1) 设 int m=5，y=2；表达式 y+=y-=m*=y 后的 y 值是______________。

(2) 已知 i = 0，j = 1，k = 2，则逻辑表达式++i || -- j && ++k 的值为______________。

(3) 表示条件："x 是小于 100 的非负数"的 C 语言表达式是__________________。

(4) 设 ch 是 char 型变量，其值为 A，则表达式 ch = (ch >= 'A' && ch <= 'Z') ? (ch + 32) : ch 的值为______________。

(5) 若 a 为浮点变量，b 为整型变量，将 ('4'-'0') – a*b 中所隐含的类型自动转换，改写为其对应的强制类型转换表达式是______________。

(6) 数学式子 $\sqrt{hl\times(hl-a)\times(hl-b)\times(hl-c)}$ 写成 C 语言表达式是_____________。

(7) 表达式 5%(–3)的值是___________，表达式–5%(–3)的值是____________。

(8) 若有(char a=3，b=6，c；c=a ^ b >> 2;)，请计算出 c 的二进制数是___________，八进制数是______________，十六进制数是_____________，十进制数是_____________。

(9) 设 int b=7;float a=2.5,c=4.7；表达式 a+(int)(b/2*(int)(a+c)/2)%4 的值为___________。

第 3 章　程序设计基础

教学目标

※ 了解C语言的基本语句。
※ 掌握数据输入、输出函数的调用规则和格式控制字符的正确使用。
※ 掌握赋值语句的使用方法及顺序结构程序的设计方法。
※ 掌握分支结构程序的设计方法。
※ 掌握循环结构程序的设计方法。
※ 理解结构化程序设计的方法和步骤。

一个程序就像一篇文章，也是由各种语句组成的，不同的只是文章中的语句是用自然语言写成，而程序中的语句是用某种计算机程序设计语言编写而成的。C 语言属于面向过程语言，在这种语言中，围绕一个程序目标所要采取的每一步行动都必须由语句体现出来。具体来说，一个程序包含了两部分信息，一部分是数据，另一部分是对数据的操作，这些操作都是由语句来实现的。本章通过对程序结构和语句的学习，建立运用三种基本结构(顺序结构、选择结构、循环结构)进行编程的思想。

3.1　程序结构和语句

一个 C 程序可以由若干源程序文件(分别进行编译的文件模块)组成，一个源文件可以由若干个函数、预处理命令以及全局变量声明部分组成，一个函数由数据定义部分和执行部分组成。函数的执行部分由语句按一定的控制流程构成。

3.1.1　三种程序结构

C 语言是结构化程序设计语言，它的最大特点是以控制结构为单位，每个单位只有一个入口和一个出口，程序的结构清晰、可读性强，从而提高程序设计的效率和质量。结构化程序由三种基本结构构成：顺序结构、选择结构和循环结构。

1. 顺序结构

所谓顺序结构，就是程序按照语句出现的先后顺序依次执行，整个程序的执行流程呈直线型。

程序的 N-S 图如图 3.1(a)所示。

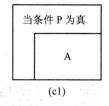

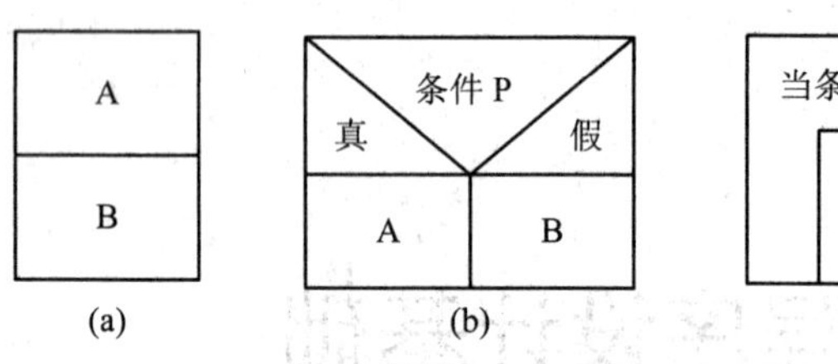

(a)　　　　(b)

当条件 P 为真

A

(c1)

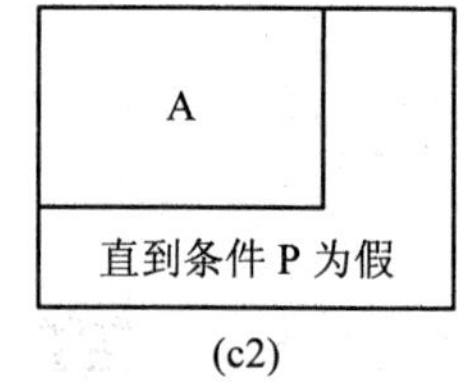

(c2)

图 3.1　三种基本结构的 N-S 图

(a) 顺序结构；(b) 选择结构；(c1) 当型循环结构；(c2) 直到型循环结构

2. 选择结构

所谓选择结构，就是程序经过条件判断以后，再确定执行哪一段代码段。根据条件 P 成立与否来选择执行程序的某部分，即当条件 P 成立(“真”)，执行 A 操作，否则执行 B 操作。但无论选择哪部分，程序均将汇集到同一个出口。N-S 图如图 3.1(b)所示。

注意：选择结构是一个整体，在一次执行过程中，只执行 A 框或 B 框中的一个，要么执行 A 框，要么执行 B 框，不能一次执行 A、B 两个框。

选择结构还可以派生出“多分支选择结构”，程序框图如图 3.2 所示，根据 k 值(k1、k2、…、kn)的不同来选择执行多路分支 A1、A2、…、An 之一。虽然这种结构可以利用双分支的嵌套来实现，但 C 语言以及多数高级语言都提供了直接实现这种结构的语句。

条件 k			
k1	k2	…	kn
A1	A2	…	An

图 3.2　多分支选择结构

3. 循环结构

所谓循环结构，就是程序反复执行某一段代码，直到某种条件不满足时才结束执行该段程序的结构。循环结构有当型和直到型两种。

1) 当型循环结构

当条件 P 成立(“真”)时，反复执行 A 操作，直到 P 为“假”时才停止循环。循环结构程序 N-S 流程图如图 3.1(c1)所示。

当型循环的特点如下：① 先判别条件，若条件满足，则执行 A。② 在第一次判别条件时，若条件不满足，则 A 一次也不执行。

2) 直到型循环结构

先执行 A 操作，再判别条件 P 是否为“真”，若为“真”，再执行 A，如此反复，直到 P 为“假”时停止。程序 N-S 流程图如图 3.1(c2)所示。

直到型循环的特点如下：

① 先执行 A 再判别条件，若条件满足再执行 A。

② A 至少被执行一次。

使用循环结构时，在进入循环前，应设置循环的初始条件。同时，在循环过程中，应修改循环条件，以便程序退出循环。如果不修改循环条件或循环条件修改错误，可能导致程序不能退出循环，即进入“死循环”。

三种基本结构可以处理任何复杂的问题。图 3.1 中的 A 框或 B 框可以是一个简单的操作(例如输入数据或打印输出)，也可以是三个基本结构之一。

3.1.2　C 语句概述

程序包括数据描述和数据操作。数据描述主要定义数据结构(用数据类型表示)和数据初值，数据操作的任务是对已提供的数据进行加工。C 程序对数据的处理和加工是通过语句的执行来实现的。

在上一章介绍了 C 语言的常量、变量、运算符和表达式等，这些都是一个 C 程序的最基本的组成要素，但是这些基本要素还必须与其他元素按一定规则组合在一起构成 C 语句，才能让计算机完成一定的操作任务。一个实现特定目的的程序应当包含若干语句，一条语句完成一项操作或功能，经编译后产生若干条机器指令。

例 3.1　求圆的面积。

```
#define PI 3.1415926                /* 预处理命令 */
#include "stdio.h"                  /* 预处理命令 */
void main( )                        /* 主函数 */
{   float r,s;                      /* 数据定义部分 */
    r = 20;
    s = r*r*PI;
    printf ("area=%f\n",s);         /* 以上 3 条全部为执行语句*/
}
```

C 语言的语句分类如图 3.3 所示。

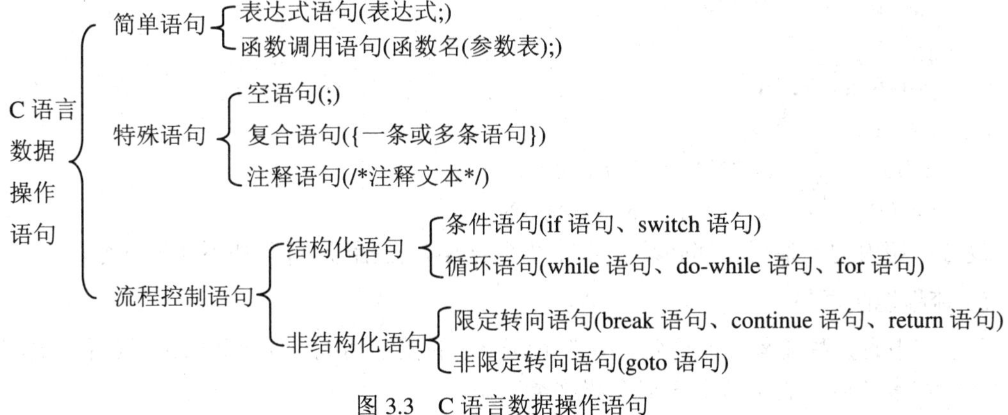

图 3.3　C 语言数据操作语句

1. 简单语句

简单语句是程序中使用最频繁的语句，之所以简单，是因为语句实体来自于一个表达式或者函数调用，结尾用分号就构成一个语句。例如：“a=6”是赋值表达式，而“a=6;”则是赋值语句；“printf”是系统函数，“printf("I love this game . ");”就构成了函数调用语句。

由此可见，分号已经成为了语句中不可缺少的一部分，任何表达式都可以加上分号构成一个语句，函数调用语句也属于表达式语句。

C 语言允许一行写多个语句，每条语句后面必须要有分号，也允许一个语句写在多行。

表达式语句中最常用的是赋值语句，有以下三种常用形式：

① 简单赋值：变量=表达式；例如：x=2*y+1;s=sqrt(5);

② 多重赋值：变量 1=变量 2=…=变量 n=表达式；例如：a=b=c=2;i=j=k=m+1;

③ 复合赋值：变量双目操作符=表达式；例如：sum+=i;等价于 sum=sum+i；

使用赋值语句时需注意以下两点：

① 变量初始化时不能像赋值语句那样采用多重赋值形式。例如，“int a=b=c=1;”是错误的，应改为：“int a=1,b=1,c=1;”，而赋值语句“a=b=c=1;”是正确的。

② 赋值表达式可以出现在任何允许表达式出现的地方，而赋值语句则不能。例如，语句：“x=(y=2)+(z=3+y);”是正确的，其中“y=2”和“z=3+y”是赋值表达式；若写成“x=(y=2;)+(z=3+y;);”就错了，因为“y=2;”和“z=3+y;”是赋值语句，不能出现在表达式中。

2. 特殊语句

空语句和复合语句都属于特殊语句。

(1) 如果语句只有一个分号，就是空语句。程序执行空语句时不产生任何动作。它可以作为循环语句中的空循环体；或代替模块化程序设计中尚未实现的以及暂不加入的部分。程序中有时需要加上一个空语句来表示存在一条语句，但是随意加上分号有时会造成逻辑上的错误，因此，用户应该慎用或去掉程序中不必要的空语句。

(2) 复合语句是指用“{ }”把一些语句括在一起，又称为分程序。复合语句中可以有自己的数据说明部分。例如：

```
int a=100;
{   int a=80;
    printf("a= %d \n",a);
}
printf("a= %d \n",a);
```

运行结果：

```
a=80        (此时的 a 为复合语句中的 a)
a=100       (此时的 a 为 main 函数中的 a)
```

复合语句内的各条语句都必须以分号“;”结尾，在括号“}”外不能加分号。

3. 流程控制语句

C 语言中有九种流程控制语句，用来完成一定的控制功能，包含结构化语句和非结构化语句，将在本章后续的小节中详细介绍这类语句。

3.1.3 程序设计的步骤

采用科学、规范、正确的方法编写程序的过程称为程序设计，涉及编写程序的方法称为程序设计方法。程序设计包括：问题分析、算法分析、程序编写、程序调试、程序修改、结果分析、资料整理等全过程。

程序设计是一个复杂的智力活动过程，需要经历若干步骤才能得以完成。不同规模的程序设计其复杂度不同，步骤也有差异，但是一些基本步骤是相同的。程序设计主要有以下三个步骤。

(1) 分析问题。分析清楚输入、输出和处理要求，即确定要产生的数据(称为输出)；确定要进行输入的数据(称为输入)；明确要解决的问题等。

(2) 确定算法。研究确定一种算法，从有限步的输入中获取输出。也就是拟定处理的方法和步骤，包括用什么公式或进行怎样的运算。

(3) 编写源程序，调试运行。把解题的算法表示成 C 程序。

然后把 C 程序输入计算机，编辑成 C 源程序文件；然后进行编译、链接和运行，修改错误，直到输出正确的结果。

3.2　数据的输入与输出

数据的输入/输出是程序设计中使用最普遍的基本操作。程序运行所需的数据通常要从外部设备(如键盘、文件、扫描仪等)输入，程序的运行结果通常也要输出到外部设备(如打印机、显示器、绘图仪、文件等)上。一个程序通常缺少不了数据的输入和输出。如果没有输入，处理的数据只能固定写在程序中，要想改变数据，必须通过修改源程序才能实现，非常不方便；如果没有输出，程序的运行结果就无法告知用户。因此，输入、输出是用户与程序之间交互的主要手段。

C 语言本身虽然没有直接提供用于输入和输出的语句，但提供了输入和输出标准库函数(简称标准函数或库函数)。例如，printf(格式输出)、scanf(格式输入)、putchar(输出字符)、getchar(输入字符)等。这些函数都包含在 C 语言的标准函数库中，通过对它们的调用，可以实现数据的输入和输出。

由于标准输入/输出函数的原型放在头文件 stdio.h 中，因此在编写程序时，要用编译预处理命令“#include”将头文件 stdio.h 包括到用户源文件中。#include 命令的格式为：

#include<stdio.h>

或　**#include"stdio.h"**

3.2.1　printf( )函数

printf( )函数是标准格式输出函数，使用该函数可以灵活地向外部输出设备以各种格式输出变量、常量和表达式的值。

1. printf( )函数的格式

printf( )函数的一般格式为：

printf(格式控制字符串，输出项表);

函数功能：将各输出项的值按指定的格式显示在标准输出设备(如屏幕)上。例如：

```
printf("sum is %d\n",sum);
```

(1) 调用 printf( )函数时必须至少给出一个实际参数，即格式控制字符串。格式控制字符串是用双引号括起来的字符串，可以包含下述两类字符：

① 普通字符，它作为输出提示的文字信息，将会进行原样输出。如：

```
printf("This is my book! ");
```

其输出结果为：

This is my book!

② 格式说明，用于指定输出格式，其形式为：

%[格式修饰]格式字符

它的作用是将内存中需要输出的数据由二进制形式转换为指定的格式输出。其中，[格式修饰]包括标志、类型修饰、输出最小宽度和精度等，可根据需要取舍。

(2) 输出项表是要输出的数据对象，可以是变量、常量和表达式。输出项表中的各输出项要用逗号隔开。printf( )函数的一般格式还可以表示为：

printf(格式控制字符串，输出参数 1，输出参数 2，…，输出参数 n);

输出数据项的数目任意，但是格式说明的个数要与输出项的个数相同，使用的格式字符也要与它们一一对应，且类型匹配。例如：

```
int x=1;
float y=2.0;
printf("x=%d,y=%f\n",x,y);
```

此语句中的 "x=%d,y=%f\n" 是格式控制字符串，x、y 是输出项表。格式字符 d 与输出项 x 对应，格式字符 f 与输出项 y 对应。输出过程是：在当前光标位置处先原样输出“x=”，接下来用“%d”格式输出变量 x 的值，再原样输出字符串“,y=”，然后以“%f”格式输出 y 的值，最后输出转义字符“\n”(换行)，使输出位置移到下一行的开头处。上述语句输出结果为：

```
x=1,y=2.000000
```

2. printf( )函数的格式字符

不同的数据类型输出所用的格式也是不同的。每个格式控制说明都必须用“%”开头，以一个格式字符作为结束；在其间可以根据需要插入格式修饰符。表 3.1 列出了 C 语言中常用的格式字符。

表 3.1　printf( )使用的格式字符及其说明

格式字符	说　明
d 或 i	输出带符号的十进制整数(正数不输出符号)
o	以八进制无符号形式输出整数(不带前导 0)
X 或 x	以十六进制无符号形式输出整数(不带前导 0x 或 0X)。对于 0x，用小写形式 abcdef 输出；对于 0X，用大写形式 ABCDEF 输出
u	按无符号的十进制形式输出整数
c	输出一个字符
s	输出字符串中的字符，直到遇到'\0'，或者输出由精度指定的字符数
f	以小数形式输出单精度和双精度数。隐含输出 6 位小数，若指定的精度为零，小数部分(包括小数点)不输出
E 或 e	以指数形式输出单精度和双精度数。隐含输出 6 位小数，若指定的精度为 0，小数部分(包括小数点)不输出。用 e 时指数以“e”表示(如 1.2e+002)，用 E 时指数以“E”表示(如 1.2E+002)
G 或 g	由系统决定采用%f 格式还是采用%e 格式，以使输出宽度最小
p	无符号十六进制整数，用于输出变量或数组的地址
%	输出一个%

3. 格式修饰符

为了使程序的输出结果更加整齐美观，可以在格式字符的前面加上格式修饰符。格式修饰符有以下四种类型：

(1) 标志。标志字符主要有 –、+、# 三种。– 表示输出值左对齐。+ 表示输出结果右对齐，输出符号位(数据为正时输出正号，为负时输出负号)。# 对 c、s、d、u 格式无影响；对 o 格式输出时加前缀 0；对 x 格式输出时加前缀 0x；对于 e、g、f 格式，当结果有小数部分时才输出小数点。

(2) 输出宽度 m。m 表示一个十进制整数。通常所用的%d、%c、%f 等格式，都是按照数据实际宽度输出显示的，并采用右对齐形式。我们也可以根据需要，用十进制整数限定输出数据的位数。例如："printf("%5d",24);" 表示整数 24 以 5 位宽度右对齐输出显示，即输出为：□□□24(本书用"□"表示一个空格)。实际数据若超过定义宽度，则按实际位数输出；若少于定义宽度，则补空格。

(3) 精度。

① 对于 float 或 double 类型的实型数，可以用"m.n"的形式指定数据的输出宽度和小数位数(即精度)。m、n 为正整数，其中，m 指数据输出的总宽度(包括小数点)，n 对 e、f 格式符而言，指小数位数。当小数位数大于 n 时，自动四舍五入截去右边多余的小数；当小于指定宽度时，在小数部分最右边自动补 0。例如："printf("%8.1f",123.45);" 输出结果为□□□123.5。

② 对%s 格式符，也可用"m.n"的形式修饰。按照 m 指定的宽度进行输出，但是只输出字符串从左端开始的 n 个字符。如果 n 小于 m，则左端补空格；如果 n 大于 m，则突破 m 的限制，保证 n 个字符正常输出。

(4) 类型修饰。有 h 和 l 两种。h 表示输出短整型(short)数据，l 表示输出项是长整型(long)或双精度实型(double)。

例 3.2　不同类型数据的输出。

```
#include <stdio.h>
void main()
{   int a=–2;
    float b=123.456;
    char c='a';
    printf("a=%d,%3d,%-3d\n",a,a,a);
    printf("a=%o, %x, %u, %3o, %3x, %3u \n",a,a,a,a,a,a);
    printf("b=%f,%10.2f, %.2f, %5.2f, %–10.2f\n",b,b,b,b,b);
    printf("b=%e, %10.2e, %.2e, %5.2e, %–10.2e\n",b,b,b,b,b);
    printf("c=\'%3c\',\'%-3c\',%d\n",c,c,c);
    printf("%3s,%7.2s,%.3s,%-5.3s\n","CHINA","CHINA","CHINA","CHINA");
}
```

运行结果为：

```
a=-2,□–2,–2□
```

a=37777777776,fffffffe,4294967294,37777777776,fffffffe,4294967294

b=123.456001,□□□□123.46,123.46, 123.46, 123.46□□□□

b=1.234560e+002, □1.23e+002, 1.23e+002, 1.23e+002, 1.23e+002□

c='□□a', c=' a□□', 97

CHINA, □□□□□CI,CHI,CHI□□

在使用 printf( )函数时要注意以下事项：

(1) 除了 X、E、G 外，其他格式字符必须用小写字母。

(2) 格式控制字符串中可包含转义字符，如“\n”、“\t”、“\b”、“\377”等。

(3) 格式说明必须以“%”开头。

(4) 如果想输出字符“%”，则应该在“格式控制”字符串中用连续两个%%表示，如：“printf("%f%%",1.0/3);”的输出结果为 0.333333%。

(5) 不同的系统在实现格式输出时，输出结果可能会有一些小的差别。

3.2.2　scanf( )函数

赋值语句和输入语句都可以给变量赋值。但赋值语句是静态赋值，是将数值写在程序中的；而数据输入语句则是动态赋值，即在程序运行过程中接受输入数值。与数据的输出一样，C 语言也提供了标准的数据输入函数。

1. scanf( )函数的一般格式

scanf( )函数的一般格式为：

scanf(**格式控制字符串，输入项表**);

其功能是按照指定的格式接收由键盘输入的数据，并存入输入项变量所在的内存单元中。其中的格式控制字符串构成的内容与 printf( )函数类似，包含格式说明和普通字符。输入项表中的各输入项用逗号隔开，各输入项必须为地址引用，通常由“&”后面跟变量名组成或者是数组、字符串的首地址。例如，对于“scanf("%d%f",&n,&f);”语句，“"%d%f"”是格式控制字符串，“&n”和“&f”分别表示 n 和 f 的地址，这个地址是编译系统在内存中给 n 和 f 变量分配的。同时，要注意输入时在两个数据之间要用一个或多个空格分隔，也可以用回车键(用↙表示)、跳格键 Tab。如输入时可以采用：

8□9.2↙ 或 8□□□9.2↙ 或 8 (按 Tab 键) 9.2↙ 或 8 ↙9.2↙

则 8 和 9.2 分别存入变量 n 和 f 所在的内存单元中。

2. scanf( )函数的格式字符

格式字符用于规定相应输入项的输入格式，每个格式说明都必须用“%”开头，以一个“格式字符”作为结束。允许用于输入的格式字符和它们的功能如表 3.2 所示。

说明：

(1) %o, %x 用于输入八进制、十六进制的数。例如：

```
scanf("%o%x",&a,&b);
printf("%d,%d",a,b);
```

若输入为 12□12↙或 012□0x12，则得到结果为 10，18。

表 3.2　scanf( )函数使用的格式字符及其说明

格式字符	说　明
d	输入十进制整数
i	输入整数，整数可以是带前导 0 的八进制数，也可以是带前导 0x(或 0X)的十六进制数
o	以八进制形式输入整数(有无前导 0 均可)
x,X	以十六进制形式输入整数(有无前导 0x 或 0X 均可)
u	输入无符号十进制整数
c	输入一个字符
s	输入字符串
f	以小数形式或指数形式输入实数
e,E,g,G	与 f 的作用相同

(2) 输入数据宽度：在格式字符前可以用一个整数指定输入数据所占的宽度，由系统自动截取所需数据。例如：

```
scanf("%3d%3d",&x,&y);
```

若输入为 123456↙，则得到的结果为：

x=123,y=456

即系统自动截取前 3 位数据赋给变量 x，继续截取 3 位数据赋给变量 y。

但是，在输入实型数据时，不允许指定小数位的宽度，这一点有别于 printf()函数。例如，“scanf("%5.2f",&x);”是错误的，不能用此语句输入 2 位小数的实型数。

(3) 类型修饰符：h 和 l，分别表示输入短整型数据和长整型数据(或双精度实型数)。例如：

```
scanf("%ld%lo%lx",&x,&y,&z);
scanf("%lf%le",&a,&b);
scanf("%hd%ho%hx",&m,&n,&k);
```

(4) “*”表示空过一个数据。例如：

```
scanf("%d%*d%d",&x,&y);
```

若输入为 3□4□5↙，则得到的结果为：

x=3,y=5

(5) 对于 unsinged 型的数据，用%u，%d，%o，%x 输入皆可。

3. 使用 scanf( )时应注意的问题

(1) 输入项表只能是地址，表示将输入的数据送到相应的地址单元中；所以对于基本类型变量，一定要加“&”，而不能只写变量名。例如，有定义“int x”；用“scanf("%d",x);”是错误的，应改为“scanf("%d",&x)”。但使用 s 格式输入时，如果变量名本身就是字符串的首地址，则不需加地址运算符。例如，定义“char str[6];”用“scanf("%s",str);”就是正确的。

(2) 当调用 scanf( )函数从键盘输入数据时，最后一定要按下回车键(Enter 键)，scanf( )函数才能接受从键盘输入的数据。当从键盘输入数据时，输入的数据之间用间隔符(空格、跳格键或回车键)隔开，间隔符个数不限。

(3) 在“格式控制字符串”中，格式说明的类型与输入项的类型应一一对应匹配。例如，“double a,b;scanf("%d%d",&a,&b);”是错误的，因为变量“a”、“b”不是整型数据。

(4) 在“格式控制字符串”中，格式说明的个数应该与输入项的个数相同。若格式说明的个数少于输入项的个数时，多余的数据项并没有从终端接受新的数据；若格式说明的个数多于输入项的个数时，多余的格式说明将不起作用。

(5) 如果在“格式控制字符串”中插入了其他普通字符，这些字符不能输出到屏幕上。但在输入时要求按一一对应的位置原样输入这些字符。例如：

```
scanf("%d,%d",&i,&j);
```

则实现其赋值的输入数据格式为：

```
1,2↙
```

其中，1 和 2 之间是逗号，与“格式控制”中逗号对应，而不能是其他字符。又如：

```
scanf("input the number %d",&x);
```

输入 input the number 3，才能使 x 得到 3 这个值。又如：

```
scanf("x=%d,y=%d",&x,&y);
```

输入形式为：

```
x=3,y=4↙
```

如果想在输入之前进行提示，先用一条 printf( )语句输出提示即可。例如：

```
printf("Input the number:\n");
scanf("%d",&x);
```

(6) 在用“%c”格式输入字符时不需用分隔符将各字符分开。例如：

```
scanf("%c%c%c",&c1,&c2,&c3);
```

若输入 a□b□c↙，则得到 c1='a',c2='□',c3='b'。因为“%c”只要求输入一个单个的字符，后面不需要用分隔符作为两个字符的间隔。这时，空格字符、转义字符均为有效字符。因此，对于语句“scanf("%d%c%d%c",&a1,&c1,&a2,&c2);”中的格式控制串“"%d%c%d%c"”，正确的输入方式为 10a20b，不能用空格间隔开。为了使数据输入清楚有序，最好把语句改为：

```
scanf("%d,%c,%d,%c",&a1,&c1,&a2,&c2);
```

输入数据时键入 10,a,20,b 即可。

(7) 某一数据输入时，遇到下列输入则认为当前输入结束：

① 遇到空格、回车键、跳格键时输入结束。

② 到达指定宽度时结束，如为“%3d”，则只取 3 列。

③ 遇到非法输入时结束，例如：

```
scanf("%d%c%f",&x,&y,&z);
```

如果输入为 1234k543o.22↙，则得到：

```
x=1234,y='k',z=543
```

遇到字母“o”认为非法，数据输入到此结束。

3.2.3 字符输入/输出函数

1. putchar( )函数

putchar( )函数是 C 语言提供的标准字符输出函数，其作用是在显示器上输出给定的一个字符常量或字符变量，与 printf( )函数中的%c 相当。putchar( )必须有一个输出项，输出项可以是字符型常量(包括控制字符和转义字符)、字符型变量、整型常量、整型变量、表达式，但只能是单个字符而不能是字符串。例如：

```
putchar('A');        /* 输出字母 A */
putchar(65);         /* 输出整数 65 作为 ASCII 码所对应的字符，结果也为字母 A */
putchar(x);          /* 这里 x 可以是整型或字符型变量 */
```

例 3.3　输出单个的字符。

```
#include <stdio.h>
void main()
{   char a,b,c;
    a='B';         b='O';         c='Y';
    putchar(a);    putchar(b);    putchar(c);
}
```

运行结果为：

```
BOY
```

注意：若将上例中 putchar(a); putchar(b);两句合并成 putchar(a,b)；则是错误的。因为 putchar( )函数只能带一个参数，即一次只能输出一个字符到屏幕上。对于转义字符，也同样可以输出。例 3.3 的算法可改写如下：

```
#include <stdio.h>
void main()
{   char a,b,c;
    a='B';   b='O';   c='Y';
    putchar(a);   putchar('\n');
    putchar(b);   putchar('\n');
    putchar(c);   putchar('\n');
}
```

结果为：

```
B
O
Y
```

还可以利用“\”和字符的 ASCII 码值输出转义字符，如：

```
putchar('\101');        /* 输出结果为：A */
putchar('\'');          /* 输出结果为：' */
putchar('\015');        /* 输出回车，不换行 */
```

2. getchar( )函数

getchar( )函数是标准字符输入函数，功能是从键盘上读取一个字符。该函数无参数，一般形式为：

getchar( )

当调用此函数时，系统会等待外部的输入。getchar( )只能接受一个字符，用 getchar( )函数得到的字符可以赋给一个字符型变量或者整型变量，也可以不赋给任何变量，只是作为表达式的一部分。

例 3.4　输入一个字符，并输出该字符。

```
#include "stdio.h"
void main()
{   char c;
    c=getchar();        /* 调用 getchar( )函数，接收键盘输入的一个字符 */
    putchar(c);
}
```

程序运行到“c=getchar(); ”语句时，等待键盘键入字符，当输入一个字符(假如 A 字母)并按回车键以后，系统才确定本次输入结束。键入的字符被赋给变量 c，程序输出结果也为字符 A。

也可以将程序改写为如下形式：

```
#include <stdio.h>
void main()
{
   putchar(getchar());                /*  或：{printf("%c",getchar()); */
}
```

以上两段程序功能相同。

以上程序运行中要注意两点：

(1) 输入后需键入回车键，字符才被送到变量 c 所代表的内存单元中去；否则，认为输入没有结束。

(2) getchar( )函数只能接受单个字符，而且得到的是字符的 ASCII 码，输入数字也按字符处理。输入多于一个字符时，只接收第一个字符。

请注意，使用标准 I/O 函数库中的 putchar( )函数和 getchar( )函数时，应在程序的开头添加预处理命令“#include <stdio.h>”。

3.3　顺序结构的程序设计

顺序结构是程序设计语言最基本、最简单的结构，也称线性结构。程序中包含的语句按照书写的顺序被连续执行。

程序流程如图 3.4 所示。语句按书写顺序执行，先执行 A，再执行 B。其中 A、B 可由一条或多条语句实现。

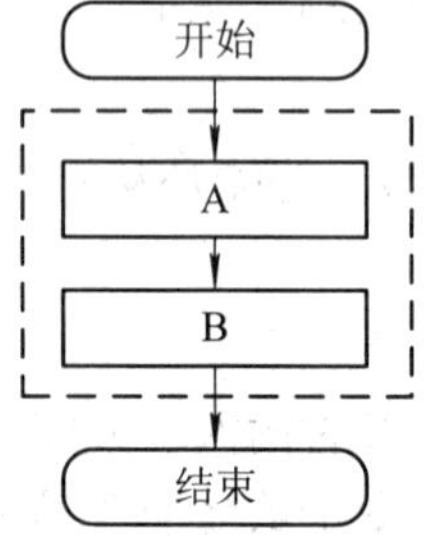

图 3.4　顺序结构执行流程

例 3.5　从键盘输入一个小写字母，用大写形式输出该字母。应用指针完成相应的功能。

分析：从 ASCII 码表中可以看到每一个小写字母比它对应的大写字母的 ASCII 码值大 32。C 语言允许字符数据与整数直接进行算术运算。

```
#include "stdio.h"
void main()
{
    char *p,c;                /* p 为指向字符的指针变量，c 为字符变量 */
    p=&c;                     /* 指针变量 p 指向字符变量 c */
    printf("请输入一个小写字母：");
    *p= getchar();
    *p=*p-32;                 /* 将小写字母转换成对应的大写字母 */
    printf("%c \n",*p);
}
```

例 3.6　输入一个三位正整数，然后逆序输出。例如，输入 456，输出 654。

分析：本题的关键是设计一个分离三位整数的个、十和百位的算法。设输入的三位整数是 456。个位数可用对 10 求余的方法得到，如 456%10=6；百位数可用对 100 整除的方法得到，如 456/100=4；十位数既可通过将其变换为最高位后再整除的方法得到，如(456-4*100)/10=5，也可以通过将其变换为最低位再求余的方法得到，如(456/10)%10=5。

```
#include<stdio.h>
void main()
{   int x;                        /* 保存输入的三位整数 */
    int x1,x10,x100;              /* 分别保存 x 的个、十和百位数 */
    printf("请输入一个三位整数");
    scanf("%3d",&x);              /* 输入一个三位整数 */
    x100=x/100;                   /* 分离百位 */
    x10=(x-x100*100)/10;          /* 分离十位 */
    x1=x%10;                      /* 分离个位 */
    printf("%d 的逆序数是%d%d %d \n",x,x1,x10,x100);
}
```

3.4　选择结构的程序设计

在解决实际问题时，经常遇到这样的问题：当客观现实事物满足不同的条件时，会有不同的结果出现。比如：某一门课程考试成绩大于等于 60 分，该课程考核视为通过；如果考试成绩小于 60 分，则视为不通过。再比如：在解一元二次方程的根时，如果 $b^2-4ac > 0$，方程有两个不相等的实根；如果 $b^2-4ac = 0$，方程有两个相等的实根；如果 $b^2-4ac < 0$，方程有两个共轭复根。

显然，要解决这样的问题，利用顺序结构程序是无法实现的，解决这类问题需要用选

择结构程序来实现。选择结构是构成程序的三种基本结构之一，其作用是根据所给定的条件是否满足，决定从给定的两个或多个情况中选择其中的一种来执行。

要设计选择结构程序，就要考虑两个方面的问题：一是在 C 语言中如何来表示条件，二是在 C 语言中实现选择结构用什么语句。在 C 语言中表示条件一般用关系表达式或逻辑表达式，实现选择结构用 if 语句或 switch 语句。

3.4.1　if 选择结构

用 if 语句可以构成选择结构。它根据给定的条件进行判断，以决定执行某个分支程序段。C 语言的 if 语句有三种基本形式：单分支结构、双分支结构和多分支结构。

1. 单分支的 if 语句

单分支 if 语句是 C 语言中最简单的控制语句。一般形式是：

if (表达式)　语句;

遇到 if 关键字，首先计算圆括号中表达式的值，如果表达式的值为真(非零值)，则执行圆括号之后的语句，然后执行该语句后面的下一个语句。如果表达式的值为假(“0”)，则跳过圆括号后面的语句，直接执行 if 语句后面的下一个语句。语句可以是简单语句，也可以是复合语句。执行过程见图 3.5。

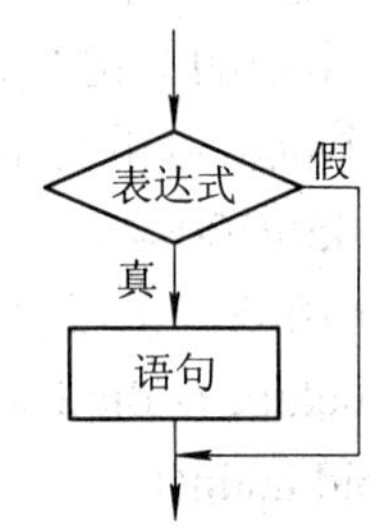

图 3.5　单分支 if 语句执行流程图

例 3.7　输入两个整数，输出其中较大的数。

```
#include "stdio.h"
void main()
{    int a,b,max;
     printf("请输入两个整数: ");
     scanf("%d%d",&a,&b);
     max=a;
     if (max<b)    max=b;
     printf("max=%d",max);
}
```

此程序也可改写为：

```
#include "stdio.h"
void main()
{    int a,b;
     printf("请输入两个整数: ");
     scanf("%d%d",&a,&b);
     if (a>b)    printf("max=%d",a);
     if (a<=b)   printf("max=%d",b);
}
```

例 3.8　有 3 个数 a、b、c，要求按由小到大的顺序输出。

```
#include "stdio.h"
```

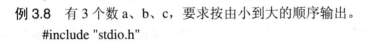

```
void main( )
{
    float a, b,c,t;
    scanf("%f, %f,%f",&a, &b,&c);
    if (a>b)    {t=a;   a=b;   b=t;}        /* 如果 a 大于 b 则进行交换，把小的数放入 a 中*/
    if (a>c)    {t=a;   a=c;   c=t;}        /* 如果 a 大于 c 则进行交换，把小的数放入 a 中*/
                                            /* 至此，a、b、c 中最小的数已放入 a 中 */
    if (b>c)    {t=b;   b=c;   c=t;}        /* 如果 b 大于 c 则进行交换，把小的数放入 b 中*/
                                            /* 至此，a、b、c 中的数已按由小到大的顺序排好*/
    printf ("%6.2f, %6.2f, %6.2f",a, b ,c);
}
```

由于“if(表达式)”后面所完成的功能(两个数的交换)不能用一条语句完成，因此均采用复合语句来完成，构成复合语句的一对大括号“{ }”不可或缺，如果没有大括号“{ }”，if 语句的分支作用只是对其后的第一条语句起作用，而对另外两条语句不起作用。

读者还可以考虑重新改变比较顺序来实现本题。

2. 双分支的 if 语句

单分支的 if 语句使用户可以选择执行一条语句(可能是复合语句)或者什么都不做。在例 3.7 中，当输入两个整数后，必然只有两种结果，即第一个数字大或第二个数字大。对于必须有两个分支的结果，采用双分支 if-else 语句比较适当，其一般形式是：

if (表达式)　语句 1;

else　　语句 2;

遇到 if 关键字，首先计算小括号中的表达式，如果表达式的值为真(非“0”)，则执行紧跟其后的语句 1，执行完语句 1 后，执行 if-else 结构后面的下一条语句；如果表达式的值为假(“0”)，则执行 else 关键字后面的语句 2；接着执行 if-else 结构后面的下一条语句。执行过程见图 3.6。

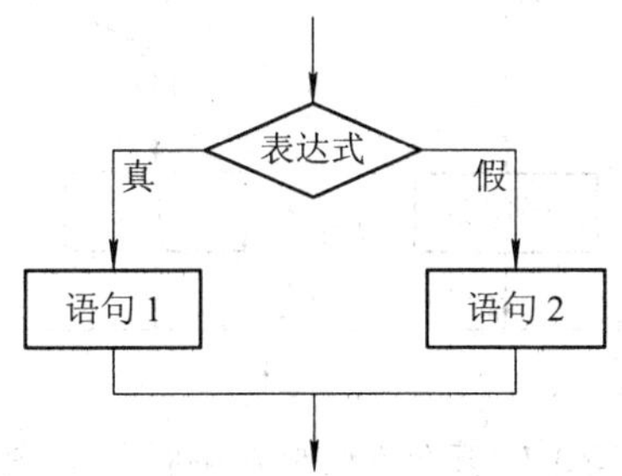

图 3.6　双分支选择结构执行流程图

例 3.9　输入两个整数，用双分支的 if 语句输出其中的较大数。

```
#include "stdio.h"
void main()
{
    int a,b;
```

```
    printf("请输入两个整数: ");
    scanf("%d%d",&a,&b);
    if (a>b)      printf("max=%d",a);
    else      printf("max=%d",b);
}
```

3. 多分支选择语句

当有多个分支选择时，可采用多分支 if-else-if 语句，其一般形式如下：

```
if(表达式 1)   语句 1;
else if(表达式 2)  语句 2;
else if(表达式 3)  语句 3;
:
else if(表达式 m)  语句 m;
else     语句 n;
```

多分支选择语句的执行流程是：先判断表达式 1 的值，若为真(非“0”)则执行语句 1，然后跳到整个 if 语句之外继续执行下一条语句；若为假(“0”)就执行下一个表达式 2 的判断，若表达式 2 的值为真(非“0”)则执行语句 2，然后同样跳到整个 if 语句之外执行 if 语句之后的下一条语句；否则一直这样继续判断，当出现某个表达式的值为真时，则执行其后对应的语句，然后跳到整个 if 语句之外继续执行程序；如果所有的表达式均为假，则执行语句 n，然后继续执行后续程序。执行过程见图 3.7。

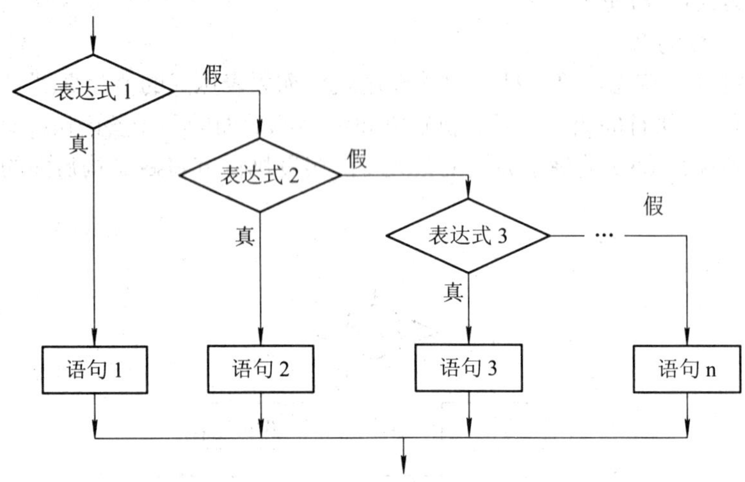

图 3.7　多分支选择结构执行流程图

例 3.10　根据录入的百分制成绩，显示相应的成绩等级，对应关系如下：

$$score = \begin{cases} 90\sim100 & 优 \\ 80\sim89 & 良 \\ 70\sim79 & 中 \\ 60\sim69 & 及格 \\ 0\sim59 & 不及格 \end{cases}$$

```
#include "stdio.h"
void main ( )
{   int score;
    printf ("请输入成绩 ：" );
    scanf ("%d", &score );
    if (score<0 || score>100 )   printf ("输入错误! \n" );
    else if (score>=90 )   printf ("\n%d——优\n", score );
    else if (score>=80 )   printf ("\n%d——良\n", score );
    else if (score>=70 )   printf ("\n%d——中\n", score );
    else if (score>=60 )   printf ("\n%d——及格\n", score );
    else   printf ("\n%d——不及格\n", score );
}
```

说明：

(1) 以上 3 种 if 语句中 if 后面的条件表达式，一般是逻辑表达式或关系表达式，例如：

```
if(salary >2000&& salary <=2500)     printf("税率为 5%");
```

也可以是其它表达式，如赋值表达式等，甚至还可以是一个变量或常量。例如：

```
if(b) 语句;
if(5) 语句;
```

都是允许的。

在执行 if 语句时，系统先对表达式进行求解，若表达式的值为“0”，按“假”处理，若表达式的值为非“0”，则按“真”处理，执行指定的语句。如在“if(5)…;”中，因为表达式的值为 5，是非“0”的，按“真”处理，所以其后的语句总是要执行的。当然，这种情况在程序中不一定会出现，但在语法上是合法的。

又如，有程序段：

```
if(a=b)     printf("%d",a);
else        printf("a=0");
```

此语句在执行时，先把 b 变量的值赋予 a 变量，如为非“0”则输出该值，否则输出“a=0”字符串。这种用法在程序中是经常出现的。

(2) 在 if 语句中，条件判断表达式必须用圆括号括起来，在语句之后必须加分号。else 子句不能作为语句单独使用，它必须是 if 语句的一部分，与 if 配对使用。

(3) 在 if 语句的三种形式中，所有的语句应为单个语句，如果要想在满足条件时执行多个语句，则必须把这多个语句用“{}”括起来组成一个复合语句。但要注意的是在“}”之后不能再加分号。

3.4.2　switch 选择结构

C 语言还提供了另一种有效的、结构清晰的多分支选择语句，即 switch 语句，也称开关语句。它能够根据给出的表达式的值，将程序控制转移到某个语句处执行。使用它可以克服嵌套的 if 语句易于造成混乱及过于复杂等问题，C 程序设计中常用它来实现分类、菜单设计等处理，其一般形式为：

```
switch(表达式)
{   case 常量表达式 1: 语句 1;
    case 常量表达式 2: 语句 2;
    ⋮
    case 常量表达式 n: 语句 n;
    default : 语句 n+1;
}
```

其中，表达式是任一符合 C 语言语法规则的表达式，但其值只能是字符型或整型；常量表达式只能是由常量所组成的表达式，其值也只能是字符型常量或整型常量；任一语句序列均可由一个或多个语句组成；default 子句可以省略，如果有的话，可以放在整个语句组中的任何位置，但通常作为整个语句组的最后一个分支。

执行流程如下：先求表达式的值，再依次与 case 后面的常量表达式值比较，若与某个常量表达式的值相等，则执行该 case 后的语句，然后不再进行判断，继续执行后面所有 case 后的语句，直到 switch 语句的右花括号为止。如果表达式的值与所有 case 后面的常量表达式均不相同，若有 default 分支，则执行 default 后的语句，否则什么也不执行。

例 3.11　要求输入一个数字，即对应输出一个英文单词。

```
#include "stdio.h"
void main()
{   int a;
    printf("input integer number: ");
    scanf("%d",&a);
    switch (a)
    {   case 1: printf("Monday.");
        case 2: printf("Tuesday.");
        case 3: printf("Wednesday.");
        case 4: printf("Thursday.");
        case 5: printf("Friday.");
        case 6: printf("Saturday.");
        case 7: printf("Sunday.");
        default:printf("error.");
    }
}
```

从键盘输入数字 5 之后，程序运行结果输出：

```
Friday. Saturday. Sunday. error.
```

这反映了 switch 语句的特点。“case 常量表达式”只相当于一个语句标号，当表达式的值和某标号相同时则从该标号开始执行，执行完一个 case 后面的语句后，流程控制转移到下一个 case 语句继续执行，不能在执行完该标号的语句后自动跳出整个 switch 语句。这是与前面的 if 语句不同的，应该引起注意。

为了避免上述情况，应该在执行一个 case 分支后，使流程跳出 switch 语句，即终止 switch

语句的执行，可以在每一个 case 语句之后增加 break 语句来达到此目的，最后一个分支可以不加 break 语句。

```
switch (a)
{    case 1: printf("Monday."); break;
     case 2: printf("Tuesday."); break;
     case 3: printf("Wednesday."); break;
     case 4: printf("Thursday."); break;
     case 5: printf("Friday."); break;
     case 6: printf("Saturday."); break;
     case 7: printf("Sunday."); break;
     default:printf("error.");
}
```

break 语句只能用在 switch 语句或循环语句中，其作用是跳出 switch 语句或跳出本层循环，转去执行后面的程序。由于 break 语句的转移方向是明确的，所以不需要语句标号与之配合。break 语句只有关键字 break，没有任何参数，其一般形式为：

break;

使用了 break 语句后，各个 case 和 default 子句的先后顺序可以变动，而不会影响程序的执行结果。

在使用 switch 语句时还应该注意以下几点：

(1) 一定要用圆括号把 switch 后面的表达式括起来，否则会给出出错信息。

(2) 常量表达式与 case 之间通常应有至少一个空格，否则可能被编译系统认为是语句标号，如 case5，并出现语法错误，这类错误较难查找。

(3) 所有 case 子句后所列的常量表达式值必须互不相同，否则就会互相矛盾。

(4) 每个 case 后面的常量表达式的类型，必须与 switch 关键字后面的表达式类型一致。每个 case 只能列举一个整型常量或字符型常量，否则会出现语法错误。如以下语句段中的语法使用就不正确：

```
float x;
int a=3,b=4,c;
switch(x*2)                 /* 错：x*2 为实数。可改成：(int)(x*2) */
{   case 2.5：c=1;          /* 错：2.5 非整型常量。可改成：(int)(2.5) */
    case a+b：c=2;          /* 错：a+b 不是常量表达式。可改成：3+4 */
    case 1,2,3：c=3;        /* 错：不允许。可改成：case 1:case 2:case 3: */
}
```

(5) 一定要用花括号将 switch 里的 case、default 等括起来。在 case 后面可以包含多条执行语句，但可以不必用花括号括起来，系统会自动顺序执行本 case 后面所有的执行语句。当然加上花括号也可以。

(6) switch 语句结构清晰、易理解，任一 switch 语句均可用条件语句来实现，但反之不然。原因是 switch 语句中的表达式只能取整型或字符型，而条件语句中的表达式可取任意类型的值。

(7) 多个 case 还可以共用一组执行语句。

例 3.12　某商场促销，购物 1000 元以上享受 8 折优惠；购物 500 元以上享受 8.5 折优惠；购物 300 元以上享受 9 折优惠；购物 100 元以上享受 9.5 折优惠；购物 100 元以下不优惠。根据消费量，计算优惠率及实际应付款。

设：消费量为 money，折扣为 cost，实际花费为 price。

```
#include <stdio.h>
void main( )
{   float money, cost,price;
    int p;
    printf ("请输入消费量：");
    scanf("%f",&money);
    if(money>=1000)   p=10;
    else              p=(int)(money/100);
    switch(p)
    {     case 10: cost=0.2;break;
          case 9:
          case 8:
          case 7:
          case 6:
          case 5: cost=0.15; break;
          case 4:
          case 3: cost=0.1; break;
          case 2:
          case 1: cost=0.05; break;
          default: cost=0;
    }
    price=money-(money*cost);
    printf ("优惠%.0f%%，实际应付款为%.2f 元\n",cost*100,price);
}
```

3.4.3　选择结构嵌套

日常生活中经常会出现两个以上的选择，可以用选择结构的嵌套来解决这类问题。两类选择语句(if 语句、switch 语句)可以互相嵌套。

1. if 语句的嵌套

if(表达式)或 else 后面的语句本身又是一个或多个 if 语句时，就形成了 if 语句的嵌套结构。其一般形式可表示如下：

```
if(表达式 1)
   if(表达式 1_1)语句 1_1
   else 语句 1_2
```

```
else
   if(表达式 2_1) 语句 2_1
   else 语句 2_2
```

例 3.13　比较两个整数的关系。

```
#include <stdio.h>
void main( )
{   int x, y;
   printf("Enter integer x and y: ");
   scanf("%d%d",&x,&y);
   if (x!=y)
      if (x>y)
         printf("%d>%d\n",x,y);
      else
         printf("%d<%d\n",x,y);
   else   printf("%d=%d\n",x,y);
}
```

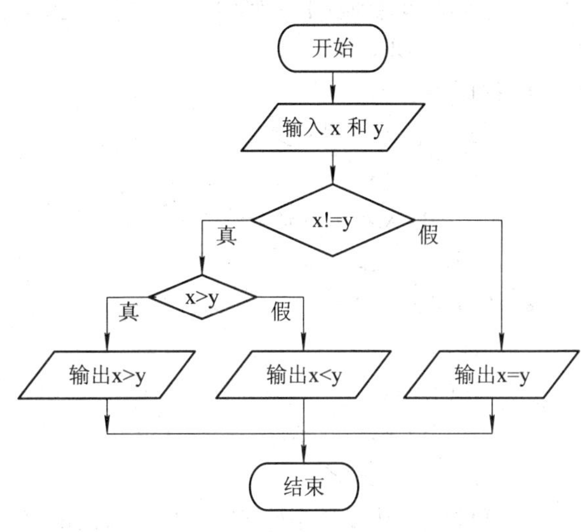

图 3.8　程序执行流程图

程序执行流程见图 3.8。

一般而言，如果嵌套的 if 语句都带 else 子句，那么 if 的个数与 else 的个数总相等，加之良好的书写习惯，嵌套中出现混乱与错误的机会就会少一些。但在实际程序设计中常需要使用带 else 子句和不带 else 子句的 if 语句的混合嵌套，在这种情况下，嵌套中就会出现 if 与 else 个数不等的情况，这就很容易出现混乱的现象。例如：

```
if(表达式 1)
    if(表达式 2)   语句 1
else    语句 2
```

从形式上看，编程者似乎希望程序中的 else 子句属于第一个 if 语句，但编译程序并不这样认为，仍然把它与第二个 if 相联系。对于这类情况，C 语言明确规定：if 嵌套结构中的 else 总是属于在它上面的、最近的、无 else 子句的那个 if 语句。尽管有这类规定，建议还是应尽量避免使用这类嵌套为好。如果必须这样做，应使用复合语句的形式明显指出 else 的配对关系。可以这样来处理：

```
if(表达式 1)
  { if(表达式 2)  语句 1 }
else    语句 2
```

例 3.14　比较两个整数的关系，有以下几种写法，请读者判断哪些是正确的。

● 程序 1：

```
if(x>=y)
   if (x>y)   c='>';
   else   c='=';
else
   c='<';
```

```
printf ("%d%c%d\n",x,c,y);
```

● 程序 2:

```
if ( x<y )   c='<';
else   if ( x>y )   c='>';
          else       c='=';
```

● 程序 3:

```
c='<';
if ( x!=y )
    if ( x>y )   c='>';
else       c='=';
```

● 程序 4:

```
c='=';
if ( x>=y )
    if ( x>y )   c='>';
else       c='<';
```

只有程序 1 和 2 是正确的。一般把内嵌的 if 语句放在外层的 else 子句中(如程序 1 那样)，这样由于有外层的 else 相隔，内嵌的 else 不会和外层的 if 配对，而只能与内嵌的 if 配对，从而不致搞混，如像程序 3、4 那样就容易混淆。

例 3.15　输入三个边长 a、b、c，判断它们是否能构成三角形，若能构成三角形，则进一步判断此三角形是哪种类型的三角形(等边三角形、等腰三角形、一般三角形)。

```
#include "stdio.h"
void main( )
{
   int a,b,c;
   printf("请输入三角形三个边长：");
   scanf("%d%d%d",&a,&b,&c);
   printf("边长 a=%d,b=%d,c=%d",a, b,c);
   if(a+b>c&&a+c>b&&b+c>a)          /* 输入的 3 条边 a、b、c 能否构成三角形 */
      if(a==b&&b==c)      printf("等边三角形\n");              /* 是否为等边三角形 */
      else if(a==b||a==c||b==c)      printf("等腰三角形\n");     /* 是否为等腰三角形 */
      else if((a*a+b*b==c*c)||(a*a+c*c==b*b)||(b*b+c*c==a*a))
          printf("直角三角形\n");                                /* 是否为直角三角形 */
      else      printf("一般三角形\n");
   else      printf("不能构成三角形\n");
}
```

2. switch 与 if 的混合嵌套

switch 语句中包含 if 语句或者 if 语句中包含 switch 语句时，就形成了 switch 与 if 的混合嵌套结构。

例 3.16 计算器程序。用户输入运算数和四则运算符，输出计算结果。考虑除数为 0 的情况。(运算的结果通过运算符来实现，运算符有四种具体的符号，所以选用多分支选择语句处理运算符。)

```
#include "stdio.h"
void main()
{   float a,b;
    char c;
    printf("Please input expression: a+(-,*,/)b \n");
    scanf("%f%c%f",&a,&c,&b);
    switch(c)
    {   case '+': printf("%f\n",a+b);break;
        case '-': printf("%f\n",a-b);break;
        case '*': printf("%f\n",a*b);break;
        case '/': if(b!=0)
                      printf("%f\n",a/b);
                  else
                      printf("除数为零\n");
                  break;
        default: printf("input error\n");
    }
}
```

3. switch 语句的嵌套

在 switch 语句中又包含一个或多个 switch 语句时，就形成了 switch 语句的嵌套结构。

例 3.17 switch 语句的嵌套举例。

```
#include "stdio.h"
void main()
{   int x=1,y=0,a=0,b=0;
    switch(x)
    {   case 1: switch(y)
        {   case 0:a++;break;
            case 1:b++;break;
        }           /* 注意，switch(x)中的 case 1 分支中无 break 语句，因此 case 2 分支的
                       语句也要执行 */
        case 2:a++;b++;break;
    }
    printf("a=%d,b=%d\n",a,b);
}
```

3.4.4 选择结构程序举例

1. 选择结构程序设计思路

选择结构程序设计一般遵循以下三个步骤：

(1) 选择结构语句的选择，即选择 if 语句还是采用 switch 语句。如果处理的分支多，各个分支的条件可以通过不同的值进行描述，则采用 switch 语句；如果处理的分支多，各个分支条件没有办法统一描述，则采用多分支的 if 语句或多条 if 语句实现。分支少的情况下，采用 if 语句。

(2) 设置判断条件。如果使用 if 语句则需要对条件表达式进行设计，如果使用 switch 语句则需要对处理情况的分支和选择条件进行设计。

(3) 选择体语句的设计，即每个分支的具体操作设计。

例 3.18 求一元二次方程 $ax^2 + bx + c = 0$ 的解，其中系数 a、b、c 从键盘上输入。

分析：输入量：方程系数 a、b、c(float);　　输出量：两个实根 x_1、x_2(float)

中间量：判别式 $\Delta = b^2-4ac$(disc，float)

对于系数 a、b、c，考虑以下情形：

(1) 若 a=0：

① b<>0，则 x=-c/b。

② b=0，则若：c=0，则方程有无穷解；

c<>0，则方程无解。

(2) 若 a<>0：

① $b^2 - 4ac > 0$，有两个不等的实根 $x = \frac{-b \pm \sqrt{b^2 - 4ac}}{2a}$；

② $b^2 - 4ac = 0$，有两个相等的实根 $x = \frac{-b}{2a}$；

③ $b^2 - 4ac < 0$，有两个共轭复根。

```
#include "stdio.h"
#include "math.h"
void main()
{   float a,b,c,disc,x1,x2,p,q;
    printf("请输入一元二次方程系数(a,b,c)：");
    scanf("%f,%f,%f",&a,&b,&c);
    if(fabs(a)<=1e-6)
      if(fabs(b)>1e-6)
          printf("方程的根为：%f\n",-c/b);
      else if(fabs(c)<=1e-6)
             printf("此方程有无穷解\n");
        else
             printf("此方程无解!\n");
    else
```

```
    {   disc=b*b-4*a*c;
        if (fabs(disc)<=1e-6)                    /* fabs()：求浮点数绝对值库函数 */
          printf("x1=x2=%7.2f\n",-b/(2*a));      /* 输出两个相等的实根 */
        else if (disc>1e-6)
        {   x1=(-b+sqrt(disc))/(2*a);            /* 求出两个不相等的实根 */
            x2=(-b-sqrt(disc))/(2*a);
            printf("x1=%7.2f,x2=%7.2f\n",x1,x2);
        }
        else
        {   p=-b/(2*a);                          /* 求出两个共轭复根 */
            q=sqrt(fabs(disc))/(2*a);
            printf("x1=%7.2f+%7.2fi\n",p,q);     /* 输出两个共轭复根 */
            printf("x2=%7.2f-%7.2fi\n",p,q);
        }
    }
}
```

由于 a、b、c、disc 是一个实数，而实数在计算机中存储时经常会有一些微小误差，所以不能直接判断 a、b、c、disc 是否等于 0。本例采取的方法是(以 disc 为例)：判断 disc 的绝对值是否小于一个很小的数(例如 10^{-6})，如果小于此数，就认为 disc=0。

2. 用 switch 语句比用 if 语句的嵌套更合适的情形

一般情况下，如果有两个以上基于同一个数值型变量(整型变量、字符型变量、枚举类型变量等)的条件表达式，尤其是对于作为判断的数值型变量的取值很有限，且对每一个不同的取值，所做的处理也不一样的情况，最好使用 switch 语句，这样更易于阅读和维护。这里有两点需要注意：

① 作为判断条件的变量是数值型的；

② 所有的判断条件都是基于同一个数值变量，而不是多个变量。

例如，例 3.10“根据录入的百分制成绩，显示相应的成绩等级”中用 if 语句实现的程序更适合用 switch 语句表达。

例 3.19　给出百分制成绩，要求输出等级 'A'，'B'，'C'，'D'，'E'。90 分以上为 'A'，80～89 分为 'B'，70～79 分为 'C'，60～69 分为 'D'，60 分以下为'E'。

```
#include <stdio.h>
void main()
{   int score,num;
    char grade;
    printf("请输入成绩：");
    scanf("%d",&score);
    if(score>=0&&score<=100)
    {   num=score/10;          /* 利用两个整数相除，结果自动取整的特性 */
        switch(num)
```

```
        {   case 10:
            case 9 : grade='A'; break;
            case 8 : grade='B'; break;
            case 7 : grade='C'; break;
            case 6 : grade='D'; break;
            default : grade='E';
        }
        printf("%d 分是%c 等级\n",score,grade);
    }
    else
        printf("input error\n");
}
```

3.5　循环结构的程序设计

在编制程序解决一个较大问题的时候，往往会遇到这样的情况：多次反复执行同一段程序。例如，输入全年级学生的成绩；求若干个数之和；迭代求根等。类似这样的问题，有些可以使用简单的顺序结构语句来编写(如可用 200 个 scanf 语句输入学生成绩)，但编写出来的程序往往很长，效率较低。这时，就需要使用循环结构程序设计。

循环是一种重复，一种有规律的重复。一般来说，这种重复指的是对同一程序段重复执行若干次，被重复执行的部分称为循环体。实现循环的程序结构称为循环结构。循环的执行需要满足一定的条件，称为循环条件。

C 语言提供了 4 种循环语句组成各种不同形式的循环结构：

(1) 用 for 语句构成循环；

(2) 用 while 语句构成循环；

(3) 用 do-while 语句构成循环；

(4) 用 goto 语句和 if 语句构成循环。

3.5.1　while 语句

while 语句用于实现“当型”循环结构，一般形式为：

while(表达式)　语句；

其中，表达式是循环条件，语句为循环体语句。

执行 while 语句时，首先计算表达式的值，当值为真(非“0”)时，执行循环体语句。之后继续判断表达式的值是否为真(非“0”)，如果为真(非“0”)，继续执行循环体语句，再进行判断，如此重复，直到表达式的值为假(“0”)，则离开循环结构，转去执行 while 语句后面的下一条语句。while 循环的执行过程见图 3.9。

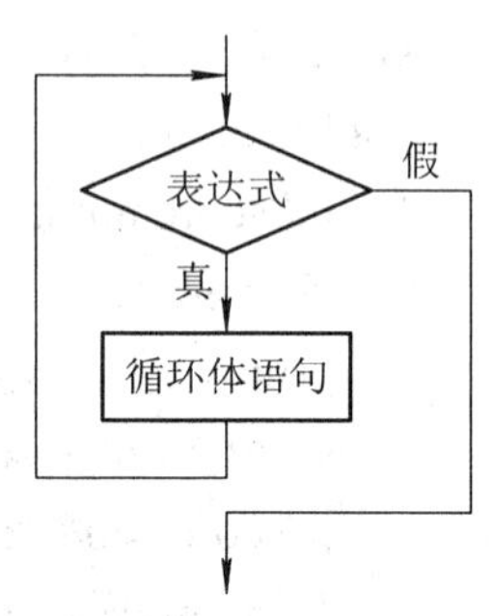

图 3.9　while 循环执行流程图

例 3.20　用 while 语句求 1～100 的累计和。

```
#include "stdio.h"
void main()
{   int i=1,sum=0;              /* 初始化循环控制变量 i=1 和累加器 sum=0 */
    while(i<=100)
    {   sum+= i;                /* 实现累加 */
        i++;                    /* 循环控制变量 i 增 1 */
    }
    printf("sum=%d\n", sum);
}
```

结果为：

```
sum=5050
```

程序流程如图 3.10 所示。

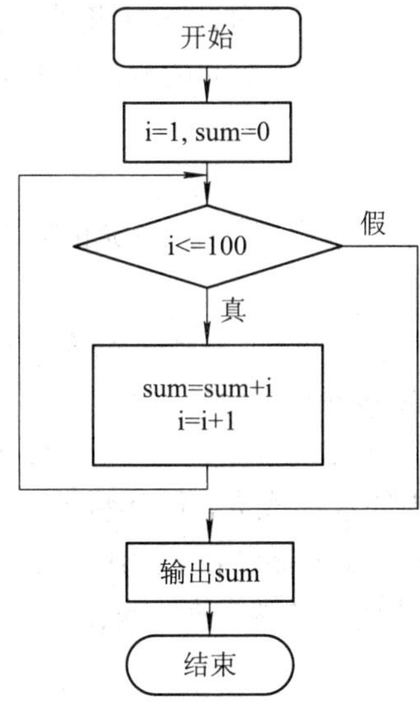

图 3.10　例 3.20 程序流程图

使用 while 语句应注意以下几点：

(1) while 语句：先判断表达式，后执行语句。循环体可能执行多次，也可能一次也不执行。

(2) while 语句中的表达式一般是关系表达式或逻辑表达式或任意合法的表达式，其两端的圆括号不能少，只要表达式的值为真(非“0”)即可继续循环。例如：

```
x=10;   while(x!=0) x--;          /* 退出循环时 x 为 0 */
```

等价于：

```
x=10;   while(x) x--;             /* 退出循环时 x 为 0 */
```

也可写成：

```
x=10;   while(x--);               /* 退出循环时 x 为 -1 */
```

(3) 循环之前循环变量应有值，以能够在进入循环时计算条件(表达式)。

(4) 循环体语句如果包括一个以上的语句，则必须用一对大括号括起来，组成复合语句。如果不加大括号，则 while 语句的范围只到 while 后面第一个分号结束。

(5) 在循环体中，语句位置的先与后有时会影响运算结果。例如：

```
while(i<=100)
    { i++;   sum+= i;   }
```

当 i=100 时，“i<=100”条件满足，继续执行循环体“i++”，使 i 等于 101，sum=sum+101，导致整个累加和的结果不是 1～100 而是 2～101。因此，初学者要特别注意条件表达式的边界与循环体中语句的对应位置。

(6) 不要把 if 语句构成的选择结构与 while 语句构成的循环语句等同起来。在 if 语句中，若条件表达式成立，if 语句块只执行一次；而在 while 语句中，只要条件表达式成立，就执行循环体直至条件不成立为止。可见，循环体被执行的次数受条件控制，如果条件表达式永远成立，循环体就要一直执行下去。为了避免这种现象，在设计循环时，循环体内应该有改变条件表达式值的语句，使条件表达式的值最终变成 0 而结束循环。以后还要介绍一些通过使用跳转语句结束循环的方法，这时，循环条件可能始终是成立的。但无论如何总要作些处理，使循环按预定的方式终止。下面的程序显然是错误的：

```
#include "stdio.h"
void main()
{     int i=1,sum=0;                     /* 初始化循环控制变量 i 和累加器 sum */
       while(i<=100)
              sum+= i;                    /* 实现累加 */
       printf("sum=%d\n", sum);
}
```

由于 i 的值始终是 1，循环条件永远成立，循环将无休无止地做下去，从而形成死循环。

(7) while 循环常常用于事先不知道循环次数的情形。

(8) 注意循环的次数以及循环变量的终止值，该值可能在后面的语句中会用到。

3.5.2 do-while 语句

do-while 语句用于实现“当型”循环结构，一般形式为：

do

语句;

while(表达式);

其中，语句是循环体语句，表达式是循环条件。

do-while 语句的语义是：先执行循环体语句一次，再判别表达式的值，若为真(非“0”)则继续执行循环体语句，然后再判断表达式的值，如此重复，直到表达式的值为假(“0”)时结束循环，转去执行 do-while 语句后的下一条语句。do-while 循环的执行过程如图 3.11 所示。

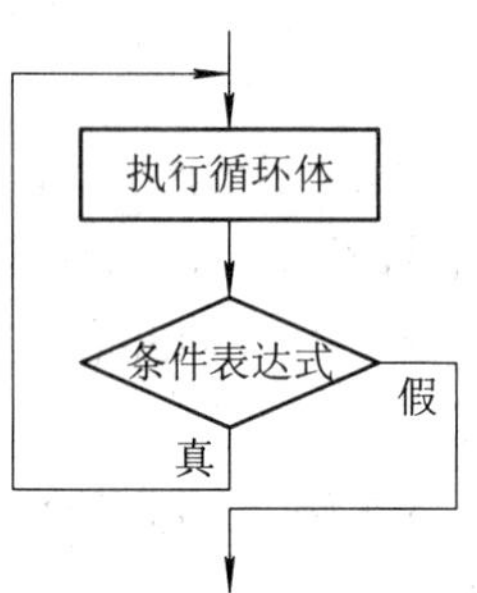

图 3.11　do-while 循环执行流程图

例 3.21　用 do-while 语句求解 1～100 的累计和。

```
#include "stdio.h"
void main()
{   int i=1,sum=0;              /* 定义并初始化循环控制变量以及累加器 */
    do
    {   sum+=i;                 /* 累加 */
        i++;
    }while(i<=100);         /* 循环继续条件：i<=100 */
    printf("sum=%d\n", sum);
}
```

程序流程如图 3.12 所示。

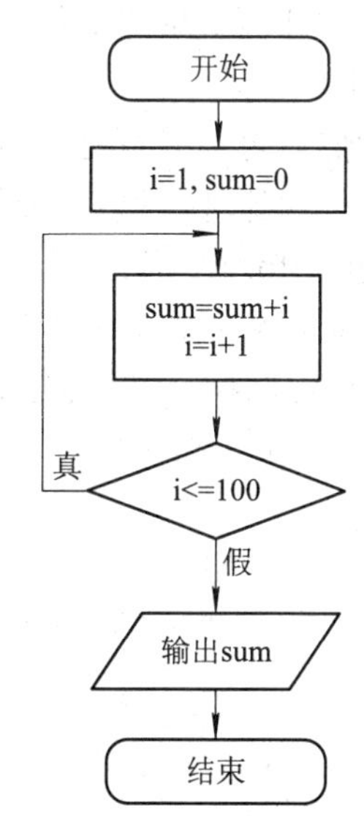

图 3.12　例 3.21 程序流程图

do-while 语句和 while 语句的区别在于：do-while 是先执行后判断，因此 do-while 至少要执行一次循环体；而 while 是先判断后执行，如果条件不满足，则一次循环体语句也不执行。while 语句和 do-while 语句一般都可以相互改写，要注意修改循环控制条件。如果 while 后面的表达式一开始就为假(“0”)，则两种循环的结果是不同的。

使用 do-while 语句还应注意以下几点：

(1) “表达式”为关系表达式、逻辑表达式和任意合法的表达式，两端的圆括号不能少。在 if 语句、while 语句中，表达式后面都不能加分号，而在 do-while 语句的表达式后面则必须加分号。

(2) 如果在 do 和 while 之间的循环体由多个语句组成，则也必须用大括号括起来组成一个复合语句。

(3) 与 while 循环相同，循环体中应有改变循环变量的语句，以便能结束循环，否则会产生死循环。

(4) 一般地说，do-while 语句的使用不如 while 语句和 for 语句那样广泛，但在某些场合下，do-while 循环语句还是很有特色的。

3.5.3　for 循环结构

for 语句是 C 语言所提供的功能最强，使用最广泛的一种循环语句。它不仅可以用于循环次数已经确定的情况，也可用于循环次数虽然不确定，但是给出了循环条件的情况。其一般形式为：

for(表达式 1；表达式 2；表达式 3)　语句；

其中：

“表达式 1”：通常用来给循环变量赋初值，一般是赋值表达式。也允许在 for 语句外给循环变量赋初值，此时可以省略该表达式。

“表达式 2”：通常是循环条件，一般为关系表达式或逻辑表达式。

“表达式 3”：通常可用来修改循环变量的值，一般是赋值语句。

这三个表达式都可以是逗号表达式，即每个表达式都可由多个表达式组成。三个表达式都是任选项，三部分均可缺省，甚至全部缺省，但其间的分号不能省略。

“语句”：循环体语句。如果是由多个语句组成的，则必须用一对大括号括起来，使其成为一个复合语句。如果不加大括号，则 for 语句的范围只到 for 后面第一个分号即结束。

for 语句最简单的应用形式如下：

for(循环变量赋初值；循环条件；循环变量增值)　循环体语句；

for 语句的执行过程：

(1) 首先计算表达式 1 的值。严格地说，这时还没有开始循环。

(2) 再计算表达式 2 的值，若值为真(非“0”)则执行循环体语句一次，否则跳出循环，转至第(4)步。

(3) 然后再计算表达式 3 的值，转回第(2)步重复执行，如此循环。

(4) 结束循环，执行 for 语句后面的下一条其他语句。

在整个 for 循环过程中，“表达式 1”只计算一次，“表达式 2”和“表达式 3”则要执行多次(具体次数由“表达式 2”决定)。

for 语句的执行过程如图 3.13 所示。

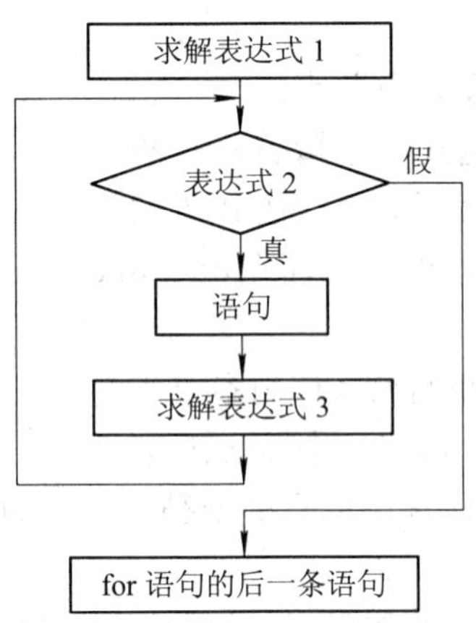

图 3.13　for 循环执行流程图

for 循环语句的一般形式就是如下的 while 循环形式：

```
表达式 1;
while(表达式 2)
{       循环体语句
        表达式 3;
}
```

在程序设计中，选用 while 语句还是 for 语句，在很大程度上取决于程序员的个人爱好。如果不包含初始化或重新初始化部分，使用 while 循环语句比较自然。如果要做简单的初始化与增量处理，循环次数确定的情况下，最好还是使用 for 语句，因为它可以使循环控制的语句更紧凑、关系更密切，它把控制循环的信息放在循环语句的顶部，使程序更容易理解。

例 3.22　用 for 语句求 1～100 的累计和。

```
#include"stdio.h"
void main()
{   int i,sum=0;        /* 将累加器 sum 初始化为 0 */
    for(i=1;i<=100;i++)   sum+=i;     /* 实现累加 */
    printf ("sum=%d\n",sum);
}
```

本例中，“表达式 3”为“i++”，实际上也是一种赋值语句，相当于“i=i+1”，以改变循环变量的值。例 3.22 的程序流程如图 3.14 所示。

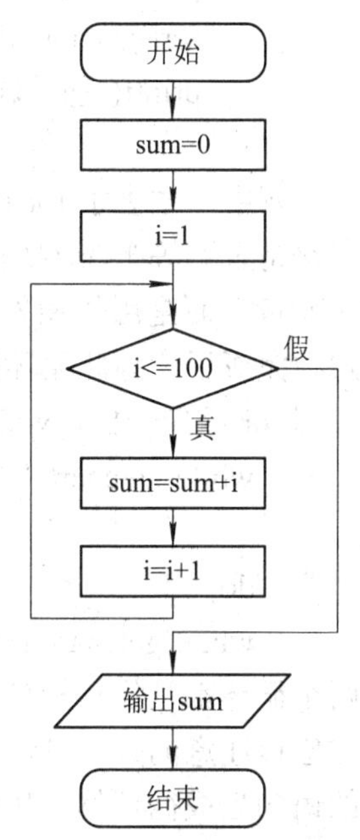

图 3.14　例 3.22 的程序流程图

在使用 for 语句中要注意以下几点：

(1) 如省去表达式 1，在执行流程中跳过求解表达式 1 这一步，直接求解并判断表达式 2；但相关变量赋初值要在 for 语句之前单独实现。如省去表达式 2，将不再进行循环条件测试，认为表达式 2 永为真；此时循环体中应有可结束循环的处理，否则死循环。如省去表达式 3，在流程中将跳过表达式 3 的求解，此时循环控制变量的增值可在循环体中实现。例如：

```
for(i=1; ; i++)
{   if(i>100)    break;        /* 控制退出循环 */
    sum=sum+i;
}
```

又如：

```
for(a=0;n>0;)
{   a++;
    n--;          /* 由循环体内的 n--；语句进行循环变量 n 的递减，以控制循环次数 */
    printf("%d ",a*2);
}
```

(2) 表达式 1 既可以是给循环变量赋初值的赋值表达式，也可以是与此无关的其他表达式(如逗号表达式)。例如：

```
for(sum=0;i<=100;i++)    sum+=i;          /* 无关的表达式(i 在 for 之前已赋值) */
for(sum=0,i=1;i<=100;i++)    sum+=i;      /* 逗号表达式 */
```

(3) for 语句中条件判断总是在循环开始时进行。表达式 2 是一个逻辑量，除一般的关系表达式或逻辑表达式外，也允许是数值或字符表达式，只要其值为非零，就执行循环体语句。例如：

```
for( printf(":");scanf("%d",&x),t=x; printf(":"))    printf("x*x=%d t=%d\n",x*x,t);
```

当给 x 输入 0 时，以上 for 循环将结束执行。在此 for 语句中，“scanf("%d",&x),t=x;”是循环控制表达式，这是一个逗号表达式，以 t=x 的值作为此表达式的值，因此只有 x 的值为 0 时，表达式的值为“假”，才能使循环结束。

(4) 循环体可以是空语句。例如：

```
#include"stdio.h"
void main()
{
    int n=0;
    printf("input a string:\n");
    for(;getchar()!='\n';n++);
    printf("您共输入了%d 个字符\n",n);
}
```

本例中，省去了 for 语句的表达式 1。在表达式 2 中先从终端接收一个字符，然后判断此字符是否不等于 '\n'(换行符)，如果不等于 '\n'，就执行循环体。表达式 3 也不是用来修改循环变量，而是用作输入字符的计数。这样，就把本来应该在循环体中完成的计数放在表达式中完成了。因此循环体是空语句。

同 for 语句一样，while 语句和 do-while 语句中的循环体也可以是空语句。例如：

```
while(getchar()!='\n');
```

和

```
do;
while(getchar()!='\n');
```

这两个循环都是执行到键入回车为止。

应该注意的是，空语句后的分号不可少，如缺少此分号，for 语句和 while 语句将把后面的语句当成循环体来执行，而 do-while 语句也不能编译。反过来说，如果循环体不为空语句，则决不能在表达式的括号后加分号，否则又会认为循环体是空语句而不能反复执行。这些都是编程中常见的错误，因此要十分注意。

3.5.4　continue 语句和 break 语句

前面讲过，使用循环语句时，必须要正确地控制循环的开始和结束，这种控制主要是通过位于 while 或 for 循环语句顶部的条件表达式实现的。在某些场合下，在循环体中间进行控制显得更方便一些。C 语言允许在特定条件成立时，使用 break 语句强行结束循环，或使用 continue 语句跳过循环体其余语句，转向循环条件判定是否继续循环。

1. continue 语句

continue 语句只能用在循环结构中，其一般格式是：

continue;

其语义是：结束本次循环，即不再执行循环体中 continue 语句之后的语句，转入下一次循环条件的判断与执行。应注意的是，本语句只结束本层本次的循环，并不跳出循环。

对于 while 和 do-while 循环，continue 语句跳过循环体中剩余的语句，使控制直接转向条件判断部分；对于 for 循环，遇到 continue 语句后，跳过本次循环体中剩余的语句，先计算 for 语句中表达式 3 的值，然后再执行条件判断(表达式 2)。

例 3.23　输出 100 以内能被 5 整除的数。

```
#include "stdio.h"
void main()
{
    int n;
    for(n=5;n<=100;n++)
    {   if (n%5!=0)   continue;
          printf("%4d ",n);
    }
}
```

2. break 语句

break 语句只能用在 switch 语句或循环语句中，其作用是跳出 switch 语句或跳出本层循环，转去执行后面的程序。break 语句的一般形式为：

break;

使用 break 语句可以使循环语句有多个出口，在一些场合下使编程更加灵活、方便。

例 3.24　检查输入的一行中有无相邻两字符相同的地方。

```
#include "stdio.h"
void main()
{   char a,b;
    printf("input a string:\n");
    b=getchar();
    while((a=getchar())!='\n')
    {
        if(a==b)
        {   printf("same character\n");
            break;
        }
        b=a;
    }
}
```

continue 语句和 break 语句的区别是：continue 语句只结束本次循环，而不是终止整个循环的执行，而 break 语句则是结束整个循环过程，不再判断执行循环的条件是否成立。例如以下两个循环结构：

```
① while(表达式 1)                    ② while(表达式 1)
  {                                    {
     语句 1;                              语句 1;
     if(表达式 2) break ;                 if(表达式 2) continue;
     语句 2;                              语句 2;
  }                                    }
```

程序①的流程图如图 3.15 所示，而程序②的流程图如图 3.16 所示。请注意图 3.15 和图

3.16 中当“表达式 2”为真时流程图的转向。

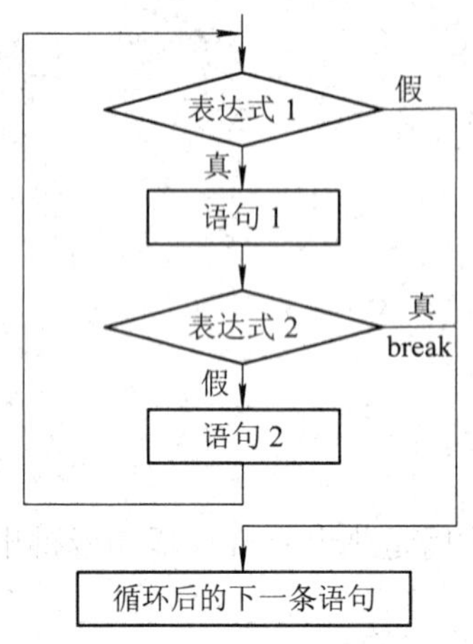

图 3.15　break 对程序流程的影响

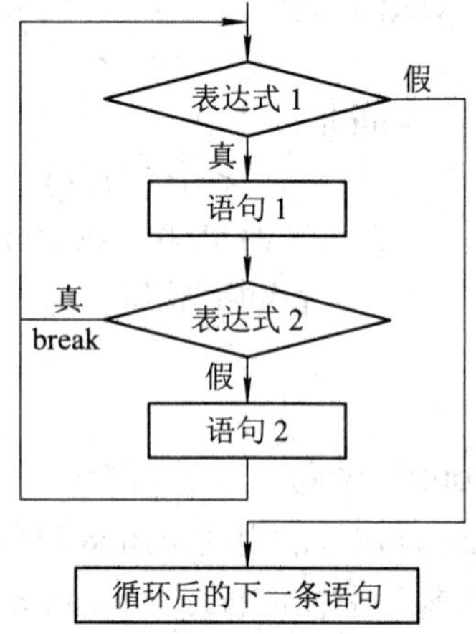

图 3.16　continue 对程序流程的影响

3.5.5　goto 语句

goto 语句也称为无条件转移语句，其一般格式如下：

goto 语句标号;

其中，语句标号是按标识符规定书写的符号，放在某一语句行的前面，标号后加冒号(:)。它的命名规则与变量名相同，即由字母、数字和下划线组成，其中第一个字符必须为字母或下划线。不能用整数来作标号。例如：“goto step3;”是合法的，而“goto 3;”是不合法的。语句标号起标识语句的作用，与 goto 语句配合使用。如：

```
label: i++;
loop: while(x<6)
```

C 语言不限制程序中使用标号的次数，但各标号不得重名。goto 语句的语义是改变程序流向，转去执行语句标号所标识的语句。

在结构化程序设计中一般不主张使用 goto 语句，以免造成程序流程的混乱，使理解和调试程序都产生困难。

一般来讲，goto 语句可以有两种用途：

(1) 与 if 语句一起构成循环结构；

(2) goto 语句可以随意从循环体中跳转到循环体外或从循环体外跳转至循环体内，所以使用时要慎重考虑程序的逻辑结构。

例 3.25　用 if 和 goto 语句构成循环求 1～100 的累计和。

```
#include"stdio.h"
void main()
{
    int i,sum=0;
    i=1;
    loop: if(i<=100)
```

```
    {   sum=sum+i;
        i++;
        goto   loop;
    }
    printf("%d",sum);
}
```

本例使用的是“当型”循环结构，也可以用“直到型”循环结构来实现，请读者自己完成。

3.5.6　循环的嵌套

若循环结构中的循环体内又完整地包含了另一个或多个循环语句，则称为循环的嵌套。C 语言中的四种循环语句可以互相嵌套。循环嵌套的层数没有明确的限定，在实际应用中，两层或三层嵌套的使用非常普遍，分别称为二重循环与三重循环。每一层循环在逻辑上必须是完整的，循环之间可以并列但不能交叉。

使用多重循环的关键是一定要分清循环的层次，为此，要注意以下几点：

(1) 不同层次一般要采用不同的循环控制变量。例如，外层循环用变量 i 控制循环，那么，内层循环就不要再用 i 来控制循环，否则就会造成逻辑上的混乱。

(2) 外循环每执行一遍，内循环从初值到终值完整执行一周。

(3) 内层循环一定要采用缩进的书写格式。

例如，二层循环嵌套(又称二重循环)结构如下：

```
for( ; ; )                      /* for 称为外循环 */
{
   语句 1
   while (表达式)                /* while 称为内循环 */
   {
       循环体语句                 /* for 中嵌套一个 while 循环 */
   }
   语句 2
}
```

例 3.26　在屏幕上输出完整的九九乘法表。

算法分析：

① 外层循环控制行 for (i=1;i<=9;i++)；

② 内层循环控制列，第 i 行的第 j 列 for(j=1;j<=i;j++)；

③ 循环体是输出 i*j。

```
#include "stdio.h"
void main()
{
    int i,j;
```

```
    for(i=1;i<=9;i++)
    {   for(j=1;j<=i;j++)
            printf("%d*%d=%-4d ", i,j,i*j);
        printf("\n");
    }
}
```

程序运行结果：

```
1*1=1
2*1=2  2*2=4
3*1=3  3*2=6   3*3=9
4*1=4  4*2=8   4*3=12  4*4=16
5*1=5  5*2=10  5*3=15  5*4=20  5*5=25
6*1=6  6*2=12  6*3=18  6*4=24  6*5=30  6*6=36
7*1=7  7*2=14  7*3=21  7*4=28  7*5=35  7*6=42  7*7=49
8*1=8  8*2=16  8*3=24  8*4=32  8*5=40  8*6=48  8*7=56  8*8=64
9*1=9  9*2=18  9*3=27  9*4=36  9*5=45  9*6=54  9*7=63  9*8=72  9*9=81
```

对于完整九九乘法表及上三角九九乘法表的输出，请读者自己完成。

例 3.27　打印由“*”号组成的菱形图案：

```
   *
  ***
 *****
*******
 *****
  ***
   *
```

由键盘输入 n(n<15)，然后打印 2n−1 行由“*”号组成的图案。在上图中，n=4。

分析：由于从第 1 行到第 n 行星号是逐渐增加的，而从第 n+1 行到第 2n−1 行星号是逐渐减少的，因此图形可分为上、下两部分处理。对于上半部分，第 1 行先输出 n−1 个空格，再输出 1 个星号；第 2 行先输出 n−2 个空格，再输出 3 个星号，各行输出规律如下：

行号 i	空格数	空格数与行号的关系	星号数	星号数与行号的关系
1	3	4 − 1	1	2 × 1 − 1
2	2	4 − 2	3	2 × 2 − 1
3	1	4 − 3	5	2 × 3 − 1
4	0	4 − 4	7	2 × 4 − 1
i		n − i		2 × i − 1

有了最后一行给出的规律，程序就不难编写了。图形下半部分的规律请读者自行分析。

```
#include"stdio.h"
void main()
{   int i,j,n;
    printf("input n(<=10): ");
    scanf("%d",&n);
    for(i=1;i<=n;i++)
    {
        for(j=1;j<=n-i;j++)     printf(" ");
        for(j=1;j<=2*i-1;j++)   printf("*");
        printf("\n");
    }
    for(i=n-1;i>=1;i--)
    {
        for(j=1;j<=n-i;j++)   printf(" ");
         for(j=1;j<=2*i-1;j++)   printf("*");
        printf("\n");
    }
}
```

3.5.7　循环结构程序举例

1. 循环结构设计

循环结构一般应解决的问题包括循环语句的选择、循环条件的设计以及循环体的设计。

1) *循环语句的选择*

同一个问题往往既可以用 while 语句解决，也可以用 do-while 语句或者 for 语句来解决，但在实际应用中，应根据具体情况来选用不同的循环语句。

for 语句和 while 语句先判断循环条件，后执行循环体；而 do-while 语句是先执行循环体，后进行循环条件的判断。for 语句和 while 语句可能一次也不执行循环体；而 do-while 语句至少执行一次循环体。for 和 while 循环属于当型循环，而 do-while 循环更适合第一次循环肯定执行的场合。

while 语句和 do-while 语句多用于循环次数不定的情况。对于循环次数确定的情况，使用 for 语句更方便。

while 语句和 do-while 语句只有一个表达式，用于控制循环是否进行。for 语句有三个表达式，不仅可以控制循环是否进行，而且能为循环变量赋初值及不断修改循环变量的值。for 语句比 while 和 do-while 语句功能更强、更灵活。

三种循环语句可以相互嵌套组成多重循环。循环之间可以并列但不能交叉。可以用转移语句把流程转出循环体外，但不能从外面转向循环体内。

2) *循环条件的设计*

需要设计循环体执行的条件和退出循环的条件。

3) 循环体的设计

注意循环体外的语句不要放至循环体中，循环体中的语句不要放至循环体外。避免出现死循环，应保证循环变量的值在运行过程中可以得到修改，并使循环条件逐步变为假，从而结束循环。

2. 循环算法的两种基本方法

1) 穷举

穷举是指对问题的所有可能状态一一测试，直到找到解或将全部可能状态都测试过为止。循环控制有两种办法：计数法与标志法。计数法要先确定循环次数，然后逐次测试，完成测试次数后循环结束。标志法是达到某一目标后，循环结束。

计数法使用起来很方便。但它要求在程序执行前必须先知道循环的总次数。使用标志法则无须先去数数，而是采取一种“有多少算多少”的办法，在测试中使用一个标志变量，在测试开始前给标志变量赋值为“没有测试完”(可用“0”代表)。然后每测试一次，看一次标志变量的值有无变化。测试完最后一个对象，让标志变量变成“测试完”(可用“1”代表)，于是跳出循环结构。也可以用其他条件确定是否还要穷举下去。

例 3.28　有三个正整数，其和为 30，第 1 个数、两倍的第 2 个数和四倍的第 3 个数三者的和为 88，第 1 个数与第 2 个数的和的两倍减去第 3 个数的三倍为-15。编程求这三个数。

解决这类问题可以采用穷举法，设第 1、2、3 个数分别为 A、B、C，即产生 0 到 30 的数分别赋给 A、B、C，然后按照条件“A+2*B+4*C=88，2*(A+B)-3*C=-15”进行筛选，符合条件的便可显示出来。

```
#include"stdio.h"
void main()
{
    int A,B,C;
    for(A=0;A<=30;A++)
        for(B=0;B<=30;B++)
        {   C=30-A-B;                    /* 保证 a+b+c=30 */
            if(A+2*B+4*C==88 &&2*(A+B)-3*C==-15)
                printf ("A=%d, B=%d,C=%d \n",A,B,C);
        }
}
```

程序运行结果：

```
A=2, B=13,C=15
```

例 3.29　编程求出 150 至 200 之间的全部素数。可用穷举法来判断。

- 算法一：

素数是指除了 1 和 n 本身，不能被 2～(n−1)之间的任何整数整除的数。最小的素数是 2。判断一个数 n 是否为素数通常对所有可能的因子进行判断，用 2～(n−1)之间的每一个数去整除 n，如果都不能被整除，则表示该数是一个素数。

需要引入中间变量：循环控制变量 i，j；标志变量 p，素数计数器 count。

```
#include"stdio.h"
#include"math.h"
void main( )
{   int i, j;
    int p, count=0;
    printf("150～200 之间的素数如下: \n");
    for(i=150; i<=200; i++)
    {   for(p=1, j=2; j<=i-1; j++)
          if (i%j==0)
          {   p=0;
              break;
          }
        if (1==p)        /* 建议在判断是否相等时，将数值写在左边，变量写在右边 */
                         /* 避免出现漏写等号的情况 */
        {   count++;
            printf("%5d", i);
            if(0== count%10)   printf("\n");
        }
    }
}
```

语句“if(0== count%10)　printf("\n");”用来在一行上输出 10 个数据后进行换行。效仿该语句可以编写在一行上输出若干个数据的程序。通常屏幕一行有 80 个字符。

- 算法二：

实际上，2 以上的所有偶数均不是素数，因此可以使循环变量的步长值改为 2，即每次增加 2。此外 n 不必被 2～(n−1)之间的整数整除，只需被 2～n/2 之间的整数整除即可，甚至只需被 2～$\sqrt{n}$ 之间的整数整除即可。这样将大大减少循环次数，减少程序运行时间。

让 n 被 2 到$\sqrt{n}$ 整除，如果 n 能被 2 到$\sqrt{n}$ 之中的任何一个整数整除，则提前结束循环，此时 i 必然小于或等于$\sqrt{n}$；如果 n 不能被 2 到$\sqrt{n}$ 之中的任何一个整数整除，则在完成最后一次循环后，i 还要加 1，因此 i=$\sqrt{n}$+1，然后才中止循环。在循环之后判别 i 的值是否大于或等于$\sqrt{n}$+1，若是，则表明未曾被 2 到$\sqrt{n}$ 之间的任一整数整除过，因此输出“是素数”。

```
#include "stdio.h"
#include "math.h"
void main()
{     int n,i,k;
      int count=0;
      for(n=151;n<=200;n+=2 )
      {  k=sqrt(n);
```

```
        for (i=2;i<=k;i++)
            if (0== n%i) break;
        if (i>=k+1)
        {   count++;
            printf("%5d", n);
            if(0== count%10) printf("\n");
        }
    }
}
```

● 算法三：

判断一个数 n 是否是素数，可将 n 依次除以 2～n−1，如果能够被 2 整除，说明 n 不是素数；否则再将 n 除以 3，如果被整除，说明 n 不是素数；以此类推，直到 n 仍不能被 n−1 所整除，则 n 是素数。该方法效率不高，但易于理解。

```
#include<stdio.h>
void main()
{   int i,j,n=0;
    for(i=150;i<=200;i++)
    {
        j=2;
        while(i%j!=0)   j++;
        if(i==j)
        {   printf("%5d",i);
            n++;
            if(0== n%10)
                printf("\n");
        }
    }
    printf("\n");
}
```

运行该程序后，输出结果如下：

```
151  157  163  167  173  179  181  191  193  197
199
```

2) 迭代

迭代是指不断用新值取代旧值，或由旧值递推出变量的新值的过程。迭代与下列因素有关：初值，迭代公式，迭代次数。

例 3.30　求 Fibonacci 数列前 40 个数。

著名意大利数学家 Fibonacci 曾提出一个有趣的问题：设有一对新生兔子，从第三个月开始它们每个月都生一对兔子。按此规律，并假设没有兔子死亡，若干月后共有多少对兔子？

人们发现每月的兔子数组成如下数列：

1，1，2，3，5，8，13，21，34，…

并把它称为 Fibonacci 数列。

观察发现：从第三个数开始，每一个数都是其前面两个相邻数之和。这是因为，在没有兔子死亡的情况下，每个月的兔子数由两部分组成：上一月的老兔子数，这一月刚生下的新兔子数。这一月刚生下的新兔子数恰好为上上月的兔子数。因为上一月的兔子中还有一部分到这个月还不能生小兔子，只有上上月已有的兔子才能每对生一对小兔子。算法可以描述为：

$fib_1 = fib_2 = 1$　　①

$fib_n = fib_{n-1} + fib_{n-2} \quad (n>=3)$　　②

式②即为迭代公式，式①为初值。

```
#include"stdio.h"
void main()
{   long int f1,f2;
    int i;
    f1=1;
    f2=1;
    for (i=1;i<=20;i++)
    {   printf("%12ld%12ld    ",f1,f2);
        if (0== i%2)    printf("\n");
        f1=f1+f2;
        f2=f2+f1;
    }
}
```

例 3.31　给出两个正整数，求它们的最大公约数。

题目分析：约数也叫做因数，最大公约数也叫做最大公因数。最大公约数的定义是：设 A 与 B 是不为零的整数，若 C 是 A 与 B 的约数，则 C 叫做 A 与 B 的公约数，公约数中最大的叫做最大公约数。求两个数的最大公约数的常用方法有两种。

- 算法一(根据定义的求法)：找到两个数 m、n 中的最小的数(假定是 m)，用 m、m−1、m−2、…数依次去除 m、n 两数，当能同时整除 m 与 n 时，则该除数就是 m、n 两数的最大公约数。
- 算法二(辗转相除法)：

(1) 对于已知两数 m、n，使得 m>n；

(2) 用 m 除以 n 得到余数 r；

(3) 若 r = 0，则 n 为最大公约数，结束程序；否则执行(4)；

(4) n→m，r→n，再重复执行(2)，直到 r = 0 为止。

```
#include "stdio.h"
void main()
{   int m,n,temp,r;
    int a,b;
```

```
    printf("请输入两个整数，中间用逗号分隔\n");
    scanf("%d,%d",&m,&n);
    a=m;   b=n;
    if (m < n)   { temp = m; m = n; n = temp;}
    r = m % n;
    while (r !=0)
    {   m = n;
        n = r;
        r = m % n;
    }
    printf("%d 和%d 的最大公约数是：%d \n",a,b,n);
}
```

程序运行结果：

12，8

12 和 8 的最大公约数是：4

对于使用 do while 语句实现最大公约数的求解，请读者自己完成。

3.6　程序设计风格

各行业有各行业的行规，程序设计风格就是一种个人编写程序时的习惯，是编写程序的经验和教训的提炼，不同程度和不同应用角度的程序设计人员对此问题也各有所见。

C 程序似一首诗，一定要追求程序外形的清晰、美观。应遵守的风格有下面几点：

(1) 合理加入空行。各自定义函数之间、功能相对独立的程序段之间宜加一空行相隔。

(2) 适当使用注释。注释是帮助程序员理解程序，提高程序可读性的重要手段，对某段程序或某行程序可适当加上注释。

(3) 标识符的命名要么符合人们的习惯，要么见名知义(英文或拼音)。符号常量全用大写字母。指针变量名加前缀“p”，文件指针变量名加前缀“fp”。

(4) 同类变量的定义、每一条语句各占一行，便于识别和加入注释。

(5) 变量赋初值采用就近原则，最好定义变量的同时赋以初值。

(6) 建议在判断是否相等时，将数值写在左边，变量写在右边，避免将“==”写成“=”的情况，如错写，编译系统可检查出错误。

(7) 选择结构的 if、else、switch，循环结构的 for、while、do 等关键字加上其后的条件、括号独占一行，并且“{”或“}”独占一行或合占一行，以保持括号配对。

(8) 多层嵌套结构，各层应缩进对齐，且每层的“{”和“}”应严格垂直左对齐，以保持嵌套结构的层次关系一目了然，便于理解。(俗称“锯齿形”)

(9) 语句不宜太长，不要超出人的视力控制范围。如果语句太长，应断行。C 代码格式比较灵活，只要可以以空格间隔的代码中间都可以随意换行，但宏定义中如果断行须在上行尾使用续行符“\”。

3.7 小　结

本章全面介绍结构化程序设计中的三种基本结构和八条流程控制语句，分别实现选择结构、循环结构和控制转移。顺序结构、选择结构、循环结构共同作为各种复杂程序的基本构造单元。因此，熟练掌握顺序结构、选择结构和循环结构的概念及使用是程序设计的基本要求。

if 语句用于实现单路、双路和多路分支。switch 语句可以比 if 语句更简便地实现多路分支。for 语句常用于循环次数能预定的计数循环结构。while 语句和 do-while 语句常用于循环次数不确定，由执行过程中条件变化控制循环次数的循环结构。两者不同之处是：while 语句先判断条件，后执行循环体，而 do-while 语句先执行循环体，后判断条件。

break 语句使控制跳转出 switch 结构或跳出循环结构。continue 语句只能用于循环结构，使控制立即转去执行下一次循环。两者的相同点是均根据条件进行跳转，不同之处是：前者强制循环立即结束，而后者只能立即结束本次循环并开始判定下一次循环是否进行。goto 语句无条件转向指定语句继续执行。goto 语句应该有限制地使用，多用于直接退出深层循环嵌套的情形。

习　题　三

1. 选择题

(1) 设 i 和 s 都是整型变量，执行如下语句：

```
for(i=0 , s=0 ; i+s<10 , i<10 ; i++ , s++) ;
printf ("%d ,%d\n" , i , s) ;
```

输出的结果为________。

A. 11 , 11　　B. 5 , 5　　C. 6 , 6　　D. 10 , 10

(2) 设 ch 是 char 型变量，其值为 A，则下面表达式的值为________。

```
ch = (ch >= 'A' && ch <= 'Z') ? (ch + 32) : ch
```

A. A　　B. a　　C. Z　　D. z

(3) 若 x 和 y 都是 int 型变量，x=100，y=200，则语句“printf ("%d", (x , y)) ;”的输出结果为________。

A. 200　　B. 100

C. 100 200　　D. 输出格式符不够，输出不确定的值

(4) 若定义：“int a=511,*b=&a;”，则“printf("%d\n",*b);”的输出结果为________。

A. 无确定值　　B. a 的地址　　C. 512　　D. 511

(5) x、y、z 被定义为 int 型变量，若从键盘给 x、y、z 输入数据，正确的输入语句是________。

A. INPUT x、y、z;　　B. scanf("%d%d%d",&x,&y,&z);

C. scanf("%d%d%d",x,y,z); D. read("%d%d%d",&x,&y,&z);

(6) 以下程序运行后的输出结果为_________。

```
#include <stdio.h>
void main ( )
{   int x=3 , y=0 , z=0 ;
    if (x=y+z) printf ("* * * * ") ;
    else printf ("# # # # ") ;
}
```

A. 有语法错误不能通过编译 B. 输出* * * *

C. 可以通过编译，但不能通过连接，因而不能运行 D. 输出# # # #

(7) 在下面的条件语句中，只有一个在功能上与其它三个语句不等价(其中 s1 和 s2 表示它是 C 语句)，这个不等价的语句是________。

A. if(a) s1; else s2; B. if(!a) s2; else s1;

C. if(a!=0) s1; else s2; D. if(a= =0) s1; else s2;

(8) 设有说明语句：int a=1,b=0;则执行以下语句后输出为________。

```
switch(a)
{   case 1:
        switch(b)
        {   case 0: printf("**0**");break;
            case 1: printf("**1**");break;
        }
    case 2: printf("**2**");break;
}
```

A. **0** B. **0****2** C. **0****1****2** D. 有语法错误

(9) 以下程序中，while 循环的循环次数是_________。

```
#include <stdio.h>
void main()
{   int  i=0;
    while(i<10)
    {   if(i<1)    continue;
        if(i==5)   break;
        i++;
    }
    …
}
```

A. 1 B. 10 C. 6 D. 死循环，不能确定次数

(10) 以下程序运行后的输出结果是__________。

```
#include <stdio.h>
void main()
```

```
{    int   a=0,i;
     for(i=1; i<5; i++)
     {   switch(i)
         { case 0:
           case 3:a+=2;
           case 1:
           case 2:a+=3;
           default:a+=5;
         }
     }
     printf("%d\n",a);
}
```

A. 31　　B. 13　　C. 10　　D. 20

(11) 以下程序运行后的输出结果是__________。

```
#include <stdio.h>
void main()
{    int   i=0,a=0;
     while(i<20)
     {   for(;;)
         {  if((i%10)==0)   break;
            else              i--;
         }
         i+=11;        a+=i;
     }
     printf("%d\n",a);
}
```

A. 21　　B. 32　　C. 33　　D. 11

(12) x 为 int 型变量，下面程序段的输出结果为__________。

```
for ( x=3 ; x<6 ; x++)
  printf ((x%2) ? (" * * %d ") : (" # # %d \n") , x ) ;
```

A. * * 3
4
* * 5　　B. # # 3
* * 4
5　　C. # # 3
* * 4 # # 5　　D. * * 3 # # 4
* * 5

(13) 以下程序运行后的输出结果为__________。

```
void main()
{    int a=0,b=0,c=0,d=0;
     if(a=1)   {b=1;c=2;}
     else d=3;
     printf("%d, %d, %d, %d\n",a,b,c,d);
```

```
    }
```

A. 0，1，2，0　　B. 0,0，0，3　　C. 1，1，2，0　　D. 编译有错

(14) 有以下程序段：

```
char ch; int k;ch='a';k=12;
printf("%c,%d",ch,ch,k); printf("k=%d\n",k);
```

已知字符 a 的 ASCII 十进制代码为 97，则执行上述程序段后输出的结果是________。

A. 因变量类型与格式描述符的类型不匹配，输出无定值　　B. a,97,12k=12

C. 输出项与格式描述符个数不符，输出为零值或不定值　　D. a,97,k=12

(15) 以下选项中与 if(a==1) a=b;else a++; 语句功能不同的 switch 语句是________。

A.
```
switch(a)
{   case 1: a=b;break;
    default: a++;
}
```

B.
```
switch(a==1)
{   case 0: a=b;break;
    case 1: a++;
}
```

C.
```
switch(a)
{   default: a++;break;
    case 1: a=b;
}
```

D.
```
switch(a==1)
{   case 1: a=b;break;
    case 0: a++;
}
```

(16) 有如下嵌套的 if 语句：

```
if(a<b)
    if(a<c)   k=a;
    else    k=c;
else
    if(b<c)   k=b;
    else   k=c;
```

以下选项中与上述 if 语句等价的语句是________。

A. k=(a<b)?a:b;k=(b<c)?b:c;　　B. k=(a<b)?((b<c)?a:b):((b<c)?b:c);

C. k=(a<b)?((a<c)?a:c):((b<c)?b:c);　　D. k=(a<b)?a:b;k=(a<c)?a;c

(17) 以下程序运行后的输出结果是__________。

```
#includes <stdio.h>
void main()
{   int a=1,b=2;
    for(;a<8;a++)    {b+=a; a+=2;}
    printf ("%d,%d\n",a,b);
}
```

A. 9,18　　B. 8,11　　C. 7,11　　D. 10,14

(18) 以下程序运行后的输出结果是__________。

```
#include <stdio.h>
void main()
{   int n=2,k=0;
```

```
        while(k++&&n++>2);
        printf("%d %d\n",k,n);
    }
```

A. 0 2　　B. 1 3　　C. 5 7　　D. 1 2

(19) 有以下定义语句，编译时会出现编译错误的是________。

A. char a='a';　　B. char a='\n';　　C. char a='aa';　　D. char a='\x2d';

2. 填空题

(1) 有下面的输入语句：

```
scanf("a=%db=%dc=%d",&a,&b,&c);
```

写出为使变量 a 的值为 1，b 的值为 3，c 的值为 2，从键盘输入数据的正确形式________。

(2) 设 y 是 int 型变量，请写出判断 y 为奇数的关系表达式________。

(3) 语句：x++;?++x; x=x+1;?x=l+x; ，执行后都使变量 x 中的值增 1，请写出一条同一功能的赋值语句(不得与列举的相同)________。

(4) 以下程序的输出结果是________。

```
#include <stdio.h>
void main()
{
    int a=177;
    printf("%o\n",a);
}
```

(5) 以下程序的输出结果是________。

```
#include <stdio.h>
void main()
{   int a=0;
    a+=(a=8);
    printf("%d\n",a);
}
```

(6) 若从键盘输入 58，则以下程序输出的结果是________。

```
#include <stdio.h>
void main()
{   int a;
    scanf("%d",&a);
    if(a>50) printf("%d",a);
    if(a>40) printf("%d",a);
    if(a>30) printf("%d",a);
}
```

(7) 以下程序运行后的输出结果是________。

```
#include <stdio.h>
```

```
void main()
{   int i=10, j=0;
    do
    {    j=j+i; i--;}
    while(i>2);
    printf("%d\n",j);
}
```

(8) 下面程序的运行结果是__________(注意 if 与 else 的正确配对)。

```
#include <stdio.h>
void main()
{   int a=2,b=3,c=1;
    if(a>b)
      if(a>c)
        printf("%d\n",a);
    else printf("%d\n",b);
    printf("over!\n");
}
```

(9) 设有以下程序:

```
#include <stdio.h>
void main()
{
    int n1,n2;
    scanf("%d",&n2);
    while(n2!=0)
    {   n1=n2%10;
        n2=n2/10;
        printf("%d",n1);
    }
}
```

程序运行后，如果从键盘上输入 1298；则输出结果为___________。

(10) 以下程序运行后的输出结果是_________。

```
#include <stdio.h>
void main()
{
    int s,i;
    for(s=0,i=1;i<3;i++,s+=i);
    printf("%d\n",s);
}
```

(11) 以下程序运行后的输出结果为__________。

```
void main()
{   int a=3,b=4,c=5,t=99;
    if(b<a && a<c) t=a;a=c;c=t;
    if(a<c && b<c) t=b;b=a;a=t;
    printf("%d %d %d\n"a,b,c);
}
```

(12) 填写程序语句：华氏和摄氏温度的转换公式为 C=5/9*(F−32)，其中 C 表示摄氏的温度，F 表示华氏的温度。要求从华氏 0°到华氏 300°，每隔 20°输出一个华氏温度对应的摄氏温度值。

```
#include <stdio.h>
void main()
{   int upper,step;
    float fahr=0,celsius;
    upper=300; step=20;
    while(_____ <=upper)
    {
        ________________________;
            printf("4.0f\t%6.1f\n",fahr,celsius);
        ________________________;
     }
}
```

(13) 以下程序运行后的输出结果为__________。

```
#include<stdio.h>
void main()
{   int   x=8;
    for(;x>0;x--)
    {   if(x%3)      {   printf("%d,",x--);   continue;   }
          printf("%d.",--x);
    }
}
```

(14) 有以下程序

```
#include < stdio.h >
void main()
{   int m,n;
    scanf("%d%d",&m,&n);
    while (m!=n)
    {   while(m>n) m=m-n;
        while(m<n)n=n-m;
```

```
    }
    printf("%d\n",m);
}
```

程序运行后，当输入 14　63<回车>时，输出结果是____________。

3. 编程求解题

(1) 编写程序，用 getchar( )函数读入两个字符给 c1、c2，然后分别用 putchar( )函数和 printf( )函数输出这两个字符，并思考以下问题：

① 变量 c1、c2 应定义为字符型还是整型？还是二者都可以？

② 要求输出 c1 和 c2 值的 ASCII 码，应如何处理？用 putchar( )函数还是 printf( )函数？

③ 整型变量与字符变量是否在任何情况下都可以互相代替？

(2) 为铁路编写计算运费的程序。假设铁路托运行李，规定每张客票的托运费计算方法是：行李重不超过 50 千克时，每千克 0.25 元；超过 50 千克而不超过 100 千克时，其超过部分每千克 0.35 元；超过 100 千克时，其超过部分每千克 0.45 元。要求输入行李重量，请计算并输出托运的费用。

(3) 输入一个日期，计算并输出该日期是当年的第几天。

(4) 编程计算 1!+2!+3!+4!+…+10! 的值。

(5) 用 $\frac{\pi}{2}=\frac{2}{1}\times\frac{2}{3}\times\frac{4}{3}\times\frac{4}{5}\times\frac{6}{5}\times\frac{6}{7}\times\cdots$ 前 100 项之积计算 π。

(6) 用迭代法求 $x=\sqrt{a}$。求平方根的迭代公式为：$X_{n+1}=(X_n+a/X_n)/2$，要求前后两次求出的 x 的差的绝对值少于 0.00001。

(7) 输入 5 名学生的学号和 6 门课程的成绩，要求统计并输出各门课成绩、总成绩及平均成绩、各门课程成绩最高者的学号。

(8) 编写程序求满足不等式 $1^1+2^2+3^3+\ldots+n^n>10000$ 的最小项数 n。

(9) 有 30 个人在一家饭馆里用餐，其中有男人、女人和小孩。每个男人花了 3 元，每个女人花了 2 元，每个小孩花了 1 元，一共花去 50 元。编写程序求男人、女人和小孩各有几人。

(10) 编写程序输出以下图形：

```
                1
              1 2 1
            1 2 3 2 1
          1 2 3 4 3 2 1
        1 2 3 4 5 4 3 2 1
      1 2 3 4 5 6 5 4 3 2 1
    1 2 3 4 5 6 7 6 5 4 3 2 1
  1 2 3 4 5 6 7 8 7 6 5 4 3 2 1
1 2 3 4 5 6 7 8 9 8 7 6 5 4 3 2 1
```

第 4 章　数　　组

教学目标

※ 掌握一维、二维数组的定义、初始化和引用，熟悉数组元素在内存中的存储方式。
※ 理解一维、二维数组地址表示方法，掌握通过指针访问一维、二维数组元素的方法。
※ 掌握字符数组的定义、特点及初始化方法，熟悉字符串处理库函数的应用。
※ 掌握字符串的指针和指向字符串的指针变量的使用。
※ 掌握指针数组和指向指针的指针的使用。
※ 掌握数组在程序设计中的应用技巧。

在利用计算机解决实际问题时，常常需要处理大量的具有相同性质的数据，如一批商品的价格、一个企业的职工工资、一个班级的学生成绩等。处理这类数据时使用单个基本类型的变量去描述显然是不合适的。例如：

例 4.1　从键盘顺序输入 3 个整数，然后按逆序将它们输出。

```
#include"stdio.h"
void main()
{   int a,b,c;
    scanf ("%d%d%d",&a, &b, &c);          /* 输入 3 个数 */
    printf("%d, %d,%d,", c,b, a);
}
```

试想，假如题目要求输入的整数不是 3 个，而是 30 个、300 个，这就需要定义 30 个、300 个整型变量。显然这种处理方法十分麻烦。为了解决这一问题，C 语言提供了“数组”这一构造类型。数组是个多值变量，由一组同名但不同下标的元素构成。用数组来存储逻辑相关的数据实体，程序便可以方便地按下标组织循环。下面用数组来改写例 4.1 程序：

```
#include "stdio.h"
void main()
{
   int a[3], i;                    /* a 为整型数组，含 3 个元素 */
   for(i=0;i<3;i++)                /* i 从 0 到 2 循环，对数组的 3 个元素输入数据*/
     scanf ("%d",&a[i]);
   for(i=2;i>=0;i--)               /* 输出逆序后数组的内容 */
     printf("%d   ",a[i]);
}
```

由第二个程序可以看出，数组包含的所有元素都具有相同名字(简称“同名”)和相同的数据类型(简称“同质”)。一个数组被顺序存放在一块连续的内存中，最低位置地址(即首地址)与第一个元素相对应，最高位置地址与最后一个元素相对应。为了确定各数据与数组中每一单元的一一对应关系，必须给数组中的这些数编号，即顺序号(用下标来指出)。这样，用数组名和下标就可以唯一地确定某个数组元素。

只有一个下标的数组被称为一维数组，有两个下标的数组被称为二维数组，以此类推。C 语言允许使用任意维数的数组。

4.1 一 维 数 组

数组本身是一种构造数据类型，主要是将相同类型的变量集合起来，用一个名称来代表。数组的使用和其他的变量一样，使用前一定要先定义，以便编译程序能分配内存空间供程序使用。存取数组中的数据值时，则以数组的下标指示所要存取的数据。

4.1.1 一维数组的定义

一维数组定义的一般形式为：

数据类型　数组名[整型常量表达式];

其中：

(1) 数据类型：规定数组的数据类型，即数组中各元素的类型，可以是任意一种基本数据类型或指针，也可以是将要学到的其他构造数据类型。

(2) 数组名：表示数组的名称，命名规则和变量名相同，为任一合法的标识符，但不要与其他的变量名或关键字重名。

(3) 整型常量表达式：必须用方括号括起来，规定了数组中包含元素的个数(又称数组长度)。其中可以包含常数和符号常量，但不能包含变量。

例如：

```
float x[10];
```

定义了一个数组，数组名是 x，该数组中包含 10 个元素，每个元素都是实型数据。数组元素的下标从 0 开始按顺序编号，这 10 个元素分别是：x[0]、x[1]、…、x[8]、x[9]，不能使用数组元素 x[10]。Visual C++ 6.0 编译系统在编译时为 x 数组分配了 10 个连续的存储单元，每个单元占用四个字节，其存储情况如图 4.1 所示。

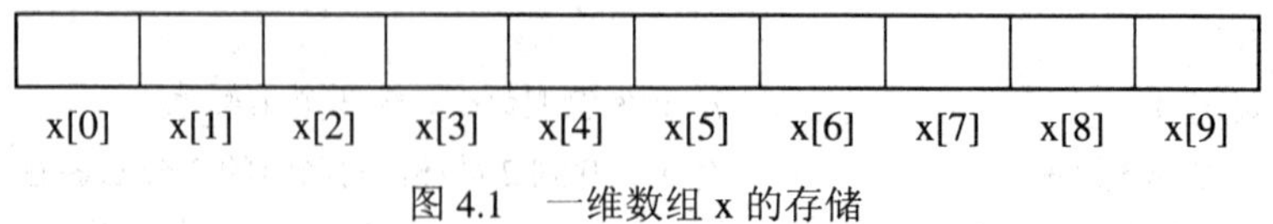

图 4.1　一维数组 x 的存储

数组名表示数组第一个元素 x[0]的地址，也就是整个数组的首地址，是一个地址常量。

在数组定义中应注意以下几个常见错误：

(1) “int x[];”数组名后面的方括号中内容不能为空，必须为整型常量表达式。这是因为 C 编译程序在编译时要根据此处信息确定出为数组分配存储空间的大小。

(2) “int x(5);” 该数组定义中数组名后应该为方括号，不是圆括号。

(3) “int n=4; int x[n];”方括号中不能是变量，必须是常量。

4.1.2　一维数组的引用

数组在定义之后就可以使用了，但是数组不能作为一个整体参加各种运算，而是通过引用数组的各个元素来实现对数组的运算。数组元素通常称为下标变量，也是一种变量，其标识方法为数组名后跟一个下标。形式如下：

数组名[下标表达式]

其中，下标表达式可以为任何非负整型表达式，包括整型常量、整型变量、含有运算符的整型表达式，以及返回值为整数的函数调用。下标表达式的值如果为小数，编译时将自动取整。下标表达式的值应在元素编号的取值范围内，对于数据长度为 n 的数组，下标表达式的值为 0，1，2，…，n−1。

在引用数组元素时应注意以下几点：

(1) 由于数组元素与同一类型的简单变量具有相同的地位和作用，因此，对变量的任何操作都适用于数组元素。

(2) 在引用数组元素时，下标可以是整型常数或表达式，表达式内允许变量存在。若定义“int x[5];”，设 i=3，下列引用都是正确的：

```
x[i]          /* 引用数组 x 的第 3 个元素 */
x[i++]        /* 引用数组 x 的第 3 个元素 */
x[2*i-6]      /* 引用数组 x 的第 0 个元素 */
```

(3) 引用数组元素时下标最大值不能越界。也就是说，若数组长度为 n，则下标的最大值为 n−1；若越界，编译时并不给出错误提示信息，程序仍能运行，但破坏了数组以外其他变量的值，可能会造成严重的后果。因此，必须注意数组边界的检查。

(4) 在 C 语言中，一般需逐个地使用下标变量来引用数组元素。例如，输出有 10 个元素的整型数组，须使用循环语句逐个输出各下标变量：

```
int a[10];
for(i=0;i<10;i++)
    printf ("%d   ",a[i]);
```

而不能用一个语句输出整个数组，比如下面的写法就是错误的：

```
printf ("%d   ",a);
```

4.1.3　一维数组元素的初始化

数组的初始化是指在定义数组时给全部数组元素或部分数组元素赋值。一维数组初始化的一般形式为：

数据类型　数组名[整型常量表达式]={常量表达式，常量表达式，...}

在大括号中的各常量表达式即为各元素的初值，用逗号间隔。

可按以下方式进行数组的初始化：

(1) 在定义时对全部数组元素赋初值。例如：

int x[5]={1,2,3,4,5};

定义一个数组 x，经过初始化之后，数组元素的值分别为：x[0]=1，[1]=2，x[2]=3，x[3]=4，x[4]=5。

(2) 在定义时只给部分元素赋初值。当大括号中值的个数少于元素个数时，只给前面部分元素赋值。例如：

int x[5]={1,2}；

定义数组有 5 个元素，但只赋给两个初值，这表示只给前面两个元素赋初值(x[0]=1，x[1]=2)，后面三个元素自动默认为 0。

注意：允许只给部分元素赋初值，但初值个数不可多于元素总个数，否则就会出现语法错误。

(3) 如果对数组的全部元素赋以初值，定义时可以不指定数组长度(系统根据初值个数自动确定)。例如，“int x[5]={1,2,3,4,5};”可以简写为“int x[ ]={1,2,3,4,5};”。

注意：如果被定义数组的长度与初值个数不同，则数组长度不能省略。

(4) 只能给元素逐个赋值，不能给数组整体赋值。如给 10 个元素全部赋 1 值，只能写为“int x[10]={1,1,1,1,1,1,1,1,1,1};”而不能写为“int x[10]=1；”，也不能写为“int x[10]={1*10};”。

4.1.4　一维数组应用举例

数组是一种应用非常广泛的数据类型，其与循环语句的结合使用可以解决很多实际问题。

例 4.2　数组赋值与数组拷贝。

```
#include "stdio.h"
void main()
{   int a[10],b[10],i;
    for(i=0;i<10;i++)       a[i]=i+1;
    for(i=0;i<10;i++)       {b[i]=a[i]; printf("%d", b[i]);}
}
```

注意：C 语言中数组名不是变量，数组名不代表整个数组的存储空间，因此不能用数组名相互赋值的方法来拷贝整个数组。虽然 a、b 是类型相同的两个数组，但赋值表达式“a=b”或“b=a”都是错误的。

例 4.3　输入 5 个整数，找出最大数和最小数所在位置，并把二者对调，然后输出。

分析：① 定义一维数组 a 存放被比较的数。

② 定义变量：max，最大值；min，最小值；k，最大值下标；j：最小值下标。

③ 各数依次与 max 和 min 进行比较：若 a[i]>max，则 max=a[i], k=i; 若 a[i]<min，则 min=a[i], j=i。

④ 当所有的数都比较完之后，将 a[j]=max; a[k]=min;。

⑤ 输出 a 数组。

```
#include "stdio.h"
void main( )
{   int a[5],max,min,i,j,k;
    for(i=0; i<5; i++)        scanf("%d",&a[i]);
    max = min =a[0];
    j=k=0;
    for (i=1; i<5; i++)
      if (a[i]<min)          { min=a[i];   j=i; }
      else if (a[i]>max)  { max=a[i];   k=i ; }
    a[j]=max;
    a[k]=min;
    for (i=0; i<5; i++)       printf("%5d",a[i]);
    printf("\n");
}
```

人们经常利用数组来对数据进行排序。所谓排序，就是使原本毫无次序的数据按照递增或递减的顺序排列。常用的排序方法很多，有冒泡法、比较法、选择法等。

例 4.4　用冒泡法对输入的 5 个数据按递增的顺序进行排序。

分析：所谓冒泡法，就是将要排序的数据看成是一个“数据湖”。在这个湖中，小数会向上浮，而大数向下沉，按照这个规则，所有数据最终将变成由小到大的数据序列。假设未排序的数据序列为 60，15，31，28，7。排序步骤如下：

第一轮：从第 1 个数据开始，将相邻的两个数据进行比较，如果大数在前，则将这两个数进行交换；然后再比较第 2 个和第 3 个数据，当第 2 个数大于第 3 个数时，交换这两个数；重复这个过程，直到最后两个数比较完毕。经过这样一轮的比较，所有的数中最大的数将被排在数据序列的最后。这个过程称为第一轮排序。第一轮排序过程如图 4.2 所示。

第二轮：对从第 1 个数据开始到倒数第 2 个数据之间的所有数进行新一轮的比较和交换，比较和交换的结果为数据序列中的次大的数被排在倒数第 2 的位置。排序过程如图 4.3 所示。

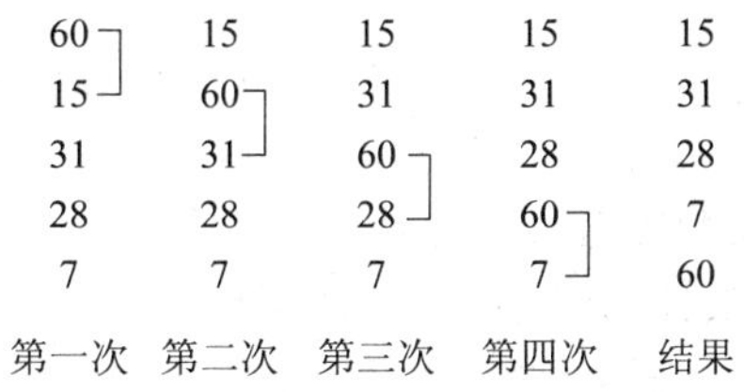

第一次	第二次	第三次	第四次	结果
60	15	15	15	15
15	60	31	31	31
31	31	60	28	28
28	28	28	60	7
7	7	7	7	60

图 4.2　第一轮排序

第一次	第二次	第三次	结果
15	15	15	15
31	31	28	28
28	28	31	31
7	7	7	7
60	60	60	60

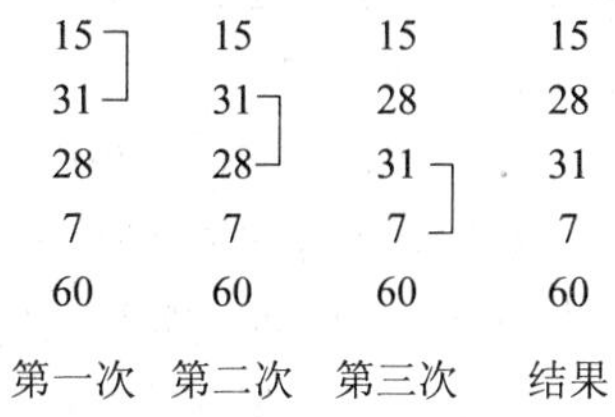

图 4.3　第二轮排序

第三轮：对从第 1 个数到倒数第 3 个数之间的所有数进行比较和交换。排序过程如图 4.4 所示。

第四轮：从第 1 个数到倒数第 4 个数之间的所有数进行比较和交换。排序过程如图 4.5 所示。

```
15 ┐    15      15
28 ┘    28 ┐     7
 7       7 ┘    28
31      31      31
60      60      60
第一次  第二次  结果
```

图 4.4　第三轮排序

```
15 ┐     7
 7 ┘    15
28      28
31      31
60      60
第一次  结果
```

图 4.5　第四轮排序

由以上分析可以得出，如果有 N 个数需要排序，则必须经过 N−1 轮才能过完成排序，其中在第 M 轮比较过程中包含 N−M 次的两两数比较和交换过程。

根据上述思想，编写程序如下：

```
#include "stdio.h"
#define N 5
void main()
{   int a[N],i,j,temp;
    printf("Please input five datas:\n");
    for(i=0;i<N;i++)                    /* 给数组 a 赋值 */
       scanf("%d",&a[i]);
    for(i=1;i<N;i++)                    /* 外层循环控制比较的轮数 */
       for(j=0;j<N-i;j++)               /* 内层循环控制每一轮比较的次数 */
           if(a[j]>a[j+1] )             /* 前后两数比较、交换 */
           { temp=a[j];   a[j]=a[j+1];   a[j+1]=temp;  }
    printf("The result is:\n");
    for(i=0;i<N;i++)
       printf("%d\t",a[i]);
}
```

程序运行结果为:

```
Please input five datas:
60   15   31   28   7
The result is:
7    15   28   31   60
```

例 4.5　用比较法对输入的 5 个数据按递增的顺序进行排序。

分析：设有 n 个元素要排序，先把第一个元素作为最小者，与后面 n−1 个元素比较，如果第一个元素大，则与其交换(保证第一个元素总是最小的)，直到与最后一个元素比较完，第一遍就找出了最小元素，并保存在第一个元素位置。再以第二个元素(剩余数据中的第一个元素)作为剩余元素的最小者与后面的元素一一比较，若后面元素较小，则与第二个元素交换，直到最后一个元素比较完，第二小的数就找到了，并保存在数组的第二个元素中。依次类推，总共经过 n−1 轮处理后就完成了将输入的 n 个数由小到大排序。

```
#define N 5
#include "stdio.h"
```

```
void main( )
{   int a[N];
    int i,j,t;
    for (i=0; i<N; i++)      scanf("%d",&a[i]);
    printf("\n");
    for (j=0; j<N-1; j++)           /* 确定基准位置 */
        for(i=j+1; i<N; i++)
            if (a[j]>a[i])    {    t=a[j]; a[j]=a[i]; a[i]=t; }
    printf("The sorted numbers: \n");
    for(i=0;i<N;i++)
            printf("%d\t",a[i]);
}
```

4.2 二 维 数 组

一维数组可以解决“一组”相关数据的存储问题，但对于“多组”相关数据就显得“力不从心”了。比如：从键盘读入 4 名学生 3 门课的成绩存入数组 s 中，分别计算出每人的平均分。数据之间的关系如表 4.1 所示。

表 4.1 成 绩 表

学生	语文	数学	英语
学生 1	73	83	78
学生 2	92	88	90
学生 3	84	98	96
学生 4	66	75	58

由于是 3 组成绩，代表着不同的科目，对于一个具体的数据，比如 92，它具有双重“身份”：既表明这一成绩属于第 2 名学生，同时又表明这是语文课的成绩。此时，只使用一个下标不能满足要求，而要使用两个下标：第 1 个代表学生，第 2 个代表课程。这样用 s[1][0] 就可以唯一地标识 92 这个数据，即它代表的是第 1 行第 0 列上的元素。我们称这种带有两个下标的数组为“二维数组”，它在逻辑上相当于一个矩阵或是由若干行和列组成的二维表。因此在二维数组中，第 1 维的下标称为“行下标”，第 2 维的下标称为“列下标”。

4.2.1 二维数组的定义

二维数组定义的一般形式为：

数据类型 数组名[整型常量表达式 1][整型常量表达式 2];

其中，常量表达式 1 规定了二维数组中一维数组的个数，常量表达式 2 规定了一维数组中元素的个数，即二维数组的第一个下标规定了二维数组中一维数组的序号，第二个下标规定了一维数组中元素的序号。例如：

```
int a[3][4];
```

定义了一个二维整型数组，3 行 4 列，共 12 个元素，每个元素都是 int 型。

对于以上定义的数组有以下几点说明：

(1) 与一维数组相同，其下标只能是正整数，并且从 0 开始编号。

(2) 在计算机中二维数组的元素是按行优先存储的，即在内存中，先存储第 1 行的元素，再存储第 2 行的元素，依次类推，直至数组的最后一行。每行中的 4 个元素也是依次存放的。二维数组元素的存储顺序如图 4.6 所示。

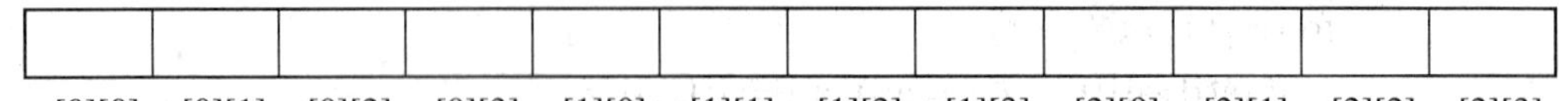

图 4.6　二维数组的存储顺序

二维数组一经定义，系统就为其分配了一段连续的存储空间，保证容纳下数组定义时限定的所有数组元素。这片存储空间有一个首地址，a 即为这个首地址。由于数组 a 为 int 型，因此在 Visual C++ 6.0 环境下，每个元素均占用 4 个字节，数组 a 共占用连续的 48 个字节。

(3) 二维数组可以看做是一个特殊的一维数组，其中的每一个元素又是一个一维数组。当然，也可以用二维数组作元素构成三维数组，以三维数组作元素构成四维数组，以此类推，构成多维数组。例如，数组 a[3][4] 可以看成是一个一维数组，它有 3 个元素 a[0]，a[1]，a[2]，每一个元素又是一个包括 4 个元素的一维数组，如元素 a[0]有 4 个元素 a[0][0]，a[0][1]，a[0][2]，a[0][3]。即

```
a[0]   →   a[0][0]   a[0][1]   a[0][2]   a[0][3]
a[1]   →   a[1][0]   a[1][1]   a[1][2]   a[1][3]
a[2]   →   a[2][0]   a[2][1]   a[2][2]   a[2][3]
```

数组名 a 表示数组第一个元素 a[0]的地址，也就是数组的首地址。a[0]也表示地址，表示第 0 行的首地址，即 a[0][0]的地址；a[1]表示第 1 行的首地址，即 a[1][0]的地址；a[2]表示第 2 行的首地址，即 a[2][0]的地址。因此可以得到下面的关系：

```
a=a[0]=&a[0][0]
a[1]=&a[1][0]
a[2]=&a[2][0]
```

必须强调的是，二维数组 a 中的 a[0]、a[1]、a[2]是数组名，不是一个单纯的数组元素，不能当做普通变量使用。

4.2.2　二维数组的引用

C 语言规定，不能引用整个数组，只能逐个引用数组元素。与一维数组元素的引用形式类似，二维数组中元素的引用也采用数组名和下标的形式。引用形式为

数组名[下标表达式 1][下标表达式 2];

其中，下标表达式是结果为任意非负整型表达式，每个下标都从 0 开始。

注意：数组元素和数组定义在形式中有些相似，但这两者具有完全不同的含义。数组定义语句的方括号中给出的是某一维的长度，即某一维元素的个数；而数组元素中的下标是该元素在数组中的位置标识。前者只能是常量，后者可以是常量、变量或表达式。

4.2.3 二维数组元素的初始化

二维数组元素的初始化是指在数组定义时给各数组元素赋以初值。可以使用以下四种方法进行初始化：

(1) 按行对二维数组赋初值，将每一行元素的初值用一对花括号括起来。例如：

int x[3][3]={{1,2,3},{2,3,4},{3,4,5}};

这种方法比较直观，不容易出错。赋值后数组各元素为

$$\begin{bmatrix} 1 & 2 & 3 \\ 2 & 3 & 4 \\ 3 & 4 & 5 \end{bmatrix}$$

(2) 根据该数组的元素个数，把初始化数据全部括在一个花括号内，由二维数组按行存储的规则，依次赋给数组对应的元素。例如：

int x[3][3] ={1,2,3,2,3,4,3,4,5};

这种方法的结果与前面的相同，但当数据较多时，容易遗漏数据。

(3) 对部分数组元素赋初值。例如：

int x[3][3]={{1,2},{2,4},{4,5}};

这时只对各行第 1、2 列的元素赋初值，其余元素均为零。赋值后数组各元素为

$$\begin{bmatrix} 1 & 2 & 0 \\ 2 & 4 & 0 \\ 4 & 5 & 0 \end{bmatrix}$$

(4) 在二维数组元素初始化时可以省略第一维的长度，但必须指定第二维的长度。第一维的长度由系统根据初始值表中的初值个数来确定。例如：

int x[ ][3] ={1,2,3,2,3,4,3,4,5};

由于 x 数组有 9 个初值，列长度为 3，所以该数组的行长度为 3。

在定义时也可以只对部分元素赋初值而省略第一维的长度，但应按行赋初值。例如：

int x[ ][3]={{1,2},{2,4},{4,5}};

例 4.6 建立一个 2 行 3 列的整数矩阵，求它的转置矩阵并输出。

分析：二维数组的输入、输出要用二重循环语句，外循环变量兼做数组元素的行下标，内循环变量兼做数组元素的列下标。矩阵的转置运算就是将二维数组行和列元素互换，一个 2 行 3 列的整数矩阵转置后，得到一个 3 行 2 列的整数矩阵。

```
#include <stdio.h>
void main()
{   static int a[2][3]={{1,2,3},{4,5,6}};
    static int b[3][2],i,j;
    printf("array   a:\n");
    for(i=0;i<=1;i++)      /* 将 a 数组中的第 i 行第 j 列元素赋值给 b 数组的第 j 行第 i 列 */
    {   for(j=0;j<=2;j++)
```

```
        {   printf("%4d",a[i][j]);
            b[j][i]=a[i][j];
        }
        printf("\n");
    }
    printf("array   b:\n");
    for(i=0;i<=2;i++)          /* b数组为转置后的数组，输出b数组元素的值 */
    {   for(j=0;j<=1;j++)          printf("%4d",b[i][j]);
        printf("\n");
    }
}
```

程序运行结果为：

```
array   a:
    1   2   3
    4   5   6
array   b:
    1   4
    2   5
    3   6
```

二维数组是一种被广泛应用的数据结构。在熟练掌握二维数组使用的基础上，读者还可以尝试利用二维数组解决一些复杂和有趣的问题，比如“杨辉三角形”、“魔方”、“老鼠走迷宫”、“八皇后”等问题。

4.3　字符数组与字符串

存放字符数据的数组称为字符数组，每一个元素存放一个字符。同其他类型的数组一样，字符数组既可以是一维的，也可以是多维的。由于 C 语言中的字符串没有相应的字符串变量存储，所以在 C 语言中用字符数组存放字符串。字符数组中的各数组元素依次存放字符串的各字符，字符数组的数组名代表该字符串的首地址，这为处理字符串中个别字符和引用整个字符串提供了极大方便。

4.3.1　字符数组的定义与操作

1. 字符数组的定义

一维字符数组的定义形式为：

char 数组名[整型常量表达式];

例如：

```
char a[10];
```

定义了一维数组 a 是具有 10 个元素的字符数组，这 10 个元素分别用 a[0]，a[1]，a[2]，…，

a[9]表示。

二维字符数组的定义形式为：

char 数组名[整型常量表达式 1][整型常量表达式 2];

例如：

```
char b[3][4];
```

定义了二维数组b是具有3行4列12个元素的字符数组，这12个元素分别用b[0][0]，b[0][1]，b[0][2]，b[0][3]，…，b[2][0]，b[2][1]，b[2][2]，b[2][3]表示。

2. 字符数组的初始化

字符数组也允许在定义时作初始化赋值，通常方式是把字符逐个地赋给数组中的各元素。例如：

```
char c[10]={'p', 'r', 'o', 'g', 'r', 'a', 'm'};
```

把 10 个字符分别赋给 c[0] 到 c[9] 的 10 个元素。如果初值个数小于数组长度，则只将这些字符赋给数组中前面的那些元素，其余元素自动赋值为空字符('\0')。字符数组 c 在内存中的表示如图 4.7 所示。如果给出的字符个数大于数组长度，则出现语法错误。

p	r	o	g	r	a	m	\0	\0	\0
c[0]	c[1]	c[2]	c[3]	c[4]	c[5]	c[6]	c[7]	c[8]	c[9]

图 4.7　字符数组的初始化

如果提供的初值个数与预定的数组长度相同，在定义时可以省略数组长度，系统会自动根据初值个数确定数组长度。例如：

```
char c[ ]={'p', 'r', 'o', 'g', 'r', 'a', 'm'};
```

数组的长度定义为 7。

二维字符数组元素初始化方法与二维整型数组元素的定义方法相同。

3. 字符数组的引用

字符数组中的每个元素都相当于一个字符变量，因此对一个数组元素的引用就是对一个字符变量的引用。可以给一个数组元素赋一个字符，也可以得到该数组元素中存放的字符。例如：

```
char c[ ]={'p', 'r', 'o', 'g', 'r', 'a', 'm'};
c[5]='p';
```

将数组元素 c[5]的值由 'a' 改为 'p'。

字符数组除了在定义时可以对其整体赋值外，在其他地方不能对其整体赋值，只能一个元素一个元素地赋值。例如：

```
char c[5];
c={'A', 'B', 'C'};                      /* 错误 */
c[0]='A'; c[1]='B'; c[2]='C';           /* 正确 */
```

4.3.2　字符串

前面介绍的内容是以数值型数据处理为主的，其中也涉及了字符串的使用。例如在

“printf("sum=%d",sum);” 语句中用双引号括起来的一串字符 "sum=%d"，就是字符串的一种应用形式。

在计算机应用中，除了要处理大量的数值型数据外，还不可避免地要处理大量的文字信息。比如，学校的学籍管理系统在存储学生成绩的同时，还应存储诸如学生姓名、性别、家庭住址等相关信息。通常文字在计算机中是用字符串来表示的。

1. 字符串常量

用双引号括起来的一串字符就是字符串常量，它的末尾将由系统自动加一个字符串结束标志 '\0'。'\0' 作为转义字符，其 ASCII 码值为 0，是一个非显示字符，也称为“空字符”，在使用中与数字 0、预定义标识符 NULL 具有相同的作用。它表示字符串到此结束，因此利用它可以很方便地测定字符串的实际长度。例如：字符串常量“program”中共有 7 个字符，串的长度就是 7。但它在内存中要占 8 个字节的存储单元，最后一个留给 '\0'。又如：两个连续的双引号 "" 代表的是“空串”，它的长度是 0，但也要占据 1 个存储单元存放 '\0'。

在 C 语言中，没有专门的字符串变量，通常用一个字符数组来存放一个字符串常量。

2. 字符数组与字符串的区别

字符数组与字符串在本质上的区别就在于“字符串结束标志”的使用。字符数组中的每个元素都可以存放任意的字符，并不要求最后一个字符必须是 '\0'。但作为字符串使用时，就必须以 '\0' 结束，因为很多有关字符串的处理都要以 '\0' 作为操作时的辨别标志。缺少这一标志，系统并不报错，有时甚至可以得到看似正确的运行结果。但这种潜在的错误可能会导致严重的后果。因为在字符串处理过程中，系统在未遇到串结束标志之前，会一直向后访问，以至超出分配给该字符串的内存空间而访问到其他数据所在的存储单元。

3. 通过赋初值为字符数组赋字符串

我们已经知道，数组可以在定义的同时赋初值。那么通过赋初值，一个字符型一维数组中的内容能否作为字符串使用，关键是看数组有效字符后面是否加入了串结束符 '\0'。数组定义并赋初值的形式不是唯一的。在某些情况下，系统会自动加入 '\0'；在另一些特定情况下，就需要人为加入 '\0'。

(1) 所赋初值个数少于元素个数时，系统自动加 '\0'。例如：

```
char c[10]={'p', 'r', 'o', 'g', 'r', 'a', 'm'};
```

当然也可以人为加入'\0'：

```
char c[10]={'p', 'r', 'o', 'g', 'r', 'a', 'm', '\0'};
```

以上两种赋值形式的效果是相同的。但若定义成：

```
char c[7]={'p', 'r', 'o', 'g', 'r', 'a', 'm'};
```

则数组 c 不能作为字符串使用，只能作为一维数组使用，因为数组中没有存放串结束标志的空间了。

(2) 若采用单个字符赋初值来决定数组大小的定义形式，一定要人为加入'\0'。例如：

```
char c[ ]={'p', 'r', 'o', 'g', 'r', 'a', 'm', '\0'};
```

这时系统为数组 c 开辟 8 个存储单元。但若定义成：

```
char c[ ]={'p', 'r', 'o', 'g', 'r', 'a', 'm'};
```

则系统只为数组 c 开辟 7 个存储单元，没有存放 '\0' 的存储空间，c 也不能作为字符串使用。

(3) 可以在定义时直接赋字符串常量，这时不用人为加入'\0'，但必须有存放 '\0' 的空间。例如：

```
char str1[15]={ "I am happy"};
```

数组 str1 的长度为 15，str1[10]～str1[14]自动存放 '\0'。也可以省略花括号，直接写成：

```
char str1[15]= "I am happy";
```

还可以省略数组长度，由字符串常量来决定数组元素的个数，即：

```
char str2[ ]= "I am happy";
```

因为系统自动为字符串常量添加串结束标志 '\0'，所以字符数组 str2 的长度为 10+1=11，占用 11 个内存单元。但若写成：

```
char str3[10]= "I am happy";
```

则数组 str3 不能作为字符串使用，因为虽然系统在字符串常量末尾自动添加串结束标志 '\0'，但数组中已经没有存放它的空间了。

4. 字符串的输入和输出

由于字符串是存放在字符数组中的，所以字符串的输入和输出实际上就是字符数组的输入和输出。对字符数组的输入和输出可以有两种方式：

(1) 采用“%c”格式符，每次输入或输出一个字符。

例 4.7 用格式符“%c”逐个字符地输出一个字符数组。

```
#include<stdio.h>
void main( )
{   char c[10]={'I',' ','a','m',' ','h','a','p','p','y'};
    int i;
    for(i=0;i<10;i++)
        printf("%c",c[i]);
}
```

程序运行结果为：

```
I am happy
```

(2) 采用“%s”格式符，每次输入或输出一个字符串。

使用“%s”格式符处理字符串时的注意事项：

① 在使用 scanf( )函数来输入字符串时，“输入项表”中应直接写字符数组的名字，而不再用取地址运算符&，因为 C 语言规定数组的名字就代表该数组的起始地址。又由于字符串结束标志的存在，存储字符串的字符数组长度应至少比字符串的实际长度大 1。例如：

```
char str[11];
scanf("%s",str);        /* 在 scanf 函数中 str 之前不需要加上“&” */
```

若输入 I_am_happy，因字符串“I_am_happy”的实际长度为 10，所以相应存储数组 str 的长度至少为 11。

② 还可以使用 gets( )函数输入字符串。gets( )是系统提供的标准函数，在程序前面应包含头文件 stdio.h，其功能是从键盘输入一个字符串给字符数组，形式为：

gets(字符数组名)

其中，数组名不能带下标，且输入的字符串长度应小于数组的定义长度。该形式可以接受含有空格的字符串(而使用 scanf()函数为字符数组输入数据时，遇空格键或回车键则认为输入结束，且所读入的字符串中不包含空格键或回车键，而是在字符串末尾添加 '\0')。这是 gets( )与 scanf( )的最大差别。例如：

```
char str[15];
scanf("%s",str);
```

如果从键盘上输入：How□are□you，则字符数组只能接受 How，系统自动在后面加上一个 '\0' 结束符。

H	o	w	\0											

因此，可以用一个 scanf( )函数输入多个字符串，字符串中间以空格键或回车键隔开。

若要字符数组接受 How are you，修改为：

```
gets(str);
```

这时若输入数据 How□are□you，则 str 能接收所有的字符。

(3) 用“%s”格式符输出字符串时，printf( )函数中的输出项是字符数组名，而不是数组元素名。例如，下面的形式是错误的：

```
printf("%s",c[0]);
```

(4) 用“%s”格式符输出字符数组时，遇 '\0' 结束输出，且输出字符中不包含 '\0'。如果数组长度大于字符串实际长度，则输出在遇到 '\0' 时结束。例如：

```
char c[10]={ "china"};
printf("%s",c);
```

实际输出 5 个字符，到字符 a 为止，而不是 10 个字符。

(5) 如果一个字符数组中包含一个以上 '\0'，则遇到第一个 '\0' 时输出就结束。例如：

```
char c[10]={ "chi\0na"};
printf("%s ",c);
```

输出为 chi。

(6) 字符串输出时还可以用 puts( )函数输出。与 gets( )一样，puts( )也是个系统标准函数，在程序前面也应包含头文件“stdio.h”，其功能是把一个字符数组中的内容送到终端。使用形式为：

puts(字符数组名)

用 puts( )函数输出字符数组时，可以把其中的 '\0' 前的内容全部输出，遇到 '\0' 时，该字符不输出，系统自动将其转换为 '\n'，即输出完字符串后系统自动换行。这是和 printf( )不一样的地方。

例 4.8 用 puts( )函数输出字符串。

```
#include<stdio.h>
#include<string.h>
void main()
{ char c,s[80];
  int i=0;
```

```
    puts("输入字符串:");
    while((c=getchar())!='\n')           /* 从键盘输入一个字符赋给 c */
            s[i++]=c;                    /* 如果 c 不等于回车，则赋给 s 数组元素 */
    s[i]='\0';                           /* 在数组的末尾加上 '\0' */
    puts("\n 输出字符串: ");
    puts(s);
}
```

4.3.3　字符串处理函数

C 语言中没有提供对字符串进行操作的运算符，但在 C 语言的函数库中，提供了一些用来处理字符串的函数。这些函数使用起来方便、可靠，那些不能由运算符实现的字符串的赋值、合并、连接和比较运算，都可以通过调用库函数来实现。在使用时，必须在程序前面，用命令行指定应包含的头文件 string.h。下面介绍几个常用的字符串处理函数。

1. 字符串拷贝函数 strcpy( )

strcpy( )函数的一般调用形式：

strcpy(str1，str2)

其中，str1 为字符数组名或指向字符数组的指针，str2 为字符串常量或字符串数组名或指向字符数组的指针。

功能：将 str2 所代表的字符串常量或字符数组中的字符串拷贝到字符数组 str1 中。

例如：

```
char str1[20]，str2[ ]="program";
strcpy(str1,str2);
printf("%s\n",str1);
```

字符数组 str2 中的字符串“program”被拷贝到字符数组 str1 中。

注意：

(1) str2 既可以是数组名及数组元素的地址，也可以是指向字符串的指针，还可以是字符串常量。如“strcpy(str1, "program");”。

(2) 字符数组 str1 的长度应大于字符数组 str2 的长度，以便容纳被复制的字符串。复制时连同字符串后面的'\0'一起复制到字符数组 str1 中。

(3) 两个字符数组之间不能直接赋值。例如：

```
char str1[20],str2[ ]="program";
str1=str2;            /* 赋值语句为非法 */
```

当需要将一个字符串或字符数组整体赋值给另一个字符数组时，只能用 strcpy( )函数来实现。

2. 字符串连接函数 strcat( )

strcat( )函数的一般调用形式：

strcat(str1，str2)

其中，str1 为字符数组或者指向字符数组的指针，str2 为字符数组名、字符串常量或指向字符数组的指针。

功能：连接两个字符数组中的字符串，把 str2 连接到 str1 的后面，并自动覆盖 str1 所指字符串的尾部字符'\0'，结果放在 str1 中，函数调用后得到 str1 的地址。例如：

```
char str1[30]="Good ";
char str2[ ]="morning";
strcat(str1,str2);
printf("%s\n",str1);
```

输出结果为：

```
Good morning
```

注意：

(1) 字符数组 str1 的长度应大于字符数组 str1 和 str2 中的字符串长度的和。

(2) 两个字符数组中都必须含有字符 '\0' 作为字符串的结尾，而且在执行该函数后，字符数组 str1 中作为字符串结尾的字符 '\0' 将被字符数组 str2 中字符串的第 1 个字符所覆盖，而字符数组 str2 中的字符串结尾处的字符 '\0' 将被保留作为结果字符串的结尾。

3. 字符串比较函数 strcmp( )

strcmp( )函数的一般调用形式：

strcmp(str1，str2)

其中，str1 和 str2 为字符串常量或字符串数组名。

功能：比较字符串 str1 和 str2 的大小。

字符串的比较规则是：对两个字符串自左至右逐个比较字符的 ASCII 码值的大小，直到出现不同的字符或遇到结束符'\0'为止。如果全部字符相同，则两个字符串相等；否则，当两个字符串中首次出现不相同的字符时停止比较，并以此时 str1 中字符的 ASCII 码值减去 str2 中字符的 ASCII 码值作为比较的结果。具体比较规则为：

(1) 当比较的结果等于零时，str1 中的字符串等于 str2 中的字符串；

(2) 当比较的结果大于零时，str1 中的字符串大于 str2 中的字符串；

(3) 当比较的结果小于零时，str1 中的字符串小于 str2 中的字符串。

例 4.9　比较两个字符串的大小。

```
#include<stdio.h>
#include<string.h>
void main()
{  char str1[]="Good morning.";
   char str2[]="Good afternoon.";
   if(strcmp(str1,str2)==0)          /* 比较字符串 str1 与 str2 是否相等 */
      printf("str1=str2\n");
   else if(strcmp(str1,str2)<0)      /* 比较字符串 str1 是否小于 str2 */
      printf("str1<str2\n");
   else
      printf("str1>str2\n");
}
```

输出结果为：

```
str1>str2
```

注意：不能直接用关系运算符比较两个字符串的大小。例如：

```
if(str1==str2)    printf("str1=str2\n");    /* 错误，此时比较的是两个字符数组的地址，
                                               而不是内容 */
```

而只能用

```
if(strcmp(str1,str2)==0)    printf("str1=str2");
```

或

```
if(!strcmp(str1,str2))    printf("str1=str2");
```

4. 求字符串长度函数 strlen( )

strlen( )函数的一般调用形式：

strlen(str)

其中，str 为字符串常量或字符数组名。

功能：返回字符串 str 或字符数组 str 中字符串的实际长度，不包括 '\0' 在内。

例如：

```
char str[20]="good";
printf("%d\n",strlen(str));
```

输出字符串“good”的实际长度 4，不包括 '\0'。

5. 字符串大小写字母转换函数 strlwr( )和 strupr( )

调用形式：

strlwr(str)

strupr(str)

参数：str 为字符串常量或字符串数组名。

功能：strlwr( )函数将字符串数组 str 中的大写字母转换成小写字母；strupr( )函数将字符串数组 str 中的小写字母转换成大写字母。例如：

```
char str[ ]="GOODMORNING";
strlwr(str);
printf("%s\n",str);
strupr(str);
printf("%s\n",str);
```

输出结果为：

```
goodmorning
GOODMORNING
```

4.3.4 字符串数组

程序设计中经常要用到字符串数组。例如，数据库的输入处理程序就要将用户输入的命令与存储在字符串数组中的有效命令相比较，检验其有效性。可用二维字符数组的形式建立字符串数组，行下标决定字符串的个数，列下标决定串的最大长度。例如，下面的语句定义了一个字符串数组，它可存放 30 个字符串，串的最大长度为 80 个字符：

```
char str_array[30][80];
```

要访问单独的字符串是很容易的，只需标明行下标就可以了。下面的语句以数组 str_array 中的第三个字符串为参数调用函数 gets( )。

```
gets(str_array[2]);
```

该语句在功能上等价于：

```
gets(&str_array[2][0]);
```

但第一种形式在专业程序员编写的 C 语言程序中更为常见。

4.4 指针与数组

C 语言中数组与指针有着十分紧密的联系。数组名表示数组在内存存放的首地址，其类型为数组元素类型的指针。可以用指针变量指向数组或数组元素，也就是把数组的首地址或某一数组元素的地址放到一个指针变量中。因为数组是由多个同种类型的元素组成的，并在内存中连续存放，所以任何能由数组下标完成的操作都可由指针来实现，这样通过指针就可以对数组及数组元素进行操作。

使用指针处理数组的主要原因是标记方便、程序效率高，而且采用指针编写的代码通常占用空间较小，执行速度快。

4.4.1 指针运算

指针只能用地址表达式表示，不能像普通整数那样对指针进行任意的运算。除单目的&和*运算外，指针所允许的运算还包括有限的算术运算和关系运算。

1. 算术运算

指针的算术运算包括：指针加、减一个整数和两个指针相减运算及 ++、-- 运算。

(1) 指针与整数的加减运算。指针变量加上或减去一个整数 n，是将指针由当前所指向的位置向前或向后移动 n 个数据的位置。通常这种运算用于将指针指向一个数组中的其他位置。对于指向一般数据的指针变量，加减运算操作的作用不大。由于各种类型的数据的存储长度不同，因此在数组中加减运算使指针移动 n 个数据后的实际地址与数据类型有关。例如，在 Visual C++ 6.0 编译环境中：

对于 char 型，对指针加 1 操作相当于当前地址加 1 个字节。

对于 int 型，对指针加 1 操作相当于当前地址加 4 个字节。

对于 float 型，对指针加 1 操作相当于当前地址加 4 个字节。

一般地，如果 p 是一个指针，n 是一个正整数，则对指针 p 进行 ±n 操作后的实际地址值是：p±n*sizeof(数据类型)。其中，“sizeof(数据类型)”是取数据类型长度的运算符。

(2) 自增、自减运算。指针变量自增、自减运算也是地址运算。指针加 1 运算后指针指向下一个数据的起始位置；指针减 1 运算后，指针指向上一个数据的起始位置。

指针自增、自减单目运算也分前置和后置运算，当它们与“*”运算符组成一个表达式时，两个单目运算符的优先级相同，其结合性为从右到左。

(3) 两个指针相减运算。两个指针相减的运算只能在同一种指针类型中进行，它们主要应用于对数组的操作，其结果是一个整数而不是指针。例如，p1 和 p2 是指向同一数组中不同或相同元素的指针(p1 小于或等于 p2)，则 p2−p1 的结果为 p1 和 p2 之间间隔元素的数目 n。

例如，图 4.8 所示指针 p1 指向数组元素 a[2]，p2 指向数组元素 a[8]；a[2]与 a[8]之间相隔 6 个元素，所以 p2−p1 的值为 6。

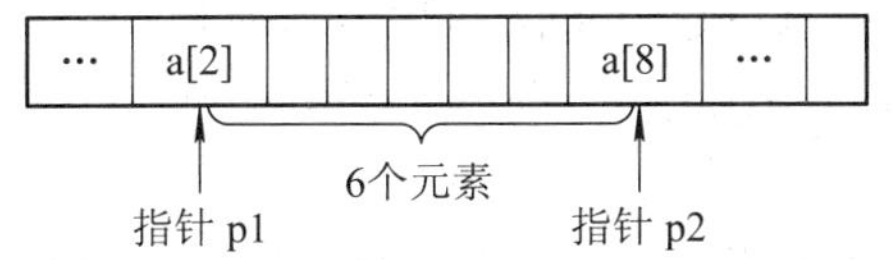

图 4.8　指针相减运算

2. 关系运算

指针的关系运算表示它们所指向的地址之间的关系。两个指针应指向同一个数组中的元素，否则运算结果无意义。指针间允许 4 种关系运算：

< 或 >：比较两指针所指向的地址的大、小关系。

== 或 !=：判断两指针是否指向同一地址，即是否指向同一数据。

例如，指针 p1、p2 指向数组中的第 i、j 元素，则下列表达式为真的含义为：

(1) p1<p2(或 p1>p2)表示 p1 所指元素位于 p2 所指元素之前(或表示 p1 所指元素位于 p2 所指元素之后)。

(2) p1==p2(或 p1!=p2)表示 p1 和 p2 指向同一个数组元素的地址(或表示 p1 和 p2 不指向同一个数组元素的地址)。

指针不能与一般数值进行关系运算，但指针可以和零(NULL 字符)之间进行等于或不等于的关系运算，例如：

```
p==0;   p!=0; p==NULL;   p!=NULL;
```

用于判断指针 p 是否为 NULL 指针。

4.4.2　指向一维数组的指针

所谓数组的指针，是指数组的起始地址，数组元素的指针是指数组元素的地址。

1. 一维数组的地址

在 C 语言中，数组名是个不占内存的地址常量，它代表整个数组的存储首地址。

一维数组元素 a[i]的地址可以写成表达式&a[i]或 a+i，&a[i]是用下标形式表示的地址，a+i 是用指针形式表示的地址，二者结果相同。元素 a[i]的地址等于数组首地址向后偏移若干字节，偏移的字节数等于 a[i]与首地址之间间隔元素的数目乘以一个元素所占存储单元的字节数。

显然，*(a+i)表示取 a+i 地址中的内容，就是 a[i]的值，这就是通过地址常量数组名引用一维数组。

2. 一维数组指针的定义

定义一个指向数组的指针变量的方法，与前面介绍的定义指向简单变量的指针变量的

方法相同。例如：

```
int a[10]={1,2,3,4,5,6,7,8,9,10};     /* 定义 a 为包含 10 个整型数据的数组 */
int *p;                               /* 定义 p 为指向整型变量的指针变量 */
```

定义了一个整型数组 a 和一个指向整型量的指针变量 p。这时指针变量 p 并没有指向任何对象，只有当数组 a 的起始地址赋值给指针变量 p 时，指针 p 才表示指向数组 a，称指针 p 为指向数组 a 的指针。指向过程可以通过下面两种方法实现：

(1) 用数组名做首地址。形式为：

```
p=a;
```

表示将数组 a 的起始地址赋值给指针 p，而不是将数组 a 的所有元素赋值给指针 p。

数组 a 的起始地址赋值给指针，也可以在指针定义的同时进行。例如：

```
int a[30];
int *p=a;  /* 指针的初始化 */
```

其中，“int *p=a;”的含义是在定义指针变量 p 的同时，将数组 a 的起始地址赋值给指针变量 p，而不是赋值给指针 p 指向的变量(即*p)。

(2) 用数组第 0 个元素的地址做首地址。形式为

```
p=&a[0];
```

数组名 a 与数组元素 a[0]的地址相同，都是数组的起始地址，因此也可以将&a[0]赋值给指针 p。

需要注意的是，无论利用上述哪种方式，对于指向一维数组的指针 p，它所指向的变量(即*p)的数据类型必须与这个一维数组的数组元素类型一致。例如，下面的语句是错误的：

```
float a[30];
int *p=&a[0];  /* 指向整型的指针不能指向数组元素类型为单精度的一维数组 */
```

p、a、&a[0]均指向同一单元，它们是数组 a 的首地址，也是 0 号元素 a[0]的首地址。其中，p 是变量，而 a、&a[0]都是常量。在编程时应予以注意。

3. 利用指针引用一维数组元素

如果指针变量 p 指向数组 a 的第 1 个元素(即 0 号元素)，即 p=a，则

(1) p+i 和 a+i 就是数组元素 a[i]的地址，或者说，它们指向数组 a 的第 i＋1 个元素(即 i 号元素)。

(2) *(p+i)或*(a+i)就是 p+i 或 a+i 所指向的数组元素，即 a[i]。

(3) 指向数组元素的指针变量也可以带下标，如 p[i]与*(p+i)等价。所以，a[i]、*(a+i)、p[i]、*(p+i)四种表示法全部等价。

(4) 指针变量可以通过本身值的改变来实现对不同地址的操作，即可以使用 p++。因为数组名表示数组的起始地址，所以数组名也可以称为指针，但是数组名是一个特殊的指针，它是指针常量，其值在程序整个运行过程中都不能被改变，只代表数组的起始地址。所以，如果 a 是一个数组名，像“a++”或者“a=a+2”这些语句都是错误的。

归纳起来，引用一个数组元素可以用以下两种方法：

(1) 下标法，如 a[i]、p[i]。

(2) 指针法，如 *(a+i)、*(p+i)。

例 4.10　分别用下标法和指针法输出数组。

```
#include <stdio.h>
void main()
{   int i,*p,a[5];
    p=a;
    for(i=0;i<5;i++)          a[i]=i+10;
    printf("\n");
    for(i=0;i<5;i++)
    {   printf("a[%d]=%d\t",i,a[i]);                 /* 下标法 */
        printf("\t*(p+%d)=%d",i,*(p+i));             /* 指针法 */
        printf("\tp[%d]=%d\t",i,p[i]);               /* 下标法 */
        printf("\t*(a+%d)=%d\n",i,*(a+i));           /* 指针法 */
    }
}
```

程序运行结果为：

```
a[0]=10      *(p+0)=10      p[0]=10      *(a+0)=10
a[1]=11      *(p+1)=11      p[1]=11      *(a+1)=11
a[2]=12      *(p+2)=12      p[2]=12      *(a+2)=12
a[3]=13      *(p+3)=13      p[3]=13      *(a+3)=13
a[4]=14      *(p+4)=14      p[4]=14      *(a+4)=14
```

用下标法比较直观，能直接知道是第几个元素；而用指针法则执行效率更高。

在利用指针来引用数组元素时应注意以下几点：

(1) 通过指针访问数组元素时，必须首先让该指针指向当前数组。在实际操作中，还需要使用和掌握指针在数组中的几种运算方式。综上所述，把指针与一维数组的联系归纳为表 4.2(假设表 4.2 针对 int a[10],*p=a;说明语句展开)。

表 4.2　指针与一维数组的联系

表　达　式	含　　义
&a[i]，a+i，p+i	引用数组元素 a[i]的地址
a[i]，*(a+i)，*(p+i)，p[i]	引用数组元素 a[i]
p++，p=p+1	表示 p 指向下一数组元素，即 a[1]
p++，(p++)	先取 p 所指向的存储单元内容 *p，再使 p 指向下一个存储单元
++p，(++p)	先使指针 p 指向下一个存储单元，然后取改变后的指针 p 所指向的存储单元内容 *p
(*p)++	取指针 p 所指的存储单元内容作为该表达式的结果值，然后使 p 所指对象的值加 1，即 *p=*p+1；指针 p 的内容不变

(2) 使用指针引用数组元素时下标不能越界。例如：

```
int a[5];
int *p,n;
p=a;
```

利用 p=p+n 移动指针使指针 p 指向数组 a 的任意一个元素，当 n 等于 0、1、2、3、4 时，

指针 p 将分别指向数组 a 的第 0、1、2、3、4 个元素。但对于 n 大于 4 时也是合法的语句，这时指针 p 指向数组 a 后面的存储单元。在 C 语言中指针变量可以指向数组范围之外的存储单元，编译系统并不对数组元素引用下标越界进行判断，因为编译系统将数组元素引用处理成对数组起始地址加上数组元素的相对位移量所得的指针指向的存储单元的引用，所以在使用指针引用数组元素时应注意下标不能越界。

例 4.11 从键盘输入 10 个数，利用指针法输入、输出数组。

```
#include <stdio.h>
void main()
{   int i,*p,a[10];
    p=a;
    for(i=0;i<10;i++)          scanf("%d", p++);
    printf("\n");
    p=a;                                          /* 指针变量重新指向数组首地址 */
    for(i=0;i<10;i++)     printf("a[%d]=%d\n",i,*p++);          /* 指针法 */
    /*还可以这样写：for(p=a;p<a+10;p++)   printf("a[%d]=%d\n",i,*p); */
    /*或：for(p=a;p<a+10;)   printf("a[%d]=%d\n",i,*p++); */
}
```

4.4.3 指向二维数组的指针

指针可以指向一维数组，也可以指向二维数组。一维数组与指针关系的结论可以推广到二维数组、三维数组等多维数组中。由于二维数组在结构上比一维数组复杂，所以二维数组指针也比一维数组指针复杂。

1. 二维数组的地址

定义一个二维数组：

```
int a[3][4];
```

下面，分析一下这个二维数组的存放地址情况，如图 4.9 所示。

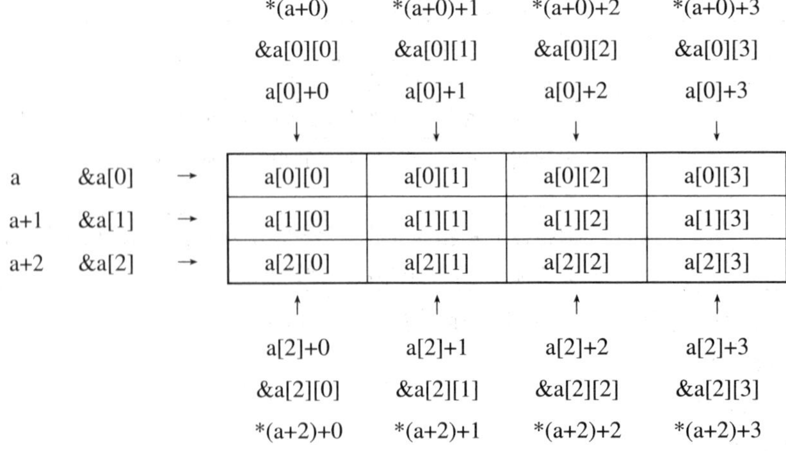

图 4.9　二维数组数据的存放逻辑图

从图 4.9 中可以看出：

(1) 数组名 a 和&a[0]都表示数组的首地址，也是数组第 0 行的首地址，所以有 a=&a[0]。

(2) a+1 和 &a[1] 表示第 1 行的首地址，即 a+1=&a[1]。同理，第 i 行的首地址为 a+i=&a[i]。

(3) a[0]、a[1]、a[2]既然是一维数组名，数组名代表首地址，因此 a[0]代表第 0 行一维数组中第 0 列元素的地址，即 a[0]=&a[0][0]。同样 a[1]=&a[1][0]，a[2]=&a[2][0]。基于一维数组的处理方法，第 0 行第 1 列的地址可表示为 a[0]+1，第 0 行第 2 列的地址可表示为 a[0]+2，第 0 行第 3 列的地址可表示为 a[0]+3。第 i 行第 j 列的地址可表示为 a[i]+j。

(4) 同时，基于一维数组有 a[0]和*(a+0)等价，a[1]和*(a+1)等价，a[2]和*(a+2)等价，因此第 i 行第 j 列地址也可以表示为*(a+i)+j，即&a[i][j] =a[i]+j=*(a+i)+j。

(5) 结合地址和指针运算符“*”，可以得到所谓的地址法表示的数组元素为：a[i][j] =*(a[i]+j)=*(*(a+i)+j)=*(a[0]+i*n+j)，其中 n 是二维数组的第二维长度。

注意，尽管 a+i 和*(a+i)(即是 a[i])的值相等，都等于 a[i][0]的地址，但它们的含义和作用却是完全不同的。前者相当于指向二维数组第 i 行的行地址，存储的是第 i 行的起始地址，该指针每增加 1，则指针跳过一行数组元素的存储空间；而后者*(a+i)等价于 a[i]，相当于指向二维数组第 i 行中的第 0 列数组元素的列地址，该指针每增加 1，指针跳过一个数组元素的存储空间。

综上所述，二维数组 a 的各种表示形式及其含义如表 4.3 所示。

表 4.3　二维数组 a 的各种表示形式及其含义

表示形式	含　义
a	数组 a 的起始地址
a+i，&a[i]	第 i 行的起始地址
*(a+i)，a[i]	第 i 行第 0 列元素的起始地址
*(a+i)+j，a[i]+ j，&a[i][j]	第 i 行第 j 列元素的起始地址
((a+i)+j)，*(a[i]+j) ，a[i][j]	第 i 行第 j 列元素的值

在理解二维数组的地址表示后，讨论二维数组的指针就比较容易了。根据二维数组的地址表示形式，利用指针来处理二维数组元素的方式有两种：指向二维数组元素的指针和指向一维数组的指针。

2. 指向二维数组元素的指针变量

利用指向二维数组元素的指针变量，可以完成二维数组数据的操作处理。

① 定义与二维数组相同类型的指针变量。

② 在指针变量与要处理的数组元素之间建立关联。

③ 使用指针的运算就可以访问到任何一个数组元素，完成操作处理。

例 4.12　利用指针变量及指针变量的自增运算，输出二维数组所有元素的值，其运行示意如图 4.10 所示。

```
#include"stdio.h"
void main()
{
    int a[3][3]={{0,1,2},{3,4,5},{6,7,8}};
```

```
    int *p,*q;
    p=a[0];              /* 指针 p 指向数组元素 a[0][0] */
    q=&a[2][2];          /* 指针 q 指向数组元素 a[2][2] */
    while(p<=q)          /* 输出 a[2][2]前面的所有元素 */
    {  printf("%d   ",*p);   p++; }
    printf("\n");
}
```

程序运行结果为：

```
0  1  2  3  4  5  6   7   8
```

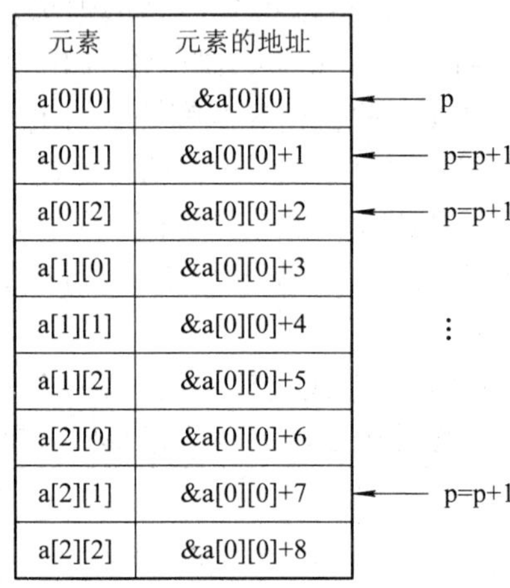

元素	元素的地址
a[0][0]	&a[0][0]
a[0][1]	&a[0][0]+1
a[0][2]	&a[0][0]+2
a[1][0]	&a[0][0]+3
a[1][1]	&a[0][0]+4
a[1][2]	&a[0][0]+5
a[2][0]	&a[0][0]+6
a[2][1]	&a[0][0]+7
a[2][2]	&a[0][0]+8

图 4.10　利用指向数组元素的指针访问数组

例 4.13　利用指针变量及指针变量的加法运算输出二维数组所有元素的值。

```
#include"stdio.h"
void main()
{    int a[3][3]={{0,1,2},{3,4,5},{6,7,8}};
     int *p,i,j;
     p=&a[0][0];              /* 也可以写为：p=a[0]; */
     for(i=0;i<3;i++)         /* 输出数组 a 的所有元素 */
     {    for(j=0;j<3;j++)
               printf("%d   ",*(p+3*i+j));
          printf("\n");
     }
}
```

程序运行结果为:

```
0  1  2
3  4  5
6  7  8
```

注意：在利用指向数组元素的指针访问二维数组的元素时，首先要将二维数组的起始地址(a[0]或者&a[0][0])赋给指针，但是不能把数组名 a 赋给指针，因为指针的类型不匹配。

3. 指向由 n 个元素组成的一维数组的指针变量

一个二维数组相当于多个一维数组。通过指向整个一维数组的指针变量，也可以完成二维数组数据的操作处理。定义一个指向由 n 个元素组成的一维数组指针变量的一般形式为：

数据类型 (*变量名)[整型常量]

其中，数据类型为指针变量所指向一维数组的类型；变量名表示指针变量的变量名；整型常量为指针变量所指向的一维数组大小。例如：

```
int (*p)[4];
```

表示定义一个指向由 4 个整型数组元素组成的一维数组的指针变量 p，指针变量 p 存储该一维数组的起始地址。

由于二维数组按行存储的特性，所以若定义一个指向一维数组的指针变量，并赋初值为二维数组第 0 行的行地址，当指针进行加 1 运算时，就可以移动到该数组的下一行。例如：

```
int a[3][4];
int (*p)[4];
p=a;          /* 数组 a 的第 0 行的地址赋值给了指针 p */
```

此时 p 指向一个一维数组，数组元素的个数为 4，如图 4.11 所示。

p →	a[0] →	a[0][0]	a[0][1]	a[0][2]	a[0][3]
p+1 →	a[1] →	a[1][0]	a[1][1]	a[1][2]	a[1][3]
p+2 →	a[2] →	a[2][0]	a[2][1]	a[2][2]	a[2][3]

图 4.11　指向由 4 个元素组成的一维数组的指针变量

在使用指向一维数组的指针变量时要注意以下几点：

(1) 在指向一维数组的指针变量定义中，应注意不能把其中的圆括号去掉。例如：

```
int (*p)[4];
```

去掉圆括号就变成了如下形式：

```
int *p[4];
```

由于[ ]的优先级高于*的优先级，所以变量名将与[ ]结合，说明变量名为数组名，该数组的元素类型为指针类型。

(2) 指向整个一维数组的指针变量不能指向数组元素，所以指向数组元素的指针与指向一维数组的指针所指向对象的类型不同，在使用时有很大的区别。如果有：

```
int a[3][3]={{0,1,2},{3,4,5},{6,7,8}};
int (*p)[3];
```

则下面的语句是错误的：

```
p=a[0];
```

或者

```
p=&a[0][0];
```

虽然 a[0]和&a[0][0]在值上与 a 是相等的，但是 a[0]和&a[0][0]表示的是二维数组第 0 行第 0 列元素的地址，对它们进行增 1 运算时得到的是下一个数组元素(a[0][1])的地址，而指针变量 p 要求进行增 1 运算时得到的是二维数组下一行的地址。

(3) 使用指向一维数组的指针时，在指针变量的定义中应注意它所指向数组的类型与长度应当和它将要指向二维数组的元素类型与列的长度保持一致。例如：

```
int a[3][3]={{0,1,2},{3,4,5},{6,7,8}};
int (*p)[10];
p=a;            /* 错误 */
```

这时，指针 p 就不能指向数组 a，因为指针 p 要求指向一维数组的长度为 10，而二维数组 a 的每一行中只包含 3 个元素，即列的长度为 3。如果执行语句“p=a;”，编译系统会给出警告信息。

例 4.14　利用指向一维数组的指针变量输出二维数组所有元素的值。

```
#include"stdio.h"
void main()
{
    int a[3][4]={{0,1,2,3},{4,5,6,7,},{8,9,10,11}};
    int (*p)[4];
    int i,j;
    p=a;
    for(i=0;i<3;i++)
    {   for(j=0;j<4;j++)
            printf("%d\t",*(*(p+i)+j));
        printf("\n");
    }
}
```

程序运行的结果为：

```
0    1    2    3
4    5    6    7
8    9    10   11
```

4.4.4 指针与字符串

前面学习了用字符数组来处理字符串，这里介绍用指针来处理数组的一种特殊情况，即用指针来处理字符串。指向字符串首地址的指针变量称做字符串指针，它实际上是字符类型的指针。其定义的一般形式为

char *变量名；

利用一个字符串指针访问字符串通常可以采用以下两种方式：

(1) 将一个字符数组的起始地址赋值给指针变量。例如：

```
char *p;
char s[ ]="abc";
p=s;
```

字符串 "abc" 存储在字符数组 s 中，数组 s 的起始地址赋值给指针变量 p，则指针 p 就指向字符串 "abc"。

(2) 将一个字符串常量赋值给指针变量。例如：

```
char *p;
p="abc";
```

字符串常量 "abc" 赋值给指针 p 的结果是将存储字符串常量的起始地址赋值给指针 p，这样指针 p 就指向了字符串常量 "abc"。注意上述语句运行的结果并非使指针变量 p 的内容变成字符串 "abc"。

用字符数组和字符指针变量都可实现对字符串的存储和操作，但是两者是有区别的：

(1) 字符数组占用若干个字节，每一个字节存放一个字符。而字符指针变量本身是一个变量，用于存放字符串的首地址，占用 4 个字节。字符串本身存放在以该首地址为首的一块连续的内存空间中，并以'\0'作为串的结束。

(2) 赋值方式不同。字符串赋给字符数组只能在初始化时进行，如：

```
char string[15]={"C Language"};
```

而不能出现下面的情况：

```
char string[15] ; string={"C Language"};
```

对字符指针变量则无此限制，如：

```
char *ps="C Language";
```

等价于

```
char *ps;    ps="C Language";
```

可以看出使用指针变量更加方便。

例 4.15　用字符指针处理字符串。

```
#include<stdio.h>
void main()
{
    char *str="I love China!",*str1;
    str1=str;
    printf("%s\n",str);
    for(   ;*str!='\0';)     printf("%c",*str++);
    printf("\n");
    str1+=7;
    printf("%s\n",str1);
}
```

程序运行结果为：

```
I love China!
I love China!
China!
```

4.4.5　指针数组

因为指针也是一种数据类型，所以相同类型的指针变量可以构成指针数组，在指针数

组中每一个元素都是一个指针变量，并且指向同一数据类型。

指针数组的定义形式为：

数据类型 *数组名[整型常量表达式];

例如：

```
char *a[3]={ "abc","bcde","fg"};
```

由于[ ]比*优先级高，所以首先是数组形式，然后才是与“*”的结合。因此指针数组 a 含 3 个指针 a[0]、a[1]、a[2]，分别为这三个字符串的起始地址。

指针数组适合用于存储若干个字符串的地址，使字符串处理更加方便灵活。与普通数组的规定一样，指针数组在内存区域中占有连续的存储空间，这时指针数组名就表示该指针数组的起始地址，指针数组在说明的同时可以进行初始化。

例 4.16 输入一个表示月份的整数，输出该月份的名字。

分析：对于存储多个字符串，采用二维字符数组或指针数组都可以，但是由于无法预先知道每个字符串的长度，所以用指针数组来存储效率更高。使用指针数组的另一个优点是，如果想对字符串排序，不必改动字符串的位置，只需改动指针数组中各元素的指向即可。

```
#include<stdio.h>
void main()
{   int n;
    char *month_name[]={"Error","January","February","March","April",
     "May","June","July","August","September","October","November","December"};
    printf("input a integer: ");
    scanf("%d",&n);                          /* 输入整数形式的月份 */
    if(n>=1&&n<=12)                          /* 输出字符串形式的月份 */
        printf("%s\n",month_name[n]);
    else
        printf("%s\n",month_name[0] );
}
```

4.5 指向指针的指针

一个指针变量可以指向整型变量、实型变量、字符类型变量，当然也可以指向指针类型变量。当这种指针变量用于指向指针类型变量时，称之为指向指针的指针变量。这话可能会感到有些拗口，但若想到一个指针变量的地址就是指向该变量的指针时，这种双重指针的含义就容易理解了。

例如：

```
int i=9,*p;
p=&i;
```

定义了一个指向整型数据的指针 p，用它来存放整型变量 i 的地址，并且可以利用指向运算

“*”对变量 i 进行间接访问，也称为“单级间接”访问方式，如图 4.12 所示。

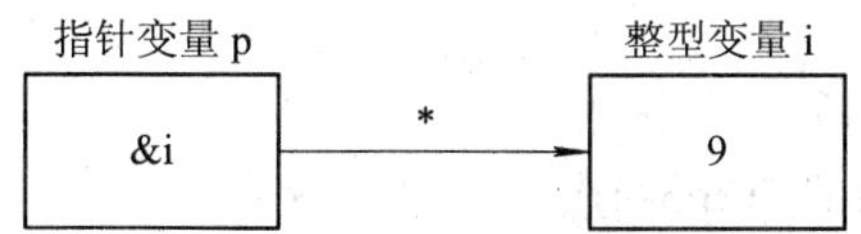

图 4.12　通过指针 p 访问变量 i

如果指针变量 p 的地址存储在指针变量 q 中，通过指针 q 访问变量 i，中间必须经过两次指向运算，这种访问方式称为“二级间接”访问方式，如图 4.13 所示。

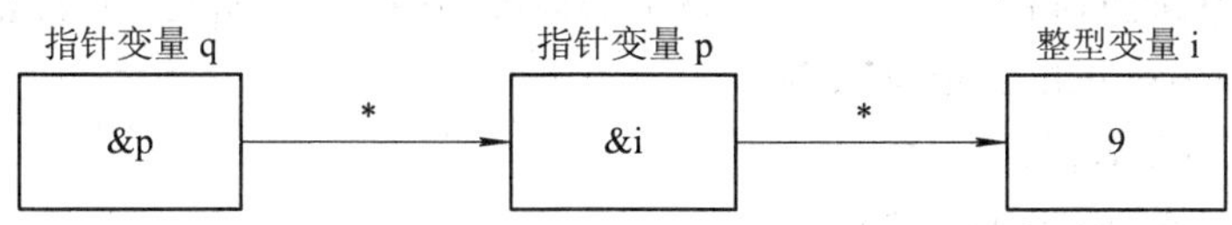

图 4.13　通过指针 q 访问变量 i

这里，指针变量 q 被称为是指向指针的指针变量，根据它的访问特性，也叫做二级指针或双重指针。“二级间接”访问方式是“多级间接”访问方式的一种形式。当然，“多级间接”访问方式还可以包含三级乃至更高级别的间接访问方式。当间接的级数过高时，对该指针部分的阅读和理解难度也将增大，因此极易出错，所以在实际应用中很少使用超过二级的间接访问方式。

二级指针变量的定义格式为

数据类型 **指针变量名

例如，图 4.13 中的指针变量可定义为

```
int **q;
```

其中，q 就是一个指向指针的指针变量。对于指向指针的指针可以这样理解：因为指针变量也是变量，和其他类型的变量一样，需要一定的内存单元，既然占据内存单元，就有相应的地址，那么就可以再定义另外的一种“指针”指向这个地址，这种“指针”就是指向指针的指针。

二级指针的主要作用是和数组相结合，使访问数组元素更加灵活，尤其对于二维数组和字符串数组。

例 4.17　利用指向指针的指针对二维整型数组进行访问。

```
#include <stdio.h>
#include <stdlib.h>
void main()
{  int a[2][2]={3,4,5,6},b[5]={1,2,3,4,5}, *p1,*p2,**p3,i,j; /* p3 是指向指针的指针变量 */
   for(p1=b,p3=&p1,i=0;i<5;i++)          /* 用指向指针的指针变量输出一维数组 */
       printf("%4d",*(*p3+i));
   printf("\n");
   for(p1=b;p1<b+5;p1++)                 /* 用指向指针的指针变量输出一维数组 */
   {   p3=&p1;     printf("%4d",**p3);        }
   printf("\n");
   for(i=0;i<2;i++)                      /* 用指向指针的指针变量输出二维数组 */
```

```
    {   p2=a[i];
        p3=&p2;
        for(j=0;j<2;j++)
            printf("%4d",*(*p3+j));
        printf("\n");
    }
    printf("****************\n ");
    for(i=0;i<2;i++)                     /* 用指向指针的指针变量输出二维数组 */
    {   for(p2=a[i];p2-a[i]<2;p2++)
        {   p3=&p2;
            printf("%4d",**p3);
        }
        printf("\n");
    }
}
```

程序运行结果为：

```
1   2   3   4   5
1   2   3   4   5
3   4
5   6
****************
3   4
5   6
```

4.6 小　结

本章介绍了数组的定义、初始化和赋值方法以及数组的用途。数组是程序设计中最基本也是用途最广的一种数据结构，它是一批相同数据类型数据的有序集合，属于构造类型的数据结构。数组的所有元素均按顺序存放在一个连续的存储空间中，数组名就是这个存储空间的首地址(即第一个元素的存放地址)的符号地址。定义数组时需要有确定的空间大小，因此，在定义时必须用常量表达式来定义数组元素的个数。个数一经确定，在程序中不得更改。数组元素值的获取有两种方式：一种方式是在定义数组的同时对其各元素指定初始值(即初始化)；另一方式是在程序运行时利用循环对数组中各元素依次赋值。下标访问是常见的数组访问方法。在 C 语言中，数组的下标是从 0 开始的，最后一个下标是数组的长度减 1。在使用时，数组下标不能超过这个范围，否则会出现数组越界错误。而 C 编译器并不报告这种错误，因此更要当心。数组的元素可以是任何已定义的类型。如果数组的元素也是数组，则构成二维数组；如果数组的元素是二维数组，则构成三维数组。以此类推，可以构成多维数组。

如果数组元素是字符(char)型的，称为字符数组。C语言没有字符串变量，字符串不是存放在一个变量中而是存放在一个字符数组中。字符串通常作为整体被输入和输出，而其他类型的数组不能作为整体进行输入和输出。字符串以'\0'为结束标记，而没有最大长度的制约，字符数组不要求其末尾必须为'\0'。字符数组只有在定义时才允许整体赋值，其赋值、比较都应该使用库函数进行。存储字符串的字符数组的长度必须大于字符串的长度，否则会出现数组越界错误。

在C语言中，指针和数组之间是密不可分的，数组名就是一个指针，表示数组的起始地址。对数组元素访问可以使用下标法，也可以用指针法。在编译系统处理时，用指针法存取数组元素比用下标法存取速度快。二维数组元素既可以用指向类型与数组元素同类型的指针访问，也可以用指向一维数组的指针访问。另外，使用字符型指针处理字符串也非常方便，可以将一个字符串常量赋予一个指针，当然并不是把该字符串本身复制到指针中，而是把存储字符串的首地址赋予指针，通过指针的变化来访问该字符串中的每个字符。对于多个字符串，将其存放在指针数组中处理更加便利。

习　题　四

1. 选择题

(1) 在C语言中，引用数组元素时，其数组下标的数据类型允许是_______。

A. 整型常量　　　　B. 整型表达式

C. 整型常量或整型表达式　　　　D. 任何类型的表达式

(2) 若有说明：int a[10];，则对a数组元素的正确引用是_______。

A. a[10]　　B. a[3.6]　　C. a(5)　　D. a[10-10]

(3) 以下对二维数组a进行正确说明的是_______。

A. int a[3][]　　　　B. float a(3)(4)

C. double a[1][4]　　　　D. float a(3, 4)

(4) 若有说明：a[3][4];，则对a数组元素的正确引用是_______。

A. a[2][4]　　B. a[1,3]　　C. a[1+1][0]　　D. a(2)(1)

(5) 下面描述正确的是_______。

A. 两个字符串所包含的字符个数相同时，才能比较字符串

B. 字符个数多的字符串比字符个数少的字符串大

C. 字符串 "STOP□" 与 "STOP" 相等

D. 字符串 "That"小于字符串 "The"

(6) 下面对字符数组描述错误的是_______。

A. 字符数组可以存放字符串

B. 字符数组的字符串可以整体输入、输出

C. 可以在赋值语句中通过赋值运算符"="对字符数组整体赋值

D. 不可以用关系运算符对字符数组中的字符串进行比较

(7) 下列语句中，正确的是_______。

A. char *s ; s="Olympic";　　B. char s[7] ; s="Olympic";

C. char *s ; s={"Olympic"};　　D. char s[7] ; s={"Olympic"};

(8) 若有定义 int (*pt)[3];，则下列说法正确的是_______。

A. 定义了基类型为 int 的三个指针变量

B. 定义了基类型为 int 的具有三个元素的指针数组 pt。

C. 定义了一个名为*pt、具有三个元素的整型数组

D. 定义了一个名为 pt 的指针变量，它可以指向每行有三个整数元素的二维数组

(9) 设有定义 double a[10],*s=a;，以下能够代表数组元素 a[3]的是_______。

A. (*s)[3]　　B. *(s+3)　　C. *s[3]　　D. *s+3

(10) 以下程序运行后的输出结果是_______。

```
#include<stdio.h>
void main()
{   int a[5]={1,2,3,4,5}, b[5]={0,2,1,3,0},i,s=0;
    for(i=0;i<5;i++)   s=s+a[b[i]];
    printf("%d\n",s);
}
```

A. 6　　B. 10　　C. 11　　D. 15

(11) 以下程序运行后的输出结果是_______。

```
#include<stdio.h>
void main()
{   int b[3] [3]={0,1,2,0,1,2,0,1,2},i,j,t=1;
      for(i=0; i<3; i++)
      for(j=i;j<=i;j++)
          t+=b[i][b[j][i]];
    printf("%d\n",t);
}
```

A. 1　　B. 3　　C. 4　　D. 9

(12) 若有以下定义和语句，则输出结果是_______。

```
char sl[10]= "abcd!", *s2="n123\\";
printf("%d %d\n", strlen(s1),strlen(s2));
```

A. 5 5　　B. 10 5　　C. 10 7　　D. 5 8

(13) 下面是有关 C 语言字符数组的描述，其中错误的是_______。

A. 不可以用赋值语句给字符数组名赋字符串

B. 可以用输入语句把字符串整体输入给字符数组

C. 字符数组中的内容不一定是字符串

D. 字符数组只能存放字符串

(14) 设有定义：char *c;，以下选项中能够使字符型指针 c 正确指向一个字符串的是_______。

A. char str[ ]="string";c=str;　　B. scanf("%s",c);

C. c=getchar();　　D. *c="string";

(15) 以下程序运行后的输出结果是________。

```
#include <stdio.h>
#include<string.h>
void main()
{   char a[10]=”abcd”;
    printf(“%d,%d\n”,strlen(a),sizeof(a));
}
```

A. 7,4　　B. 4,10　　C. 8,8　　D. 10,10

(16) 以下程序运行后的输出结果是________。

```
#include <stdio.h>
void main()
{   char s[]={"012xy"};int i,n=0;
    for(i=0;s[i]!=0;i++)
    if(s[i]>='a'&&s[i]<= 'z') n++;
    printf("%d\n",n);
}
```

A. 0　　B. 2　　C. 3　　D. 5

2. 阅读下列程序，写出程序运行结果。

(1)
```
#include <stdio.h>
void main()
{   int i,sum1=0,sum2=0,a[10];
    printf("input   a[0]   ~a[9] ");
    for(i=0;i<10;i++)       scanf("%d",&a[i]);
    for(i=0;i<10;i++)
     if(a[i]%2==0)
        sum1=sum1+a[i];
     else
        sum2=sum2+a[i];
  printf("sum1=%d,sum2=%d",sum1,sum2);
 }
```

(2)
```
#include <stdio.h>
void main()
{   int i,j,sum=0;
    int a[3][3]={1,1,1,1,1,1,1,1,1};
    for(i=0;i<3;i++)
    for(j=0;j<i;j++)
    {     sum=sum+a[i][j];
```

```
            a[i][j]=sum;
        }
        for(i=0;i<3;i++)
        {   for(j=0;j<3;j++)
                printf("a[%d][%d]=%d",i,j,a[i][j]);
            printf("\n");
        }
    }
```

(3)
```
    #include<stdio.h>
    void main()
    {   char  s[]="after"，c;
        int i,j=0;
        for(i=1;i<=4;i++)
            if(s[j]>s[i])   j=i;
        c=s[j];
        s[j]=s[4];
        s[4]=c;
        printf("%s\n",s);
    }
```

(4)
```
    #include<stdio.h>
    void main( )
    {
        int a[]={1,2,3,4,5,6};
        int *p;
        p=a;
        *(p+3)+=2;
        printf("%d,%d\n",*p,*(p+3) );
    }
```

(5)
```
    #include <stdio.h>
    void main ()
    {   int i,j,a[][3]={1，2，3，4，5，6，7，8，9};
        for (i=1;i<3;i++)
              for(j=i;j<3;j++)   printf("%d",a[i][j]);
          printf("\n");
    }
```

(6)
```
    #include <stdio.h>
    void main()
    {
        int   a[]={1,2,3,4,5,6},*k[3],i=0;
```

```
    while(i<3)
    {   k[i]=&a[2*i];
        printf("%d",*k[i]);
        i++;
    }
}
```

(7)
```
#include <stdio.h>
void main()
{   int  a[3][3]={{1,2,3},{4,5,6},{7,8,9}};
    int  b[3]={0},i;
    for(i=0;i<3;i++)  b[i]=a[i][2]+a[2][i];
    for(i=0;i<3;i++)  printf("%d",b[i]);
    printf("\n");
}
```

3. 分析下列程序，按照功能要求填空。

(1) 程序功能：把数组中的最大值放入 a[0]中。

```
#include<stdio.h>
void main()
{   int a[10]={6,7,2,9,1,10,5,8,4,3},*p=a,i;
    for(i=0;i<10; ______①______ )
    if( ______②______ )
    *a=*p;
printf("%d\n", *a);
}
```

(2) 程序功能：输出两个字符串中对应相同的字符。

```
#include<stdio.h>
void main( )
{   char s1[ ]="book", s2[ ]="float";
    int i;
    for(i=0;______①______;i++)
    if(s1[i]==s2[i])
    ______②______
}
```

(3) 程序功能：输出数组 ss 中行列号之和为 3 的数组元素。

```
#include<stdio.h>
void main( )
{   static char ss[4][3]={'A','a','f','c','B','d','e','b','C','g','f','D'};
    int x,y,z;
```

```
    for(x=0;______①______;x++)
    for(y=0; ________②________; y++)
    {      z=x+y;
           if(________③________)
           printf("%c\n",ss[x][y]);
    }
}
```

(4) 程序功能：删除字符串中的所有空格。

```
#include<stdio.h>
void main()
{     char   s[100]={ "our .tercher teach    c language! "}; int i,j;
      for( i=j=0;s[i]!='\0';i++)
         if(s[i]!=' ') { s[j]=s[i];j++; }
      s[j]=__________;
      printf("%s\n",s);
}
```

(5) 程序功能：借助指针变量找出数组元素中的最大值及其元素的下标值。

```
#include <stdio.h>
void main()
{   int a[10],*p,*s;
    for(p=a;p-a<10;p++)   scanf("%d",p);
    for(p=a,s=a;p-a<10;p++)   if(*p>*s)    s=________________;
    printf("index=%d\n",s-a);}
```

4. 编程题

(1) 编写一个程序，从键盘输入 10 个学生的成绩，统计最高分、最低分和平均分。

(2) 与冒泡排序法次序相反的另一种排序法是从前往后排，即首先排好最前面的一个数，然后排第二个数……最后排倒数第一个数。排序方法为每次在当前还未排好序的数中选择一个最大的数与这组数中的第一个数交换，直至所有的数都排好序为止。将这种排序算法称为选择排序法。输入 n 个整数，用选择排序法将它们按升序重新排列后输出。

(3) 编写程序，计算矩阵(5 行 5 列)主对角线元素之和，除对角线元素的所有元素之和，上三角元素之和，首行、首列、末行和末列的所有元素之和。

(4) 编写程序，输出二维数组中行上为最大、列上为最小的元素(称为鞍点)及其位置(行、列下标)。如果不存在任何鞍点也输出相应信息。

(5) 编写程序，将字符串 s1 中所有出现在字符串 s2 中的字符删去。

(6) 编写程序，统计输入的一个字符串中每个数字出现的次数(要求用一个二维数组分别记录数字和数字出现的次数)。

(7) 利用指针编写程序，实现在一个字符串的任意位置上插入一个字符(要求插入字符的位置由用户从键盘输入)。

第 5 章　函　　数

教学目标

※ 深入掌握函数的概念和定义方法，理解实参与形参的一致性。
※ 理解函数中各种数据传递方法及其差别，掌握指针在数据传递中的用法。
※ 了解函数调用的执行过程，掌握函数嵌套调用和递归调用。
※ 熟练掌握各种存储类型变量在生命周期、作用域方面的特性。
※ 了解函数指针和函数指针的概念，初步掌握通过函数指针引用函数的方法。

在程序设计过程中，为了方便组织人力共同完成一个复杂的任务，通常是将任务划分成多个较小的子任务，每一个子任务都具有一定完整的功能，可以分别由不同的人员来编写调试。在 C 语言中，完成相对独立的子任务的功能是通过函数实现的。

5.1　C 程序结构

1. 结构化程序设计

当需要设计一个用来解决复杂问题的程序时，开始往往无法同时考虑到程序的各个细节，因此也就不可能一下就写出完整、清晰、正确的程序。对此，一个非常有效的方法是逐步分解法(也称为自顶向下的设计方法)。逐步分解是把一个大问题分解成比较容易解决的小问题的过程，这些小问题分别由程序中若干个功能较为单一的程序模块来实现。把原始问题进行分解之后，程序员就不必同时去考虑复杂问题的各个环节了，而是一次只解决一个容易处理的程序模块，然后再把所有的模块像搭积木一样拼合在一起，使它们共同解决原始问题。这种自上而下逐步细化的模块化程序设计方法称为结构化程序设计。

在结构化程序设计中，各个功能模块彼此有一定的联系，但功能上各自独立。各个模块可以分别由不同的人员编写和调试，最后将不同的功能模块连接在一起，成为一个完整的程序。采用结构化程序设计思想能够保证不同的开发人员的工作既不重复，又能彼此衔接。结构化程序设计的特点使得程序设计人员便于立足于全局处理问题(或任务)，考虑如何解决问题的总体关系，而不需要涉及局部细节，有利于构造程序。用这种方法编写的程序，其结构清晰、易读、易写、易理解、易调试、易维护。另外，子模块还可以公用(当需要完成同样任务时，只需多次调用)，从而避免不必要的重复劳动。

C 语言提供了结构化设计的功能，利用函数实现功能模块的定义，通过函数之间的调用将各个模块连接成为一个程序。

例如一个考试成绩管理系统，总任务是记录、管理学生考试成绩。成绩管理系统的功

能模块可划分为：

(1) 成绩录入与输出。

(2) 成绩修改。

(3) 成绩统计。

每个功能模块再进行细化，如图 5.1 所示。

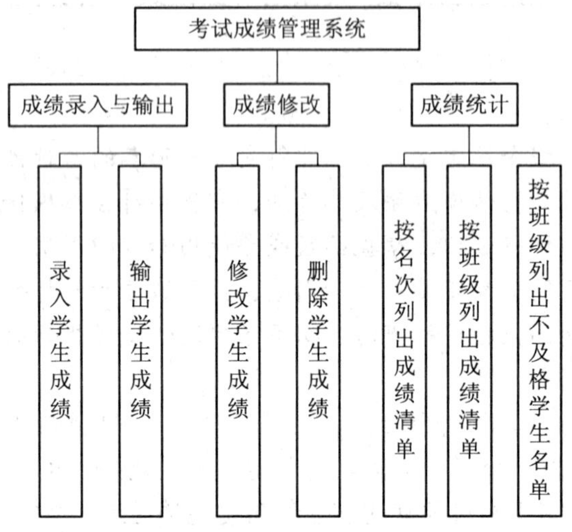

图 5.1　考试成绩管理系统

2. C 程序的一般结构

一个完整的 C 程序可以由多个源程序文件组成，每一个文件中可以包含多个函数，所以可以说 C 程序是由一系列函数构成的，函数是构成 C 程序的基本单位。C 程序的一般结构如图 5.2 所示。

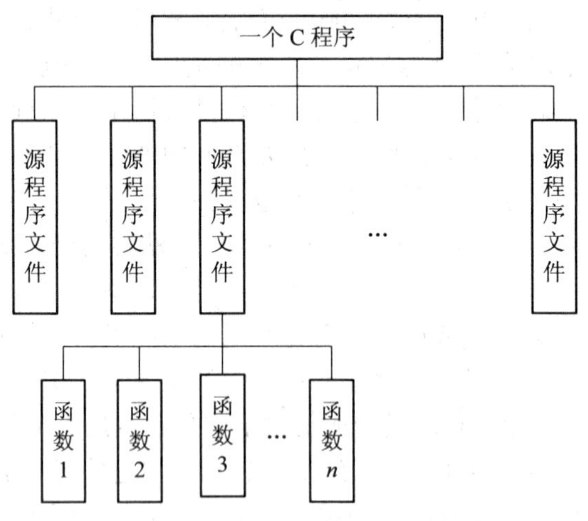

图 5.2　C 程序的一般结构

一个 C 程序由多个函数组成，其中必须有且仅有一个名为 main( )的主函数(主程序)，无论 main( )函数位于程序中什么位置，C 程序总是从 main( )函数开始执行。注意：main( )函数通过调用其他函数来实现所需的功能，但是 main( )函数不能被其他函数调用。

3. C 语言函数的分类

C 语言函数有如下几种分类方法：

(1) 从用户使用的角度，函数分为两种：标准函数和用户自定义函数。

在 C 语言的编译系统中提供了很多系统预定义的函数，用户程序只需包含相应的头文件就可以直接调用这些函数。不同的编译系统提供的库函数名称和功能是不完全相同的。例如在上一章所介绍的字符串处理函数都是系统给我们提供的标准函数，只需要在使用时将头文件 "string.h" 包含进来就可以了。

用户自定义函数：用户根据自己的特殊需要，按照 C 语言的语法规定编写一段程序，实现特定的功能。

(2) 从函数参数的形式角度，函数分为有参函数和无参函数两类。

无参函数：使用该类函数时，不需给函数提供数据信息，就可以直接使用该函数提供的功能。

有参函数：使用该类函数时，必须给该函数提供所需要的数据信息，按照提供的数据不同，在使用该函数后获得不同的结果。

(3) 从是否有返回值的角度，函数分为有返回值函数和无返回值函数两种。

有返回值函数：此类函数被调用执行完后将向调用者返回一个执行结果，称为函数返回值。

无返回值函数：此类函数用于完成某项特定的处理任务，执行完成后不向调用者返回函数值，或简单地称为 void( )函数。具有 void( )返回值的函数，函数调用是独立的、单独的语句。

(4) 从函数调用的角度，函数分为主调函数和被调函数。

主调函数：是调用其他函数来实现功能的函数，如 main()函数。

被调函数：被主调函数调用的函数。如 main()函数中的所有调用的函数就叫被调函数。

主调函数和被调函数是相对而言的。如某些被调函数也会调用其他函数实现某种功能，此时，被调函数相对于这些函数来说就变成了主调函数。

5.2 函 数 定 义

在 C 语言中，函数的含义不是数学计算中的函数关系或表达式，而是一个处理过程。它可以进行数值运算、信息处理、控制决策，即函数是独立完成某种功能的程序块。函数结束时可以返回处理结果，也可以不返回处理结果。函数必须事先定义后才能调用。

5.2.1 无参函数的定义格式

无参函数定义的一般形式为：

```
返回值类型 函数名( )
{
    说明部分
    语句部分
}
```

无参函数定义由函数头部和函数体两部分组成。函数头部包括返回值类型、函数名两个部分；在“{}”内的部分称为函数体，其在语法上是一个复合语句。各部分说明如下：

1. 函数名

函数名是唯一标识函数的名字，它可以是 C 语言中任何合法的标识符，而且在该标识符后面必须有一对圆括号，用来表明该标识符为函数名。函数名的命名最好要有一定的意义，以便能够一见到函数名就能够知道该函数的功能，并且在同一个程序中不同的函数应具有不同的函数名。

2. 函数体

函数中用“{}”括起部分称为函数体，函数体包括说明部分和语句部分。说明部分主要用于对函数内所使用的变量进行定义。语句部分实现函数的功能，它由 C 语言的基本语句组成。

3. 返回值类型

返回值类型是指函数在被调用后给调用者返回的结果所具有的类型，它可以为各种基本数据类型和结构数据类型，其中还包含指针类型和结构体。函数在被调用后也可以没有返回值，此时返回值类型为 void。

例 5.1　编写一个函数，输出"How are you！"。

```
void   output()
{   printf ("How are you!\n");     }
```

有关函数定义的说明：

(1) 函数体内可以是 0 条、1 条或多条语句。当函数体是 0 条语句时，称该函数为空函数。空函数是程序设计的一个技巧。在一个软件开发的过程中，模块化设计允许将程序分解为不同的模块，由不同的开发人员设计。也许某些模块暂时空缺，留待后续的开发工作完成。为了保证整体软件结构的完整性，将其定义为空函数。后续将其完善时，只需加入函数体内的语句即可。注意函数体内无论有多少条语句，大括号是不能省略的。

例如：

```
void dump()
{      }
```

(2) 所有函数都是平行的，即在定义函数时是相互独立的，一个函数并不从属于另一函数，即函数不能嵌套定义，如例 5.2 中的函数定义是错误的。

例 5.2　错误的函数嵌套定义。

```
void   question()
{   printf("How are you?");
    void   answer()              /* 非法，错误的嵌套定义 */
    {     printf("Fine, thank you.");   }
}
```

5.2.2　有参函数的定义格式

有参函数定义的一般形式为：

```
返回值类型  函数名(参数表列)
{
    说明部分
    语句部分
}
```

有参函数定义与无参函数的区别在于有参函数带有参数表列，作用是在函数被调用时接收提供给该函数的数据，以便在函数体内进行处理。

参数表列通常称为形式参数表(简称形参表)。形式参数表的形式为：

类型　参数名 1，类型　参数名 2，…，类型 参数名 n

形参表说明函数参数的名称、类型和数目，由一个或多个参数说明组成，每个参数说明之间用逗号分隔。

例 5.3　将给定的十进制整数转换成相应的字符串输出。

```
#include"stdio.h"
void change ( int n )
{
    char str[10];
    int i;
    if ( n<0 )
    {       putchar ('-');          /* 如果是负数，先输出一个 '-' 号 */
            n = -n;                 /* n 转换成正数 */
    }
    i = 0;
    do{
        str[i++] = n%10 + '0';      /* 依次取出个、十、百……位数值，转换成相应的字符 */
        n /= 10;
    } while ( n>0 );
     while ( --i >= 0 )   putchar ( str[i] );      /* 倒序输出 */
}
void main()
{   int i;
    printf("Please input an integer number:");
    scanf("%d",&i);
    printf("The string is:");
    change(i);                                     /* 调用有参函数 */
}
```

程序的运行结果为：

```
Please input an integer number:139
The string is:139
```

5.2.3　函数的返回值与 return 语句

调用者在调用函数时，函数有时需要把处理的结果返回给调用者，这个结果就是函数的返回值。函数的返回值是由 return 语句传递的。return 语句是跳转语句，用于从函数返回，使执行返回(跳回)到函数的被调用点。return 可以有也可以没有与其相关的值。有值的 return 语句仅用在带有非 void 返回类型的函数中，在此情形下，与 return 有关的值成为该函数的返回值；无值的 return 常用于从 void 函数返回。

形式：

return (表达式);

return 表达式;

return;

因此，return 语句具有两个重要的用途：第一，使函数立即退出程序的执行，返回给调用者；第二，可以向调用者返回值。

例 5.4　定义一个函数，其功能为求三个整数中的最大值。

```
#include"stdio.h"
int max(int x, int y, int z)
{   int temp;
    temp=x;
    if(y>temp)        temp=y;
    if(z>temp)        temp=z;
    return temp;
}
void main()
{
    int a, b, c ;
    int max_value;
    printf("Please input 3 integer numbers:");
    scanf( "%d%d%d",&a,&b,&c);
    max_value=max(a, b, c);
    printf(" \nThe max value is %d.\n ",max_value);
}
```

程序的运行结果为：

```
Please input 3 integer numbers:3 8 7
The max value is:8
```

说明：

(1) return 语句中表达式的类型应与函数返回值类型一致，如果不一致，则以函数返回值的类型为准，对于数值型数据将自动进行类型转换。

(2) 一个函数中可以有多个 return 语句，函数在碰到第一个 return 语句时返回，且返回值为第一个 return 语句中表达式的值。例如：

```
float outfloat()
{
    float x=1.8, y=9.8;
    return (x+7);
    return (y-3);
}
```

函数运行到“return (x+7);”时就结束了，返回值为8.8。

(3) 若函数体内没有return语句，就一直执行到函数体的末尾后再返回调用函数，这时会带回一个不确定的函数值。若确实不要求带回函数值，则应将函数定义为void类型。利用void声明，可以阻止在表达式中错用此类函数，因为void类型函数不能用于表达式中。在C的旧版本中，如果非void类型函数执行不含值的return语句，则返回无用值，但在C的新版本和C++中，非void函数必须使用有值的return语句。

(4) 主函数main()向调用进程(一般是操作系统)返回一个整数。用return从main()中返回一个值等价于用同一值调用exit()函数。如果main()中未明确返回值，返回调用进程的值在技术上没有定义。实践中，多数C编译程序在无明确返回值的情况下，自动返回零，但考虑可移植性时，不应该依赖于这种特性。

5.3 函数调用和函数说明

函数在定义之后并不能主动运行，必须通过对函数调用才能实现函数的功能。一个函数可以被其他函数多次调用(main( )函数不能被任何函数调用)，调用函数的函数称为主调函数，被调用的函数称为被调函数。如果被调函数是有参函数，主调函数在调用时需将数据传递给被调函数，从而得到所需要的处理结果。

5.3.1 函数调用的形式

无参函数调用形式为：

函数名()

例如，调用例5.1所定义的greeting()函数形式如下：

greeting();

有参函数调用形式为：

函数名(参数表)

例如，调用例5.3定义的有参函数形式如下：

```
int x=123;
change(x);
```

说明：

(1) 函数调用语句中函数名与函数定义的名字相同。

(2) 对标准函数不需要定义，可以直接调用，但要使用#include包含标准函数所在的头文件。例如：调用“getchar()”，在程序首部需写#include "stdio.h"。标准函数被包含在哪个

头文件，可查阅标准库函数使用手册。

(3) 有参函数调用时参数表中列出的参数是实际参数(简称实参)。实参的形式为：

参数 1，参数 2，…，参数 n，

各参数间用逗号隔开。实参与形参要保持顺序一致、个数一致、类型一致。实参与形参按顺序一一对应，传递数据。

(4) 实参可以是一个表达式或者值。对实参表求值的顺序并不是确定的，Visual C++ 6.0 系统是按自右向左的顺序求值的。

5.3.2　函数调用的方式

按照被调函数在主调函数中出现的位置来分，可以有以下三种函数调用方式：

(1) 函数调用作为一个语句。如例 5.1 中的

```
output();
```

这时被调函数返回值类型为 void，只要求函数完成一定功能。

(2) 函数调用出现在表达式中，这时要求被调函数必须带有返回值，返回值将参加表达式的运算。

例 5.5　库函数 pow(a,b)的功能是求 a^b，在主函数中调用该函数的程序为：

```
#include<stdio.h>
#include<math.h>
void main( )
{   int a=2, b=3, i=3, j=2;
    double c;
    c = pow(a,i) + pow(b,j);
    printf("c=%f",c);
}
```

程序运行结果为：

```
c=17.000000
```

(3) 函数调用作为函数的实参。例如：

```
int   m;
m=pow(3,pow(2,2));
```

按照 Visual C++ 6.0 系统自右向左的顺序求实参的值，其中先调用 pow(2,2)，它的返回值作为 pow 另一次调用的第 2 个实参。

对于有返回值的函数，函数调用既可作为表达式使用也可作为函数的实参使用；而对于无返回值的函数，函数调用则只能作为语句使用。

5.3.3　函数说明

在函数调用过程中，如果被调函数(函数返回值类型为 int 除外)的定义出现在主调函数之后，则在主调函数中必须对该被调函数进行原型说明。

函数原型说明的一般形式为：

返回值类型 函数名(参数类型表);

其中，圆括号说明它前面的标识符是一个函数，不能省略，如果省略，就成为一般变量的说明了；参数类型表的形式与函数定义的形参表相同，可以只列出形参的类型名而不需给出参数名(即参数名可省)。但应注意，函数定义的形参表中的参数名不能省。函数原型说明放在主调函数函数体中的数据说明位置或函数体外主调函数定义之前。

例 5.6 定义一个函数，函数 suv()功能为求两个浮点数之差，并在主函数中调用此函数。

```
#include "stdio.h"
void main()
{
    float suv(float,float);     /* 对 suv 函数进行说明 */
    float x1,x2,x3;
    printf("input x1,x2:");
    scanf("%f%f",&x1,&x2);
    x3=suv(x1,x2);
    printf("\nsuv=%6.2f",x3);
}
float suv(float x, float y)
{   printf("%f,%f",x,y);
    return(x-y);
}
```

程序运行结果为：

```
input x1,x2:5.1 6.2
5.100000 6.200000
suv= -1.10
```

从函数的原型说明形式中可以看出，它与函数定义是不同的。函数定义是对函数的一个完整的描述，它包括函数的类型、函数名、形参说明以及函数体等；而函数原型说明比较简单，它只是说明被调用函数的返回值类型及形参类型，以便在主调函数中对被调函数的调用按所说明的类型进行处理。如在例 5.6 中，对函数 suv( )进行原型说明后就可以对函数 suv( )进行调用了。在调用时，函数 suv( )的调用结果按照所说明的类型(float 型)参加运算。

C 语言中规定在下列几种情况下，可以省去主调函数中对被调函数的说明：

(1) 如果被调函数定义出现在主调函数定义之前，在主调函数中不必对被调函数进行原型说明。

如将例 5.6 中的 suv( )函数的定义放在 main( )函数之前，即可去掉 main( )中的函数声明语句。

(2) 如在所有函数定义之前，在函数外预先说明了各个函数的类型，则在以后的各主调函数中，可不再对被调函数作说明。

如将例 5.6 中的 suv( )函数说明语句放在 main( )函数外，所有函数定义前，则各主调函数中无需对 suv( )函数再作说明。

(3) 对库函数的调用不需要再作说明，但必须把该函数的头文件用#include 命令包含在源文件头部。

5.3.4　函数调用的执行过程

函数调用过程就像人们阅读书籍时碰到不认识的单词去查字典的过程，需要做调用初始化和善后处理工作。所谓调用初始化，就是转入查字典之前的一系列操作，如记录阅读的中断点、保护现场，并把要查的单词传递过去，然后才转入到查字典过程。在查到该单词后，将它的含义和读法作为查找字典的结果值带回到阅读的中断点继续往后阅读。

函数调用过程与此类似，调用时要保护现场，将参数压入堆栈，并查到被调用函数的入口地址，同时把返回到主调函数的地址压入堆栈。调用结束时，要恢复现场，即从堆栈中弹出返回值和返回地址，以便实现流程控制的返回。显然函数调用必然要有一定的时间和空间的开销，从而影响执行效率。

例 5.7　编写计算求 n! 的函数。

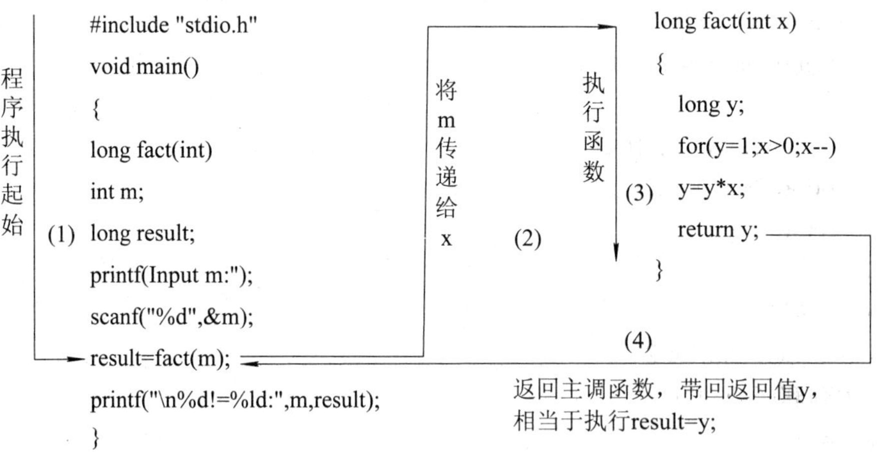

程序运行结果：

```
Input m: 3
3!=6
```

调用函数的过程分为如下几步：

第一步，将实参的值赋给形参。实参和形参的关系如同赋值表达式的右操作数与左操作数的关系。对于基本类型的参数，如果实参的类型与形参的类型相同，则实参直接赋值给形参；否则实参按形参的类型执行类型转换后再赋给形参。如果实参是数组名，因为数组名表示数组的起始地址，所以实参传递的是数组的起始地址，而不是变量的值。

第二步，将程序执行流程从主调函数的调用语句转到被调函数的定义部分，执行被调函数的函数体。

第三步，当执行到被调函数函数体的第一个 return 语句或者最右边的一个大花括号时，程序执行流程返回到主调函数的调用语句。如果调用语句是表达式的一部分，则应用函数的返回值参与表达式运算之后继续向下执行；如果调用语句是单独一条语句，则继续向下执行。

第四步，返回主调函数，带回返回值。

5.4　函数的嵌套调用和递归调用

5.4.1　函数的嵌套调用

函数定义部分不能嵌套，各个函数定义是相对独立的，但是任何函数内部都可以调用另外的函数(不包含 main()函数)。这样一个函数调用另一个函数，而另一个函数又可以调用其他函数的调用过程，就形成了函数的嵌套调用。

例 5.8　编写计算 $C_n^m=\frac{n!}{m!(n-m)!}$ 值的程序。

```
#include<stdio.h>
long   fact(int x)                    /* 计算 x 的阶乘 */
{   long   y;
    for(y=1;x>0;x--)       y=y*x;
    return(y);
}
long   require(int n,int m)           /* 计算 C(n,m)的值 */
{   long   z;
    z=fact(n)/(fact(m)*fact(n-m));
    return z;
}
void main()
{
   int m,n;
    long int result;
    printf("input n and m: ");
    scanf("%d,%d",&n,&m);
    result=require(n,m);
    printf("\nresult=%ld;",result);
}
```

程序运行结果为：

```
input n and m: 3,1
result=3;
```

在这个程序中，函数嵌套调用执行顺序如图 5.3 所示。

函数 fact()和函数 require()分别定义、互相独立。程序从 main()函数开始执行，调用函数 require()的过程中又调用函数 fact()，这样的调用过程就称为函数的嵌套调用。

一般来讲，C 语言在原则上没有限制函数嵌套调用的深度，即可以嵌套任意个层次，但实际上函数嵌套的层数会受到系统资源条件的限制。

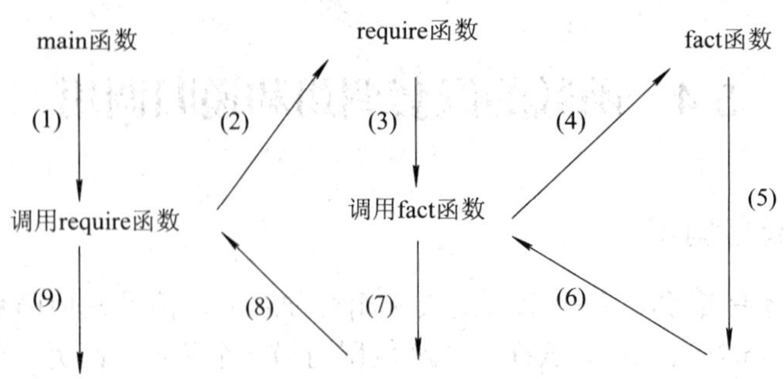

图 5.3　函数嵌套调用执行顺序

5.4.2　函数的递归调用

在调用一个函数的过程中如果出现直接或间接调用函数自身(除主函数 main()外)的过程，称为函数的递归调用。C 语言的特点之一就在于允许函数递归调用。函数递归调用分为直接调用和间接调用，执行过程分别如图 5.4 和图 5.5 所示。

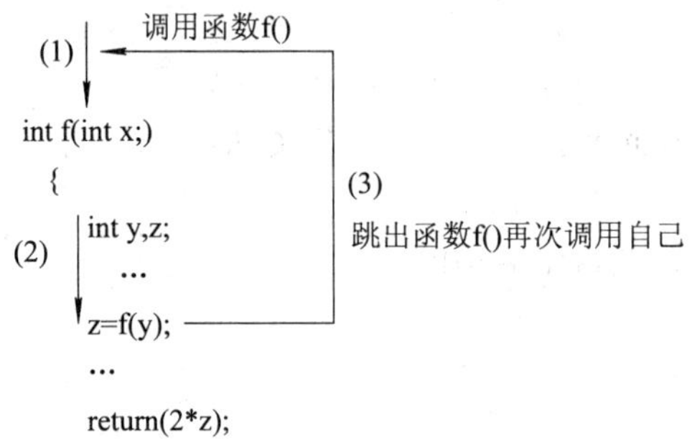

图 5.4　函数直接递归调用过程

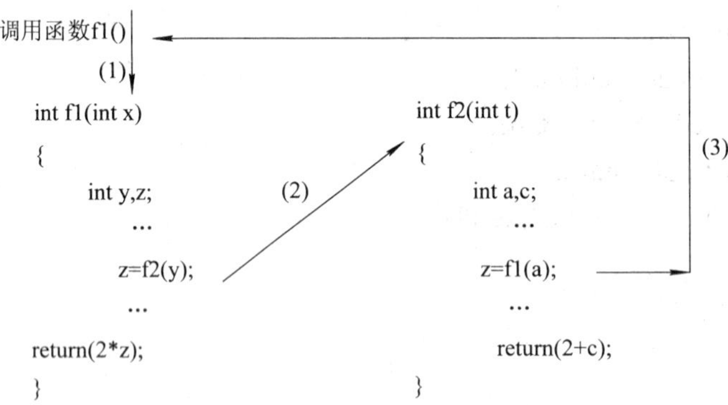

图 5.5　函数间接递归调用过程

从图 5.4 函数执行过程中可以看出，在调用函数 f()的过程中又调用函数 f()，这种调用过程是直接递归调用。

图 5.5 表示了间接递归调用自身的函数调用过程。

从递归函数的执行过程可以看到，以上两种递归调用都是永远无法结束的自身调用，程序中不应存在这种无终止的递归调用，而只应出现有限次数的、有终止的递归调用。解决方法是可利用 if 语句来控制循环调用自身的过程，将递归调用过程改为当某一条件成立时才执行递归调用，否则就不再执行递归调用过程。图 5.6 显示了这种方式。

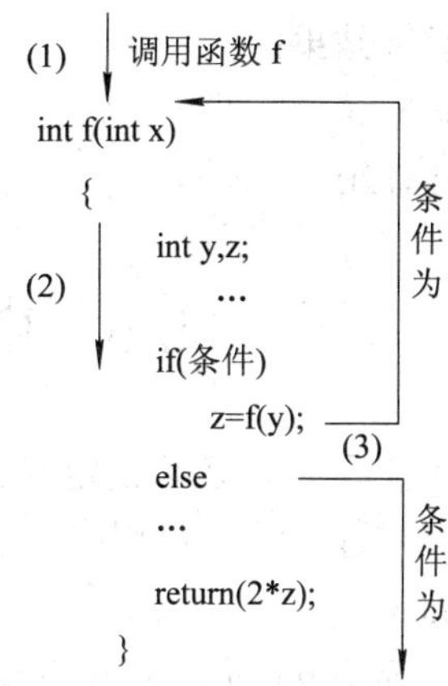

图 5.6　带 if 语句的函数递归调用过程

例 5.9　用递归方法求 n!。

算法分析：

计算 f(n)=n! 的公式如下：

$$f(n)=\begin{cases}1 & (n=0,\ 1)\\ n\times(n-1)! & (n>1)\end{cases}$$

当 n>1 时，计算 n! 的公式是相同的；当 n=0 或 1 时，n! 的值为 1。所以可用一个递归函数来表示上述关系，其求解过程如图 5.7(以求 5! 为例)所示。

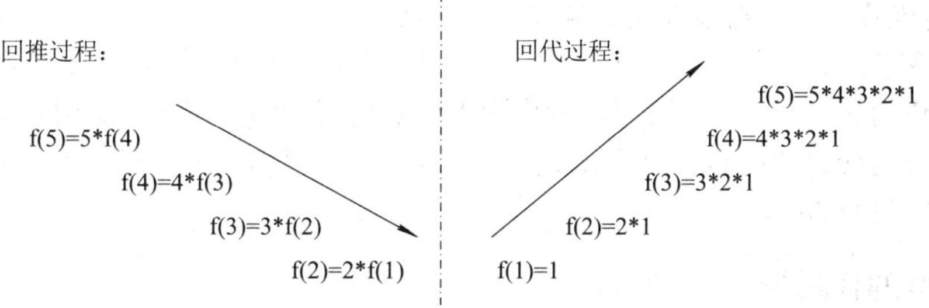

图 5.7　递归函数求解过程

程序如下：

```
#include <stdio.h>
long fac(int n)
{
  if(n<0) {    printf("n<0,data error!");    return 0;  }
  else if(n==0||n==1)         return    1;
  else          return(fac(n-1)*n);
}
void main()
{   int n;
    long y;
    printf("n=");
    scanf("%d",&n);
    y=fac(n);
    printf("\n%d!=%ld",n,y);
}
```

程序运行结果：

```
n=5 ↙
5!=120
```

5.5 变量的作用域与存储方式

变量在使用之前必须先定义。在定义变量时，要用数据类型关键字说明变量为某一个数据类型；在程序编译过程中，会根据变量的数据类型为其分配相应的存储空间。例如：

```
int x;
```

数据类型关键字 int 说明 x 为整型变量，在 Visual C++ 6.0 环境中会分配 4 个字节大小的存储单元给变量 x。

为变量指明数据类型只是有关定义变量的一部分内容，实际上变量的定义除了与变量的数据类型有关外，还与变量定义的位置和存储类型有关。

变量的完整定义语句格式如下：

<存储类别>　<数据类型> 变量名[=初始值]；

完整的变量定义语句包括三个方面：一是变量的数据类型，例如 int、float、char 等；二是变量的作用域，表示一个变量在程序中能够被使用到的范围，它是由变量定义所在位置决定的；三是变量的存储类别，表示变量在内存中的存储方式，直接决定了变量占用分配给它的存储空间的时限。

5.5.1 变量的作用域

变量的作用域指的是变量在程序中能够被使用到的范围，通常分为“局部”和“全局”两种，相应的变量称为局部变量和全局变量。

1. 局部变量

在函数内部定义的变量、形参及复合语句块中定义的变量都称为局部变量。局部变量只在定义它的函数内或复合语句内有效，其他的函数或程序块不能对它进行存取操作。因此，在不同函数内定义的局部变量可以同名，它们代表的对象不同，互不影响。

例 5.10 分析程序中变量的作用范围。

```
void f1(float a, float b, float c)
{
    …                          } 形参 a、b、c 的作用范围
}
float f2(float x， int n )
{
   int   i,j;                  } 形参 x、n，变量 i、j 的作用范围
   …
}
void main()
```

```
{   int i,j;
    f1(i,i,j);
    …
    for(i=0;i<10;i++)
    {
        float x,y;
        …
    }
    …
    f2(i,j);
}
```

（变量 x、y 的作用范围：从 float x,y; 到内层 }）

（变量 i、j 的作用范围：从 int i,j; 到 f2(i,j);）

关于局部变量有如下几点说明：

(1) 主函数 main()中定义的变量只在主函数中有效，在其他函数中无效。

(2) 函数中的形参也是局部变量，只在本函数内有效。

(3) 在一个函数内部复合语句中可以定义变量，这些变量只在本复合语句中有效。

例 5.11　分析下面程序的运行结果。

```
#include <stdio.h>
void main( )
{   int x;                  /* 主函数内定义的局部变量 */
    x=10;
    if (x= =10)
    {   int x;              /* if 复合语句中定义的局部变量 */
        x=100;
        printf("Inner x: %d\n",x);
    }
    printf("Outer x: %d\n",x);
}
```

程序的运行结果为：

```
Inner x:100
Outer x:10
```

(4) 不同函数的内部可以定义相同名字的变量，它们的名字虽然相同，但代表的对象却不同，为它们分配的存储单元也不同。

2. 全局变量

全局变量又称外部变量、全程变量，是在函数外部定义的变量。其有效范围为从定义变量的位置开始到本源文件结束。全局变量的使用说明如下：

(1) 尽量限制全局变量的使用。首先，因为全局变量在程序的全部执行过程中都占用存储单元，而不是仅在需要时才开辟单元。这样就使得内存空间的使用率降低。其次，全局变量是在函数外部定义的，访问全局变量的函数在执行时要依赖于其所在的外部变量。最后，在同一文件中的所有函数都能引用全局变量的值。

(2) 全局变量的定义与说明有所区别。全局变量同局部变量一样，也遵循先定义后使用的原则。注意每个全局变量只能定义一次，否则编译程序时将出错，而且最好定义在使用它的所有函数之前。如果在全局变量定义之前的函数要使用全局变量，只能对这个全局变量进行说明，而不能再次定义。

(3) 同一个源文件中局部变量与全局变量可以同名，在局部变量的作用范围内，全局变量被屏蔽不起作用。

例 5.12 全局变量的作用域范围。

```
float x,y;
void f1(int  m)
{
  float p;
  …
}
int k1,k2;
float f2(int m,int n )
{
  int i,j;
  …
}
void main()
{
  …
}
```

全局变量 k1、k2 的作用范围（int k1,k2; 至程序末尾）

全局变量 x、y 的作用范围（float x,y; 至程序末尾）

例 5.13 在程序中使用同名的全局变量与局部变量。

```
#include <stdio.h>
int a=4,b=7;                    /* a、b 为外部变量 */
int max (int a, int b)          /* a、b 为局部变量 */
{
    int c;
    c=a>b?a:b;                  /* 形参 a、b 的作用范围 */
    return (c);
}
void main ( )
{
  int a=9;      /*a 为局部变量*/
  printf("max=%d", max(a,b)); /* 全局变量与局部变量同名，全局变量 a 失效，b 为全局变量*/
}
```

程序运行结果为：

```
max=9
```

5.5.2　动态存储方式与静态存储方式

在 C 程序运行时占用的存储空间通常分为三个部分：程序区、静态存储区和动态存储区。程序区中存放的是程序执行时的机器指令，数据分别存放在静态存储区和动态存储区中。数据存储可分为静态存储和动态存储方式。静态存储方式就是程序运行期间为变量分配固定的存储空间，变量存储在静态存储区；而动态存储方式是程序运行期间根据需要为变量动态分配存储空间，变量存储在动态存储区。

在 C 语言中每一个变量和函数都有两个属性：数据类型和存储类别。数据类型在前面已经介绍过。存储类别分为两大类：静态存储类别和动态存储类别，具体包括四种，即自动(auto)、静态(static)、寄存器(register)和外部(extern)。

1. 局部变量的存储方式

局部变量因其存储类别不同，可能放在静态存储区，也可能放在动态存储区。

(1) 自动局部变量(简称自动变量)。用关键字 auto 作存储类型说明，存储在动态存储区。当局部变量未指明存储类别时，默认为 auto 存储类别。

(2) 静态局部变量。用关键字 static 作存储类型说明，存储在静态存储区，在程序运行期间占据一个永久性的存储单元，即使在退出函数后，存储空间仍旧存在，直到源程序运行结束为止。注意形参不允许说明为静态存储类别。

例 5.14　分析下面程序的运行结果。

```
#include "stdio.h"
void f1()
{   int x=0;      /*A*/
    x++;
    printf("x=%d\n",x);
}
void main()
{   f1();
    f1();
}
```

程序运行结果为：

```
x=1
x=1
```

f1()函数中自动变量 x 在函数结束时会被释放，当再次调用函数时需要进行重新定义，即执行“int　x=0;”语句。所以两次调用 x 的值都为 1。若将注释 A 处所在的语句改为“static int x=0;”，则程序运行结果为：

```
x=1
x=2
```

因为静态变量存储在静态存储区，直到程序运行结束后才被释放，所以静态变量的初始化语句只能被执行一次。在 f1()函数中将 x 说明成静态变量，x 只在编译阶段初始化一次，初值为 0。f1()函数第一次被调用时，执行 static int　x=0 语句，调用结束后值为 1；第二次调用时 static int　x=0 语句不再被执行，x 的初值是上次调用结束后的 x 值，因此输出 x 值为 2。

(3) 寄存器变量是将局部变量的值放在 CPU 的通用寄存器中，以此来提高程序的执行效率。寄存器变量用关键字 register 说明。

例 5.15　计算 $s = x^1 + x^2 + x^3 + \cdots + x^n$，x 和 n 由键盘输入。

```
#include "stdio.h"
long sum(register int x, int n)
{   long result;
    int i;
    register int temp;
    temp=result=x;
    for(i=2;i<=n;i++)
    {   temp*=x;
        result+=temp;
    }
    return result;
}
void main( )
{   int x,n;
    printf("input x,n:");
    scanf("%d,%d",&x,&n);
    printf("sum=%ld\n",sum(x,n));
}
```

执行并输入：

```
input x,n:3,4
sum=120
```

说明：

(1) 寄存器变量的数据类型。传统上，存储类型说明符 register 只适于 int、char 或指针变量。然而，标准的 C 语言拓宽了它的定义，使之适用于各种变量。但在实践中，register 一般只对整型和字符型有实际作用。因此，一般不期望其他类型的 register 变量实质性地改善处理速度。

(2) 寄存器变量的存储。最初，寄存器变量(register)说明符要求 C 编译程序把寄存器变量的值保存在 CPU 寄存器中，不像普通变量那样保存在内存中。目前，虽然 register 的定义被扩展，可应用于任何类型的变量，然而在实践中，字符和整数仍放在 CPU 的寄存器内，数组等大型对象显然不能放入寄存器，但只要声明为 register 变量，还是可以得到编译程序优化处理的。基于 C 编译的实现和运行的操作系统环境，编译程序可以用自己认为合适的一切办法来处理 register 变量。

(3) 寄存器变量的存储类别。只有局部自动变量和形式参数可说明为寄存器变量，局部静态变量不能定义为寄存器变量，例如不能写成：

```
register  static  a，b;
```

因此，全局寄存器变量是非法的。因为不能把变量既放在静态存储区中又放在寄存器中，二者只能居其一。

(4) 寄存器变量的数量。一个计算机系统的寄存器数目是有限的，不能定义任意多个寄存器变量。一些操作系统对寄存器的使用做了数量的限制，或多或少，或根本不提供，用自动变量来替代。

注意：C 语言中不允许取寄存器变量的地址，因为寄存器变量可以放在 CPU 的寄存器中，该寄存器通常是不编地址的。

2. 全局变量的存储方式

全局变量的存储方式为静态存储，在静态存储区分配存储单元，分为外部存储全局变量和静态全局变量，分别用 extern 和 static 关键字说明。

1) 外部存储全局变量

说明：

① 外部存储全局变量在程序被编译时分配存储单元，它的生命周期是程序的整个执行过程，其作用域是从外部存储全局变量定义之后，直到该源文件结束的所有函数。

② 外部存储全局变量初始化是在外部存储全局变量定义时进行的，且其初始化仅执行一次。若无显式初始化，则系统自动将其初始化为与变量类型相同的 0 值(整型 0，字符型'\0'，浮点型 0.0)。在有显式初始化的情况下，初值必须是常量表达式。外部变量在程序执行之前分配存储单元，在程序运行结束后才被收回。

③ 用 extern 既可以用来扩展全局变量在本文件中的作用域，又可以使全局变量的作用域从一个文件扩展到程序中的其他文件。系统在编译时遇到 extern 时，先在本文件中找全局变量的定义，如果找到，就在本文件中扩展作用域。如果找不到，就在连接时从其他文件中找全局变量的定义，如果找到，就将作用域扩展到本文件；如果找不到，则按出错处理。

例 5.16　用 extern 将全局变量的作用域扩展到其他文件。本程序的作用是给定 b 的值，输入 a 和 m，求 a × b 和 a^m 的值。

文件 filel.c 中的内容为：

```
int A;                                  /* 定义全局变量 */
void main( )
{   int power(int);                     /* 对调用函数作声明 */
    int b=3,c,d,m;
    printf("enter the number a and its power m:\n");
    scanf("%d,%d",&a,&m);
    c=A*b;
    printf("%d*%d=%d\n",A,b,c);
    d=power(m);
    printf("%d*%d=%d",A,m,d);
}
```

文件 file2.c 中的内容为：

```
extern A;                    /* 声明 A 为一个已定义的全局变量 */
int power(int n)
{   int i,y=1;
    for(i=1; i<=n;i++)   y=y*A;
    return(y);
}
```

可以看到，file2.c 文件中有 extern 声明语句，它声明在本文件中出现的变量 A 是一个已经在其他文件中定义过的全局变量，本文件不必再次为它分配内存。本来全局变量 A 的作用域是 file1.c，但现在用 extern 声明将其作用域扩大到 file2.c 文件。假如程序有 5 个源文件，在一个文件中定义全局整型变量 A，则其他 4 个文件都可以引用 A，但必须在每一个文件中都加上“extern A;”声明语句。在各文件经过编译后，将各目标文件连接成一个可执行文件。

2) 静态全局变量

静态全局变量用关键字 static 作存储类型说明。说明:

① 静态全局变量只能在定义它的源文件中对其进行引用，在其他的源文件中即使用 extern 对其进行说明也不能对它进行引用。

② 在同一个源文件内，静态全局变量或者外部存储全局变量的作用域都是从定义处至本程序文件的末尾。如果外部变量不在文件的开头处定义，其有效范围只限于定义处到文件末尾。如果在定义点之前的函数想引用该外部变量，则应该在引用之前用 extern 对该变量作“外部变量说明”，以扩展外部变量的作用域。

例 5.17 全局变量作用域范围的扩展。

```
#include "stdio.h"
extern float x,y;     /* 对全局变量 x、y 进行说明 */
void main()
{   void func1();
    int i， j;
    x=3；
    y=9；
    …
}
static float x,y;      /* 对全局变量 x、y 进行定义 */
void func1()
{   int n;
    y=y+x;
    …
}
```

在该程序中，对静态全局变量 x、y 进行定义，在主函数中对变量 x、y 的引用是在它们被定义之前，所以需要用 extern 进行说明，如果先定义后引用就不必进行说明。注意：

对静态全局变量说明时应省略存储类别 static，书写成 extern float x,y;，否则在编译时会出现错误。

③ 静态全局变量与外部存储全局变量的存储单元都是在静态存储区中，所以它们在整个程序的运行期间都是有效的。

5.6 函数间的数据传递

在函数调用时，由主调函数将实参的值传送给被调函数的形参，或者由被调函数向主调函数返回数据的过程都称为函数间的数据传递。被调函数的形参接受的是实参的值(实参的副本)而不是实参的地址，形参和实参变量各自存在于不同的存储单元，是不同的变量。按照实参传递值的类型(即实参存储的是值还是指针)，函数间的数据传递分为两种方式：传值方式和传地址方式。

5.6.1 传值方式传递数据

当实参为简单类型变量或者数组元素时，实参的值在函数调用时被传递给形参，但形参的值在函数返回时不能传递给实参。因为在内存中，实参与形参是不同的存储单元，在调用函数时给形参分配存储单元，并将实参对应的值赋值给形参，由于形参是被调函数中的局部动态变量，调用结束后形参被释放，实参仍然保留并维持原值。

例 5.18 编写程序，调用函数 change()，交换两个整型变量的值。

```
#include "stdio.h"
void change(int x,int y)     /* 交换 x 和 y 的值 */
{   int temp;
    temp=x;   x=y;   y=temp;
    printf("x=%d,y=%d\n",x,y);
}
void main( )
{   int a,b;
    printf("input a,b:");
    scanf("%d,%d",&a,&b);
    printf("a=%d,b=%d\n",a,b);
    change(a,b);
    printf("a=%d,b=%d\n",a,b);
}
```

程序运行结果：

```
input a,b:2,3
a=2,b=3;
x=3,y=2;
a=2,b=3;
```

程序执行过程中实参与形参的变化过程如下：

(1) 主函数调用 change()函数(执行语句 change(a, b))的过程如图 5.8 所示。

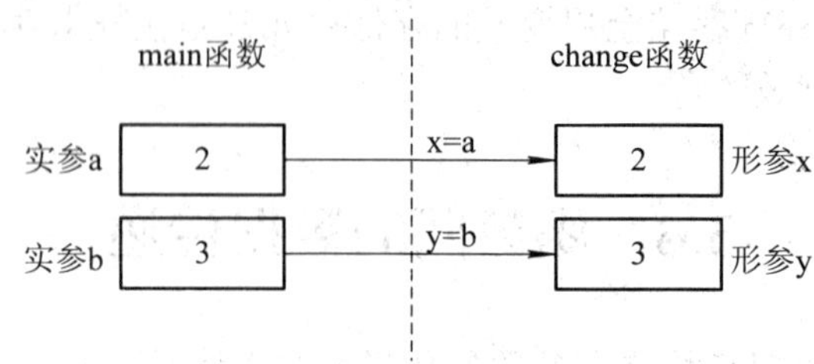

图 5.8　主函数调用 change()函数的过程(传值方式)

(2) 程序流程转到 change()函数执行的过程如图 5.9 所示。

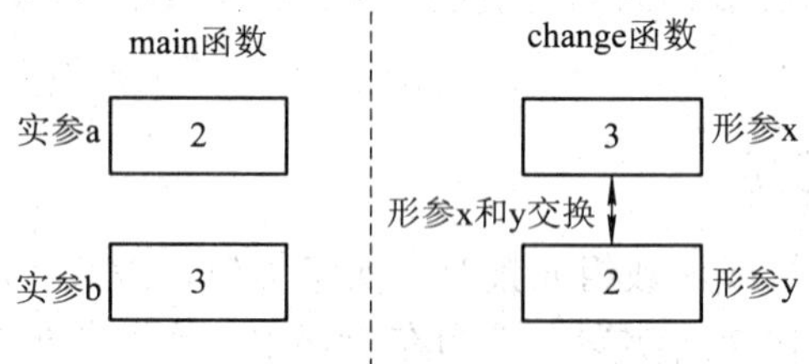

图 5.9　程序流程转到 change()函数执行的过程(传值方式)

(3) change()函数调用结束，返回主函数的过程如图 5.10 所示。

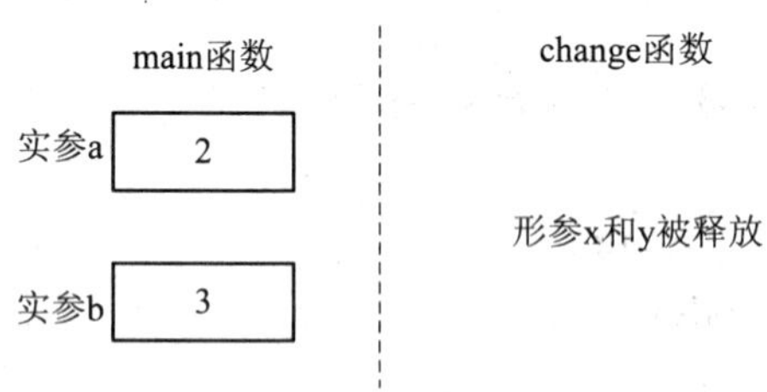

图 5.10　change()函数调用结束，返回主函数的过程

从例 5.18 可以看到，函数间通过传值的方式实现数据传递是无法在被调函数中改变主调函数中实参的值的。

5.6.2　传地址方式传递数据

如果实参的值是指针类型，也就是一个变量的内存地址，在将实参的值传递给形参时，被调函数形参所接受的是这个变量的内存地址，则在函数内可以通过地址改变实参所指向的数据，这种传递数据的方式称为传地址方式。

1. 指针作为实参传递

例 5.19　修改例 5.18，通过调用函数 change()交换主调函数中两个整型变量的值。

```
#include "stdio.h"
void change(int *x,int   *y)
```

```
    {   int   temp;
        temp=*x;    *x=*y;    *y=temp;
        printf("x=%d,y=%d      ",*x,*y);
    }
    void main()
    {   int a,b,*m,*n;
        printf("input a,b: ");
        scanf("%d,%d",&a,&b);
        printf("a=%d,b=%d\n",a,b);
        m=&a;
        n=&b;
        change(m,n);
        printf("a=%d,b=%d\n",a,b);
    }
```

程序运行结果：

```
input a,b:2,3
a=2,b=3;
x=3,y=2;
a=3,b=2;
```

程序执行过程中，实参与形参的变化过程如下：

(1) 主函数调用函数 change()(执行语句“change(a, b)”)的过程如图 5.11 所示。

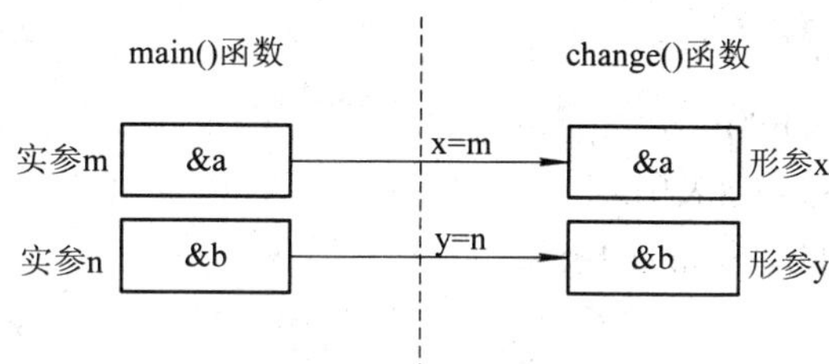

图 5.11　主函数调用函数 change()的过程(传地址方式)

(2) 程序流程转到函数 change()执行的过程：

步骤 1：在函数 change()中通过“*”运算访问主函数中实参所指向的变量 a、b，其过程如图 5.12 所示。

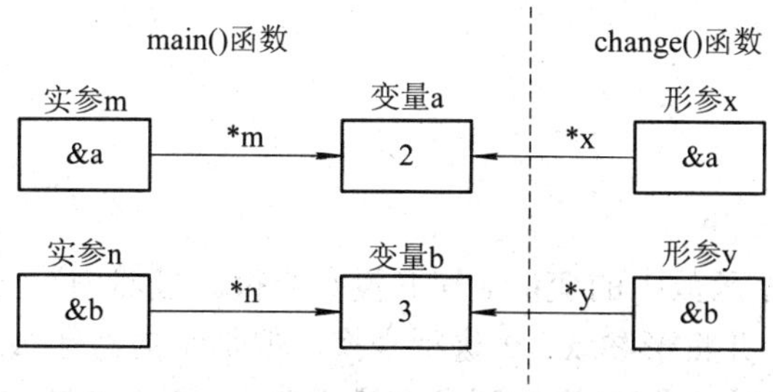

图 5.12　执行函数 change()的过程一

步骤 2：在函数 change()中交换主函数中实参所指向的变量 a、b 的值，其过程如图 5.13 所示。

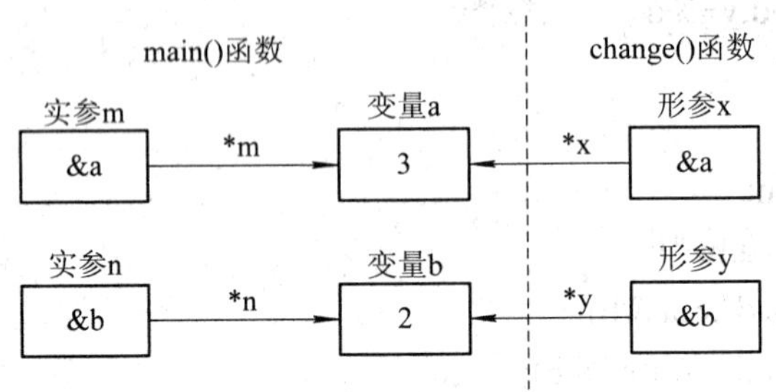

图 5.13　执行函数 change()的过程二

利用指针作为函数参数能够在被调函数中改变主调函数中实参所指向的存储单元的值，但是“使用指针以后可以通过改变被调函数的形参来改变主调函数的实参”的想法是错误的，参看例 5.20。

例 5.20　按传地址方式传递数据，对例 5.18 的程序进行修改，并分析其运行结果。

```
#include "stdio.h"
void change(int *x,int   *y)
{   int   *temp;
    temp=x;      x=y;      y=temp;
    printf("x=%d,y=%d\n",*x,*y);
}
void main()
{   int a,b,*m,*n;
    printf("input a,b:");
    scanf("%d,%d",&a,&b);
    printf("a=%d,b=%d\n",a,b);
    m=&a;
    n=&b;
    change(m,n);
    printf("a=%d,b=%d\n",a,b);
}
```

程序运行结果：

```
input a,b:2,3
a=2,b=3;
x=3,y=2;
a=2,b=3;
```

从运行结果看到，主函数中的变量 a 和 b 没有交换。虽然函数 change( )中形参 x、y 接受了变量 a、b 的地址，并将形参 x、y 进行交换，但是结果为什么还不正确呢？原因是在数据传递时是将实参 a 和 b 的指针送给形参变量 x 和 y，而在函数 change( )中将指针 x 和 y

的内容进行互换，并没有交换指针 x 和 y 所指向的存储单元的值。也就是说，实参所指向的变量 a、b 的值没有进行交换，所以该程序的运行结果不正确。

注意：如果要在被调函数中改变主调函数中变量的值，首先实参为该变量的地址，并传递给形参；其次在被调函数的函数体内，必须通过改变形参所指向变量的方式来改变实参指向的变量，而仅仅改变形参的值是无法改变形参所指向的主调函数中变量的值的。

2. 数组名作为实参传递

在 C 语言中，数组名代表了该数组在内存中的起始地址，当数组名作函数参数时，实参与形参之间传递的就是数组起始地址。

说明：当数组名作为函数的参数时，在主调函数和被调函数中要分别定义数组，实参数组和形参数组必须类型相同，形参数组可以不指明长度。

例 5.21　调用函数 change()，交换主调函数中数组的两个任意元素。

```
#include "stdio.h"
void  change(int x[],int n,int i,int j)          /*形参 n 表示数组的长度*/
{  int temp;
   if(n>i&&n>j)
   {  temp=x[i];   x[i]=x[j];   x[j]=temp;
      printf("x[%d]=%d,x[%d]=%d\n",i,x[i],j,x[j]);
   }
   else
       printf("数组元素下标 i 或 j 越界");
}
void main()
{  int a[10]={0,1,2,3,4,5,6,7,8,9},i,j;
   printf("input i,j(0-9):");
   scanf("%d,%d",&i,&j);
   printf("a[%d]=%d,a[%d]=%d\n",i,a[i],j,a[j]);
   change(a,10,i,j);
   printf("a[%d]=%d,a[%d]=%d\n",i,a[i],j,a[j]);
}
```

程序运行结果为：

```
input i,j(0-9):2,3
a[2]=2,a[3]=3;
x[2]=3,x[3]=2;
a[2]=3,a[3]=2;
```

当数组名做函数参数时，能够将实参数组 a 的起始地址传递给形参数组 b，这样两个数组就共占同一段内存单元，形参数组中各元素值的变化就相当于实参数组中各元素值的改变。这样就能够实现在函数 change( )中交换主调函数中数组的两个任意元素的功能。

因为指针可以指向数组，所以为了传递数组起始地址，实参与形参不仅能用数组形式

表示，也能用指针代替。在例 5.21 中实参与形参都是数组，其余三种形式说明如下。采用这三种形式后，程序运行结果不发生改变。

① 实参是数组名，形参为与数组元素类型相同的指针。

② 实参是与数组元素类型相同的指针，形参为数组。

③ 实参与形参皆为与数组元素类型相同的指针。

5.6.3 利用全局变量传递数据

如果想让多个函数都能对某个存储单元进行存取，还可以采用全局变量的方式，因为对所在的源文件中所有函数而言，全局变量都是可以使用的。

例 5.22 利用全局变量实现两个整数的交换。

```
#include "stdio.h"
int a,b;          /*定义全局变量 a,b*/
void change()
{   int temp;
    temp=a;   a=b;   b=temp;
    printf("a=%d,b=%d\n",a,b);
}
void main()
{   printf("input a,b:");
    scanf("%d,%d",&a,&b);
    printf("a=%d,b=%d\n",a,b);
    change();
    printf("a=%d,b=%d\n",a,b);
}
```

程序运行结果为：

```
input a,b:2,3
a=2,b=3;
a=3,b=2;
a=3,b=2;
```

5.7 指针函数

一个函数被调用后返回的值可以是整型、实型或字符型等类型，也可以是指针类型。当一个函数的返回值为指针类型时，称这个函数是返回指针的函数，简称指针函数。

1. 指针函数的定义

指针函数的一般定义形式为：

```
存储类型  数据类型 *函数名(参数表列)
{
```

函数体

}

其中，存储类型与一般函数相同，分为 extern 型和 static 型；“数据类型 *”是指函数的返回值类型是指针类型，数据类型说明指针所指向的变量的数据类型。

例如：

```
static    float    *a(int x,int y);
```

函数 a 为静态有参函数，返回值是一个指向 float 变量的指针。

与一般函数的定义相比较，指针函数在定义时应注意以下两点：

(1) 在函数名前面要加上一个“*”号，表示该函数的返回值是指针类型的；

(2) 在函数体内必须有 return 语句，其后跟随的表达式结果值必须是指针类型。

2. 指针函数的说明

如果函数定义在后，调用在前，则在主调函数中应对其进行说明。一般说明的形式为:

数据类型* 函数名(参数类型表);

例如上述函数 a 的定义部分放在主调函数之后，在主调函数中对函数 a 说明如下：

```
float    *a(int, int );
```

例 5.23　通过指针函数，输入一个 1～7 之间的整数，输出对应的星期名。

```
#include<stdio.h>
#include<stdlib.h>
char *day_name(int n)
{ /* name 数组初始化赋值为八个字符串，分别表示各个星期名及出错提示 */
  static char *name[]={ "Illegal day", "Monday", "Tuesday","Wednesday", "Thursday",
                        "Friday", "Saturday","Sunday"};
  return((n<1||n>7) ? name[0] : name[n]);
}
void main()
{   int i;
    printf("input Day No:\n");
    scanf("%d",&i);
    if(i<0)   exit(1);                    /* 调用 stdlib 库中的 exit()退出程序 */
    printf("Day No:%2d-->%s\n",i,day_name(i));
}
```

例 5.24　用指针函数求两个数中的最小值。

```
#include"stdio.h"
int *min(int x,int y)
{   if(x<y)   return(&x);                 /* x 的地址作为指针函数的返回值 */
    else   return(&y);
}
int *minp(int *x,int *y)
```

```
{   int *q;
    q=*x<*y?x:y;
    return (q);                      /* 指针变量 q 作为指针函数的返回值 */
}
void main()
{   int a,b,*p;
    printf("Please input two integer numbers:");
    scanf("%d%d",&a,&b);
    p=min(a,b);                      /* 返回最小值指针 */
    printf("\nmin=%d",*p);           /* 输出最小值 */
    p=minp(&a,&b);                   /* 注意 minp 的形参类型 */
    printf("\nminp=%d",*p);          /* 输出最小值 */
}
```

程序运行结果为：

```
Please input two integer numbers:8 15
min=8
minp=8
```

例 5.24 中，min()与 minp()使用了不同类型的形参，但都能返回两个形参变量中保存较小值变量的地址(指针)。值得注意的是，指针函数的返回值一定要是地址，并且返回值的类型要与函数类型一致。

5.8 函数指针

在 C 语言中，函数名表示函数的入口地址，当指针存储函数的入口地址时，称为指向函数的指针，即函数指针。函数指针是函数体内第一个可执行语句的代码在内存中的地址，如果把函数名赋给一个函数指针，则可以利用该指针来调用函数。

5.8.1 函数指针的概念

1. 函数指针定义

函数指针定义形式为：

数据类型 (*指针变量名)( );

例如：

```
int (*p)();
```

指针变量 p 为指向一个返回值为整型的函数指针。

说明：

(1) 数据类型表示指针所指向函数返回值的类型。

(2) 在该定义的一般形式中，第一对圆括号不能省略，因为圆括号的优先级高于“*”的优先级，如果不加括号，则指针变量名就会先与后面的一对圆括号结合，那么该定义形式就成为定义一个函数，函数返回值的类型为指针类型。

例如：

```
int  *p();
```

定义了一个指针函数 p，函数的返回值为指向整型变量的指针。

例 5.25　通过指针变量访问函数，求两个数中的最大数。

```
#include <stdio.h>
int  max(int x,int y)
{   return x>y?x:y;   }
void main()
{  int max(int , int);
   int (*p)(int , int);
   int a,b,c;
   p=max;
   printf("Please input two integer numbers:");
   scanf("%d %d",&a,&b);
   c=(*p)(a,b);
   printf("\na=%d,b=%d,max=%d\n",a,b,c);
}
```

程序运行结果为：

```
Please input two integer numbers:2  3
a=2,b=3,max=3
```

2. 函数指针初始化与赋值

在利用函数指针调用函数时，首先必须让函数指针指向被调函数，也就是给函数指针赋值。赋值过程可以在定义变量即初始化时或者在程序中通过赋值语句完成。

函数指针初始化的一般形式为：

数据类型 (*指针变量名)( ) =函数名;

函数指针赋值的一般形式为：

指针变量名=函数名;

例如：

```
int (*p)()= change;      /* 指针变量 p 初始化 */
p=change;                /* 指针变量 p 赋值 */
```

上面两条语句都表示指针 p 指向函数 change 的入口地址。

注意：在为函数指针赋值时，赋值运算符右边的表达式为函数名，不能给出函数的参数，也不能写圆括号，如下面的形式都是错误的：

```
p=change(a,b);
p=change();
```

3. 利用函数指针调用函数

当函数指针指向一个函数后，就可利用该指针来调用它所指向的函数。可以用以下两种调用方式：

(*指针变量名) (实参表列)

指针变量名(实参表列)

例如：若函数指针 p 指向 change()函数，则 change(a,b);与 (*p)(a,b);、p(a,b);都表示调用函数 change()，作用相同。

在使用函数指针时应注意以下几点：

(1) 函数指针定义形式中的数据类型必须与赋值给它的函数返回值类型一致。

(2) 利用函数指针调用函数之前必须让它指向某一个具有相同返回值类型的函数。

(3) 函数指针只能指向函数的入口，不能指向函数中间的某一条指令，对函数指针做运算没有任何实际意义，例如“p++;”运算无效。

5.8.2 用函数指针作函数参数

函数的参数可以是变量、指针、数组等。同样，函数指针也可以作为参数实现函数地址的传递，最常用的就是在被调函数中利用传递过来的函数指针来对函数进行调用。

例 5.26 编写一个程序，在该程序中包括一个 func( )函数，该函数可以根据传递给它的函数指针来实现对两个数的加、减和乘法运算。

```
#include "stdio.h"
void func(int (*p)(int,int),int m,int n)        /*实现两个整数的加、减、乘运算*/
{   int z;
    z=(*p)(m,n);
    printf("%d\n",z);
}
int add(int m,int n)   {   return(m+n); }       /*两个整数相加*/
int sub(int m,int n)   {   return(m-n); }       /*两个整数相减*/
int mul(int m,int n)   {   return(m*n); }       /*两个整数相乘*/
void main()
{   int x,y;
    printf("please input two numbers:\n");
    scanf("%d,%d",&x,&y);
    printf("%d+%d=",x,y);
    func(add,x,y);
    printf("%d-%d=",x,y);
    func(sub,x,y);
    printf("%d*%d=",x,y);
    func(mul,x,y);
}
```

程序运行的结果为：

```
please input two numbers:12,48
12+48=60
```

```
12-48=-36
12*48=576
```

在这个程序中，主函数主要调用了 func()函数。func()函数的功能是利用传递给它的指向函数的指针来对第 2、3 个参数进行相关的计算，并打印出计算结果。在调用函数 func()的过程中，分别将 3 个计算函数 add()、sub()和 mul()传递到函数 func()中，在函数 func()中利用传递过来的函数指针来对它们进行调用，以实现加法、减法和乘法功能。

说明：在将函数名作实参传递之前，如果该函数放在主调函数之后，尽管该函数的返回值的类型为整型也不能省略对它们的说明。虽然在前面讲过，对于返回整型量的函数在对其进行调用前可不必对其进行说明(因为在进行函数调用时，编译程序可以根据函数调用中的函数名后面的圆括号以及其中的参数判断出它为函数)，但是当函数名作为实参时，如果省略了对函数的说明，编译程序将无法区别和判断作为实参的函数名是变量名还是函数名，因此必须进行函数说明。

5.9 综合实例

统计学生成绩，输入 10 个学生的平时成绩、期中成绩、期末成绩及计算总评成绩时需要的各成绩的权重(总和为 1)，要求分别用子函数求出：学生的总评成绩；本课程的平均分；最高分及最低分。

```
# include <stdio.h>
# define M 3
# define N 10                    /* 统计 10 名学生的成绩 */
float score[N][M];
float score_stu[N];
float weight[M];
float average;
void input_stu()                 /* 输入学生的成绩 */
{   int i, j;
    for(i=0; i<N; i++)
    {   printf("Please input the %2dth students' Usual   Mid   Final score:\n", i+1);
        for(j=0; j<M; j++)  scanf("%f", &score[i][j]);
    }
}
void input_weight()              /* 输入课程的计算权重，其和为 1 */
{   int i;
    printf("\nPlease input the Weight(Usual+Mid+Fina=1):\n");
    for(i=0;i<M; i++)   scanf("%f", &weight[i]);
}
void result_stu()                /* 计算学生的总评成绩 */
```

```
{    int i, j;
     float s;
     for(i=0; i<N; i++)
     {    s = 0;
          for(j=0; j<M; j++)        s+= score[i][j]*weight[j];
          score_stu [i]=s;
     }
}
void avr_result()                /* 计算课程的平均分 */
{    int i ;
     float s=0;
     for(i=0; i<N; i++)   s = s + score_stu [i];
     average = s/N;
}
float highest()                  /* 寻找总评成绩最高分 */
{    float high;
     int i;
     high = score_stu[0];
     for(i=0; i<N; i++)
          if(score_stu[i]>high) {    high = score_stu[i]; }
     return high;
}
float *lowest(float a[])         /* 寻找总评成绩最低分 */
{    float *temp;
     int i;
     temp = a;
     for(i=0; i<N; i++)
          if(a[i]<(*temp))      *temp = a[i];
     return (temp);
}
void main()                 /* 主函数 */
{   int i, j;
    float (*p)();
    float high;
    float *low;
    input_stu();            /* 学生该课程的平时成绩、期中成绩和期末成绩 */
    input_weight();         /* 输入该课程平时成绩、期中成绩和期末成绩的权重(其和为 1) */
    result_stu();           /* 调用函数 avr_stu，求出每个学生的总评成绩 */
    avr_result();           /* 调用函数 avr_result，求出学生成绩的平均分*/
```

```
    printf("\n   No     Usual   Midterm    Final    Score    ");
    for(i=0; i<N; i++)
      {   printf("\n    NO%2d", i+1);
          for(j=0; j<M; j++)    printf("%8.2f", score[i][j]);
          printf("%8.2f", score_stu[i]);
      }
      printf("\nThe average score is%8.2f.\n",average);
      p = highest;                  /* 函数指针 */
      high=(*p)();
      printf("\nThe highest score is%8.2f.\n", high);
      low=lowest(score_stu);
      printf("\nThe lowest score is%8.2f.\n", *low);
}
```

5.10 小　　结

本章在介绍C程序结构的基础上详细讲述了函数的定义、函数的返回值及函数的调用、函数参数的传递方式、指针在函数中的应用、变量的分类和存储特性。

函数是C语言的重要组成部分，也是实现结构化程序设计的基础。函数分为标准函数和用户自定义函数。对于用户自定义函数，在调用之前必须先定义。函数的定义包括函数头、形参变量说明和函数体。函数在定义时是相互独立的、不能嵌套的，但函数调用可以嵌套。函数调用自己就形成递归函数。函数调用时形参接受实参的值，实现数据传递。按照实参中存放值类型的不同，函数传递方式有两种：传值和传地址。如果在实参中存放的是基本类型数据，则为传值方式，在被调函数中无法改变主调函数实参的值。如果存放的是地址，则通过指针类型、数组这种传地址方式就能够改变实参的值。另外，指针与函数的结合也非常灵活，指针可以作为函数的返回值，也可以指向一个函数成为函数指针。如果形参是函数指针，即可实现在一个函数中利用相同语句调用不同函数的功能。

在C程序中，变量按作用域分为全局变量和局部变量，变量的作用范围是由变量定义所在位置决定的。全局变量从定义位置开始一直到程序结束都有效，而局部变量只在本函数内有效。按照在内存中的存储方式，变量分为动态变量(auto)和静态变量(static)。存储方式直接决定了变量占用分配给它的存储空间的时限。

习　题　五

1. 选择题

(1) 以下正确的说法是______。

A. 实参和与其对应的形参各占用独立的存储单元

B. 实参和与其对应的形参共占用存储单元

C. 只有当实参和与其对应的形参同名时才共占用存储单元

D. 形参是虚拟的，不占用存储单元

(2) 以下正确的说法是______。

A. 定义函数时，形参的类型说明可以放在函数体内

B. return 后面的值不能为表达式

C. 如果函数值的类型与返回值的类型不一致，以函数值的类型为准

D. 如果形参与实参的类型不一致，以实参类型为准

(3) 以下错误的描述是______。

A. 函数调用可以出现在执行语句中　　B. 函数调用可以出现在一个表达式中

C. 函数调用可以作为函数的实参　　D. 函数调用可以作为一个函数的形参

(4) 若用数组名作为函数调用的实参，传递给形参的是______。

A. 数组的首地址　　B. 数组第一个元素的值

C. 数组中全部元素的值　　D. 数组元素的个数

(5) 若使用一维数组名作函数实参，则以下正确的说法是______。

A. 必须在主调函数中说明数组的大小

B. 实参数组类型与形参数组类型可以不匹配

C. 在被调函数中，不需要考虑形参数组的大小

D. 实参数组名必须与形参数组名一致

2. 阅读程序

(1) 写出程序运行结果。

```
#include<stdio.h>
int a=5;
void fun(int b)
{   static int a=10;
    a+=b++;
    printf("%d",a);
}
void main( )
{   int c=20;
    fun(c);
    a+=++c;
    printf("%d\n",a);
}
```

(2) 写出程序运行结果。

```
void fun( char *c, int d)
{   *c=*c+1;
    d=d+1;
    printf("%c,%c",*c,d);
```

```
}
void main()
{   char a='A',b='a';
    fun(&b,a);
    printf("%c,%c\n",a,b);
}
```

(3) 写出程序运行结果。

```
char fun(char x,char y)
{   if(x<y) return x;
    return y;
}
void main()
{   int a='9',b='8',c='7';
    printf("%c\n",fun(fun(a,b),fun(b,c)));
}
```

(4) 写出两个程序段的运行结果，比较其是否相同，如果结果不同，分析其原因。

程序1：

```
voidx( )
{   int y=10;
    y--;
    printf("%d",y);
}
void main( )
{   x( );
    x( );
}
```

程序2：

```
voidx( )
{   static int y=10;
    y--;
    printf("%d",y);
}
void main( )
{
      x( );
      x( );
}
```

(5) 写出程序运行结果。

```
#include <stdio.h>
```

```
void fun(int *s)
{   static int j=0;
    do {
            s[j]+=s[j+1];
        }while(++j<2);
}
void main()
{   int k,a[10]={0,1,2,3,4};
    for(k=1;k<3;k++)       fun(a);
    for(k=0;k<5;k++)       printf("%d",a[k]);
}
```

(6) 分析递归函数执行过程，写出程序运行结果。

```
#include <stdio.h>
int func(int   x)
{   int p;
    if(x= =0||x= =1)   return(3);
    p=x+func(x-3);
    return   p;
}
void main()
{   printf("%d\n",func(12));   }
```

(7) 写出程序运行结果。

```
int fa(int x)   {   return x*x;   }
int fb(int x)     {   return x*x*x; }
int f(int (*f1)(),int (*f2)( ),int x)   {   return f2(x)-f1(x);   }
void main()
{   int i;
    i=f(fa,fb,2);
    printf("%d\n",i);
}
```

3. 程序填空

(1) 下面的程序功能是调用函数 fun 计算：m = 1−2 + 3−4 + … + 9−10，并输出结果，请填空。

```
#include <stdio.h>
int fun (int n)
{     int m=0,f=1,i;
      for (i=1;i<=n;i++)
    {     m+=i*f;
```

```
        f=______①______
    }
    return m;
}
 void main( )
{   printf("m=%d\n",______②______);  }
```

(2) 下面的程序功能是输入 n 值，输出高度为 n 的直角三角形。例如当 n = 4 时的图形如下：

```
*
***
*****
*******
#include <stdio.h>
void prt( char c, int n )
{     if( n>0 )
      {       printf( "%c", c );
              ____①____  ;
      }
}
void main()
{   int i, n;
    scanf("%d", &n);
    for( i=1;   i<=n;   i++ )
    {       ____②____  ;
            ____③____;
            printf("\n");
    }
}
```

(3) 函数功能：将字符串中的小写字母改写成大写字母。

```
______①______change(______②______)
{   while(*p! =  '\0')
    {
            if(*p>'a'&& *p<'z')   ________③________  ;
             p++;
    }
}
```

(4) 下面的函数 sum(int n)完成计算 1～n 的累加和。

```
void   sum(int n)
{      if(n<=0)
```

```
            printf("data error\n");
        if(n==1)____①____;
        else ____②____;
    }
```

4. 编写程序

(1) 编写程序，输出由数字组成的图形。如 n=6，则函数输出下面的图形，在主函数中调用此函数。

```
1    3    6    10   15   21
2    5    9    14   20
4    8    13   19
11   17
16
```

(2) 编写函数，采用递归方法将任一整数转换为二进制形式。

(3) 已知计算 x 的 n 阶勒让德多项式值的公式如下：

$$P_n(x)=\begin{cases}1 & (n=0)\\ x & (n=1)\\ \dfrac{(2n-1)\times x\times P_{n-1}(x)-(n-1)\times P_{n-2}(x)}{n} & (n>1)\end{cases}$$

请编写递归程序实现。

(4) 编写一个函数将字符串 str1 和字符串 str2 合并，合并后的字符串按其 ASCII 码值从小到大进行排序，相同的字符在新字符串中只出现一次。

(5) 编写程序计算 s=1 + 1/2! + 1/3! + 1/4! + … + 1/n!。n 由终端输入，将计算 n! 定义成函数。(要求定义函数 sum 求和，在函数 sum 中调用求 n! 的函数求加数。)

(6) 猜数字游戏。由计算机“想”一个数字请人猜，如果人猜对了，则结束游戏，否则计算机给出提示，告诉人所猜的数字是太大还是太小，直到人猜对为止。计算机记录人猜的次数，以此可以反映出猜数者“猜”的水平。

(7) 将输入的一行字符逆序输出。例如，输入 abcde，则输出 edcba。尝试分别用普通函数和递归函数实现逆序功能。

(8) 编写程序，其中包括一个函数，此函数的功能是：对一个长度为 N 的字符串从其第 K 个字符起，删去 M 个字符，组成长度为 N−M 的新字符串(其中 N、M≤80，K≤N)。例如输入字符串 "We are poor students."，利用此函数进行删除 "poor" 的处理，输出处理后的字符串是"We are students."。

第 6 章　结构体、共用体与枚举

教学目标

※ 掌握结构体类型声明和结构体类型变量的定义、引用和初始化。
※ 理解结构体的存储结构并能正确引用结构体中的成员。
※ 掌握结构体数组的使用。
※ 掌握指向结构体类型的指针。
※ 掌握函数的参数为结构体类型时，参数之间的正确传递方法。
※ 掌握共用体数据类型的声明、共用体类型变量的定义和引用。
※ 了解枚举类型的说明和使用方法。
※ 掌握用 typedef 说明一种新类型名的方法。

在程序设计中，经常遇到一些关系密切而数据类型不同的数据。例如，一个学生的基本信息就是由学号、姓名、性别、年龄和成绩等基本“数据项”共同构成的，这些数据是不能用同一种数据类型描述的。如：学号用整型或字符型描述，姓名用字符型描述，性别用字符型描述，年龄用整型描述，成绩用整型或实型描述，如图 6.1 所示。这些数据是一个有机的整体，如果将这些数据项分别定义为独立的基本类型变量，则很难反映它们之间存在的内在联系。因此，如果能引进变量把这些数据项有机地结合为一个整体且易于使用和操作，将极大地提高这类数据的处理效率，并能更真实地反映客观世界。因此，C 语言提供了一种数据结构——结构体，它可以将多个不同数据类型的数据项(也可以有相同类型)组成一个整体。

学号	姓名	性别	年龄	成绩
1021101	Li hua	F	18	78.5

图 6.1　学生基本信息

共用体是一种类似于结构体的构造数据类型，它允许不同类型和不同长度的数据共享同一块存储空间。这些不同类型和不同长度的数据都是从该共享空间的起始位置开始占用该空间的。

枚举在形式上是一种构造数据类型，而实际上，枚举是若干个具有名称的常量的集合。

6.1　结构体类型的声明

“结构体(structure)”是一种构造类型，由不同数据类型的数据组成。组成结构体的每个数据项称为该结构体的成员项，简称为“成员”，成员可以是基本数据类型或构造类型。因为结构体是一种“构造”而成的数据类型，不像整型一样已由系统定义好了，可以直接

用来定义整型变量，所以在使用之前必须预先声明。

结构体类型声明的一般形式为：

```
struct  结构体名
{
    数据类型  成员名 1;
    数据类型  成员名 2;
    ...
    数据类型  成员名 n;
};
```

其中："struct"是声明结构体类型必须使用的关键字，不能省略；"结构体名"是该结构体类型的名称，由编程者自己定义，命名应符合标识符的定义要求；成员名的命名也应符合标识符的定义要求。构成结构体类型的成员可以是任何类型的变量，包括基本数据类型和构造数据类型，如整型、浮点型、字符型、数组和指针等，也可以是另一个结构体类型的结构体变量或自身结构体的指针，还可以是共用体变量。

例 6.1　一个学生的基本信息由学号、姓名、性别、成绩组成，声明相应的结构体类型。

```
struct student
{   int num;
    char name[20];
    char sex;
    float score;
};
```

其中，"student" 是自定义的结构体名，与 struct 一起构成这一组数据集合体的名字，即一个新的结构体类型名。此后就可以像使用 int、char、float 等基本数据类型名一样使用"struct student"这一新类型名了。

成员num(占4个字节)
成员name(占20个字节)
成员sex(占1个字节)
成员score(占4个字节)

图 6.2　例 6.1 中 struct student 的存储结构

struct student 结构体的存储结构如图 6.2 所示。

例 6.2　在学生基本信息中增加出生日期，声明学生信息结构体类型。

```
struct date
{
   int year;
   int month;
   int day;
};
struct  student
{  int num;
   char name[20];
   char sex;
   struct date birthday;       /* birthday 成员为 date  结构体类型*/
```

```
    float score;
};
```

注意：对于结构体类型 struct date 的声明必须放在结构体类型 struct student 的声明之前，未经声明的结构体类型不可使用。例 6.2 中 struct student 结构体的存储结构如图 6.3 所示。

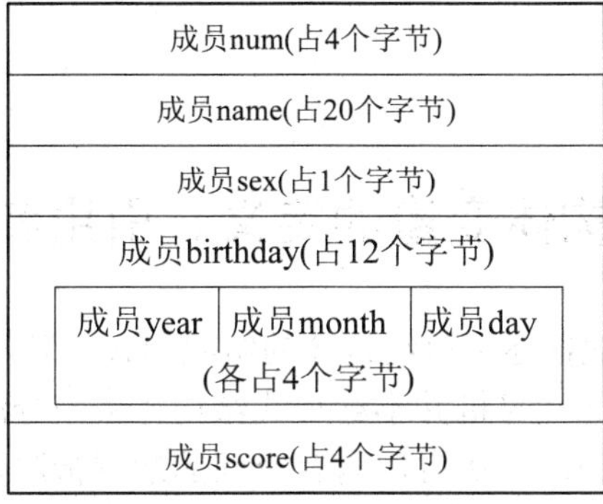

图 6.3　例 6.2 中 struct student 的存储结构

说明：

(1) 结构体声明的位置可以在函数内部，也可以在函数外部。在函数内部声明的结构体，只能在函数内部使用；在函数外部声明的结构体，其有效范围是从声明处开始，直到它所在的源程序文件结束。

(2) 数据类型相同的数据项，既可逐个、逐行分别声明，也可以合并成一行声明。如例 6.2 中的日期结构体类型，也可改为如下声明形式：

```
struct date
{
    int year,month,day;
};
```

(3) 同一结构体类型中的各成员不可以重名，但不同结构体类型间的成员可以重名。成员名可以和程序中的变量名相同，两者代表不同的对象，互不干扰。如下声明是正确的：

```
int x,y;                    /* 基本数据类型变量 */
struct point
{
      int x, y;             /* 结构体 point 中的一个成员 */
};
```

(4) 结构体中成员的类型不能是被描述的结构体本身。如下描述是非法的：

```
struct invalid
{
    int n;
    struct invalid iv;
};
```

这种描述引起了无穷嵌套，既不合理也不可能在计算机里实现。但若成员类型是描述结构体本身的指针，则是合法的。如：

```
struct invalid
{   int n;
    struct invalid *iv;
};
```

6.2　结构体变量的定义、引用和初始化

结构体类型的声明明确地描述了该结构体的组织形式，但只是给出了一个形式结构体，即声明了一种新的类型，因此计算机并不给形式结构体类型分配内存空间，只有当定义了结构体变量时，才占用存储空间。所占用内存空间的配置情况，取决于成员项的个数和数据类型。所占用存储空间的大小为所有成员占用存储空间之和。

6.2.1　结构体变量的定义

程序一旦声明了一个形式结构体，就可以把结构体名当作 int、double 等关键字一样使用，用说明语句定义该形式结构体的具体结构体变量。结构体类型变量的定义有以下三种形式：

(1) 先定义结构体，再说明结构体变量。形式为：

struct 结构体名

{

若干成员说明

};

struct 结构体名 结构体变量名表;

其中，“结构体变量名表”中可以有一个或多个结构体变量名，多个结构体变量名之间用逗号分隔。结构体变量名可以是一般结构体变量名、指向结构体变量的指针名和结构体数组名。例如：

```
struct student stu1,stu2,*p,stu[10];
```

定义了两个变量 stu1 和 stu2 为 struct student 结构体类型；p 为指向 struct student 结构体变量的指针；stu 是可存放 10 个 struct student 结构体变量的数组。

也可以使用宏定义用一个符号常量来表示一个结构体类型。例如：

```
#define STU struct student
struct student
{
    int num;
    char name[20];
    char sex;
    float score;
};
```

```
STU stu1,stu2;
```

(2) 说明结构体类型的同时定义结构体变量。形式为：

```
struct　结构体名
{
    若干成员说明
}结构体变量名表;
```

例如：

```
struct student
{   int num;
    char name[20];
    char sex;
    float score;
}stu1,stu2;
```

这种形式的优点在于写法上简洁明了，阅读程序时无需由结构体变量去查找该结构体类型定义形式。

(3) 直接说明结构体变量。形式为：

```
struct
{
    若干成员说明
}结构体变量名表;
```

例如：

```
struct
{ int num;
  char name[20];
  char sex;
  float score;
}stu1,stu2;
```

第三种方法与第二种方法的区别在于第三种方法中省去了结构体名，而直接给出结构体变量。

定义了结构体类型变量之后，结构体类型名的任务就完成了，在后续的程序中除求类型的长度和强制类型转换外，不再对其操作，而只对这些变量(如 stu1、stu2 等)进行赋值、存取或运算等操作。

注意：

(1) 结构体类型与结构体变量是两个不同的概念，其区别如同 int 类型与 int 型变量的区别一样。编译系统不为结构体类型分配空间，只对结构体变量分配空间。结构体类型变量所占内存空间是各成员变量所占内存单元的总和，各成员间占用的存储单元是连续的。当定义了一个结构体变量 stu1，编译系统则按结构体类型 struct student 所给出的内存模式为 stu1 分配内存空间，为结构体变量 stu1 的成员项 num 分配 4 个字节，然后为字符串数组 name

分配 20 个字节的内存空间，接着为成员项 sex 分配 1 个字节，为成员项 score 分配 4 个字节，即结构体变量 stu1 在内存中占用 29 个字节。

(2) 结构体变量中的成员可以单独使用，它的作用与地位相当于普通变量。

6.2.2　结构体变量的引用

一般对结构体变量的使用，包括赋值、输入、输出、运算等都是通过结构体变量的成员来实现的。引用结构体变量中的成员变量的方法为：

结构体变量名.成员名

其中，“.”是结构体成员运算符。在 C 语言中，成员运算符“.”的优先级最高，所以可以把“结构体变量名.成员名”看做一个整体。

例如：stu1.num 即第一个人的学号，stu2.sex 即第二个人的性别。

输出结构体变量 stu1 中成员的值：

```
printf("%d,%s,%c,%f", stu1. num, stu1.name, stu1.sex ,stu1.score);
```

引用时需要注意以下几个方面：

(1) 不能将一个结构体变量作为一个整体进行输入和输出，只能对其成员操作。例如，下列引用是非法的：

```
printf("%d,%s,%c,%f", stu1);
```

(2) 所引用的成员变量与其所属类型的普通变量的使用方法一样，可以进行该类型所允许的任何运算。例如：

```
stu1.num++;
sum=stu1.score+ stu2.score;
```

(3) 只有当两个结构体变量具有完全相同的结构体类型时，相互之间才可以整体赋值。例如：stu1= stu2，即将 stu2 变量中的每一个成员的值依次赋给 stu1 变量的对应成员。

(4) 在用 scanf 语句输入结构体变量的成员时，输入表列同样要用地址。结构体变量占据的存储单元的首地址称为该结构体变量的地址，其每个成员占据的若干个单元的首地址称为该成员的地址，两个地址都可以引用。如：

```
scanf("%c",&stu1.sex);          (输入 stu1.sex 的值)
printf("%x",&stu1);             (输出 stu1 的首地址，即&stu1.num)
```

但是，通过某结构体变量成员的地址去访问其他成员往往是行不通的，即不能像数组那样，将上一个数组元素的指针增 1 就指向下一个数组元素。

(5) 如果成员本身是另一个结构体变量，在引用时则要用若干个成员运算符，一级一级地找到最低的成员变量，而且只能对最低的成员变量进行赋值或者运算操作。例如，根据例 6.2 中的结构体类型定义：

```
struct student student1;
```

可以这样访问成员变量：student1.birthday.month，而不能用 student1.birthday 来访问 student1 变量中的成员变量，因为 birthday 本身是一个结构体变量。

6.2.3　结构体变量的初始化

结构体变量的初始化是指在定义结构体变量的同时，对结构体变量中的成员赋初值。

结构体变量初始化的一般格式为：

struct 结构体类型名 结构体变量={初始化列表};

其中，大括号中包含的数据需要用逗号隔开，是按照成员项排列的先后顺序一一对应赋值的。因此，每个初始化数据必须与其对应的结构体成员的数据类型相符，否则将出现错误。初始化列表包含的初值个数可少于结构体所包含的成员个数，不进行初始化的成员项要用“，”跳过。结构体的初始化与数组的初始化类似，仅限于外部结构体变量和静态结构体变量，对未赋初值的成员项，编译系统自动地将它设置为零(对于数值型成员)和空(对字符型成员)。对存储类型为 auto 的结构体变量，不能在函数内部进行初始化，而只能使用输入语句或赋值语句进行赋值。

例 6.3　结构体变量的初始化、赋值、输入和输出。

```
#include "stdio.h"
struct student                    /* 定义结构体 */
{  int num;
   char *name;
   char sex;
   float score;
}stu1, stu2,stu3={102,"Zhang ping",'M',78.5};
void main()
{
   stu1.num=102;
   stu1.name="Zhang ping";
   printf("input sex and score\n");
   scanf("%c%f",&stu1.sex,&stu1.score);
   printf("stu1:Number=%d\nName=%s\n",stu1.num,stu1.name);
   printf("Sex=%c\nScore=%.2f\n",stu1.sex,stu1.score);
   stu2=stu3;
   printf("stu2:Number=%d\nName=%s\n",stu2.num,stu2.name);
   printf("Sex=%c\nScore=%.2f\n",stu2.sex,stu2.score);
}
```

6.3　结构体数组

6.3.1　结构体数组的定义

一个结构体变量只能存放一个由该类型所定义的数据。例如，对于存放学生信息的 struct student 结构体类型的变量 stu1，它只能存放一个学生的信息。若要处理一个班级的学生成绩，为一个班中的每位学生定义一个变量不太现实，处理起来也麻烦。为了方便处理若干个学生信息，就要用到结构体数组，它集“结构体”与“数组”的优点于一身，既描述了个体数据集合，又实现了利用下标法快速存取数据的目的。

对于结构体数组来说，每一个元素都是具有相同结构体类型的下标结构体变量。结构体数组中的各元素在内存中是连续存放的。定义结构体数组有三种方式：第一种方式是先定义结构体类型，然后再定义结构体数组；第二种方式是在定义结构体类型的同时定义结构体数组；第三种方式是在定义无名结构体类型的同时定义结构体数组。

例如采用第二种方式定义：

```
struct student
{   int num;
    char name[20];
    char sex;
    float score;
}stu[3];
```

定义了一个结构体数组 stu，共有 3 个元素，stu[0]、stu[1]、stu[2]。每个数组元素都具有 struct student 的结构体形式，包含 4 个成员。

6.3.2　结构体数组的引用

结构体数组是以下标变量的成员名形式加以引用的。其一般形式为：

结构体数组名[下标].成员名

以刚刚定义的结构体数组 stu 为例，用循环语句从键盘逐行输入每一位学生的学号(num)、姓名(name)、性别(sex)和成绩(score)，并存入结构体数组 stu 中。

```
for(i=0;i<3;i++)
{   scanf("%d",&stu[i].num);
    fflush(stdin);
    gets(stu[i].name);
    scanf("%c%f",&stu[i].sex,&stu[i].score);
}
```

其中，语句"scanf("%d",&stu[i].num);"不处理结尾的换行符。如果输入的数字后边紧接着一个换行符，则换行符会被 gets( )处理，那么 gets( )就不会得到用户输入的姓名字符串。为了解决这个问题，使用"fflush(stdin);"清空输入流，将数字之后的换行符清空，这样 gets(stu[i].name)就可以得到用户输入的姓名字符串。fflush( )函数用来清空一个流，例如：fflush(stdin)用来清空输入流，fllush(stdout)用来清空输出流。

6.3.3　结构体数组的初始化

结构体数组在定义时也可以对其进行初始化，它的初始化方法与数组类似。与基本数值类型数组所不同的是，结构体数组在初值表中包含与每一个结构体数组元素对应的初值表，每一个结构体数组元素对应的初值表形式与结构体变量初始化时初值表的形式完全相同。例如：

```
struct student
{  int num;
   char *name;
```

```
    char sex;
    float score;
    }stu[3]={ {101,"Zhao lei",'M',45},{102,"Sun hui",'M',62.5},{103,"Li fang",'F',92.5}}
```

经过初始化以后，stu 数组的存储结构和内容如图 6.4 所示。

说明：

(1) 对结构体数组进行初始化时，当对全部元素进行初始化赋值时，方括号[ ]中的元素个数可以缺省，编译系统会根据初值数据表中结构体常量的个数来确定结构体数组元素的个数。

(2) 内层的大括号只是为了阅读程序的方便，可以省略。

(3) 结构体数组名是结构体数组存储的首地址，可以通过数组名利用指针法或下标法访问数组元素。

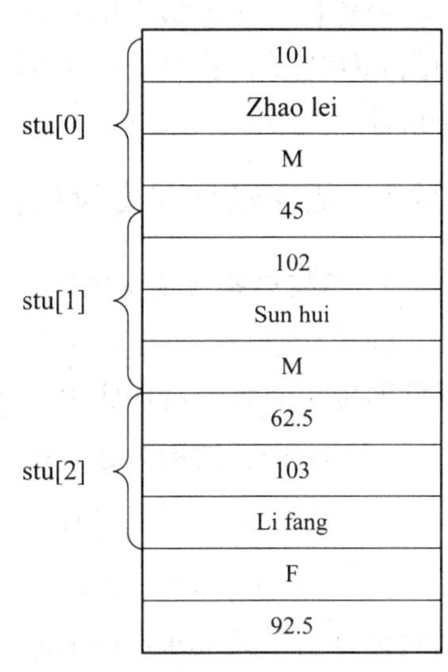

图 6.4 stu 数组的存储结构和内容

例 6.4 应用结构体数组建立学生信息，实现输入编号，查询学生的基本信息和成绩的功能。

```
#include "stdio.h"
struct student
{   int num;
    char name[15];
    int score[3];
} stu[]={{1,"David",{80,78,92}},{2,"Lily",{90,84,89}},{3,"Alice",{79,78,96}}};
void main( )
{
    int i,j,number;
    printf("input student's number:");
    scanf("%d",&number);                /* 输入学生的编号 */
    for(i=0;i<3;i++)                    /* 查询学生信息 */
      if(number==stu[i].num)   break;
    printf("name=%s\n ",stu[i].name);
    for(j=0;j<3;j++)
      printf("%d    ", stu[i].score[j]);
    printf("\n");
}
```

程序运行结果：

```
Input student's number:2
name=Lily
90 84 89
```

6.4　结构体与指针

指针变量可以指向整型变量和整型数组，当然也可以指向结构体类型的变量。定义一个指向结构体类型数据的指针变量，该指针变量的值就是结构体变量所占用的一段内存空间的起始地址。指针变量也可以用来指向结构体数组中的元素。结构体类型的成员也可以是指针。

6.4.1　指向结构体变量的指针

1. 结构体指针变量的定义

使用一个指针变量用来指向一个结构体变量时，称之为结构体指针变量。通过结构体指针即可访问该结构体变量。结构体指针变量定义的一般形式为：

struct 结构体名 *结构体指针变量名；

例如，定义一个指向 struct student 结构体类型的指针变量 pstu：

```
struct student *pstu;
```

当然也可在定义 struct student 结构体时同时定义 pstu。

结构体指针变量 pstu 定义后，也为 pstu 变量分配内存单元，用来存放一个结构体变量存储空间的起始地址。但此时指针 pstu 尚未指向属于 struct student 类型的任何变量，也不能由 pstu 指针对结构体变量做任何操作。与前面讨论的各类指针变量相同，结构体指针变量也必须先赋值后使用。使用赋值语句让指针 pstu 指向结构体变量：

```
struct student stu1,*pstu;
pstu=&stu1;
```

赋值是把结构体变量的首地址赋予该指针变量，它们在内存中的示意图如图 6.5 所示。

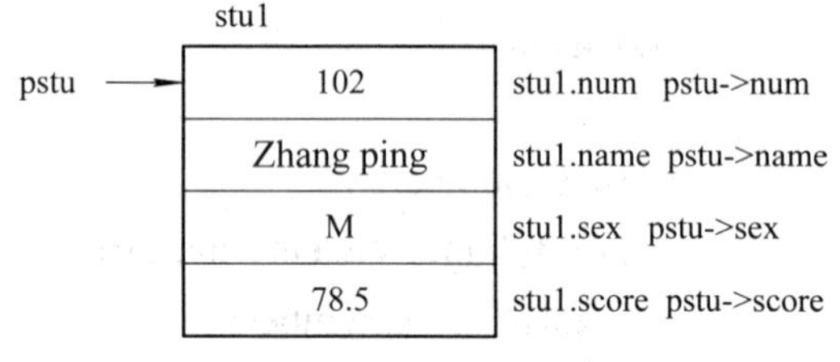

图 6.5　定义一个结构体指针变量

说明：

(1) 定义结构体指针变量时，结构体名必须是已经定义过的结构体。不能把结构体名赋予该指针变量，即“pstu=&student”是错误的。

(2) 结构体指针所指向的结构体变量必须与定义时所规定的结构体类型一致。

(3) 指针可在定义的同时进行初始化，有两种方法。

方法一：

```
struct student stu1={102,"Zhang ping",'M',78.5};
struct student *pstu=&stu1;
```

以上语句等价于：

```
struct student stu1={102,"Zhang ping",'M',78.5},*pstu;
pstu=&stu1;
```

方法二：

如果不定义结构体变量，可以用分配内存函数 malloc( )按下面的形式完成对结构体指针变量的初始化：

```
struct student *p=(struct student *) malloc(sizeof (struct student));
```

其中，sizeof (struct student)能够自动计算 struct student 结构体类型所需的字节长度。malloc( )函数定义了一个大小为该结构体类型长度的内存空间，函数返回值为内存空间的首地址。

(4) 虽然不允许在结构体定义时出现成员类型为正在定义的结构体类型，但是结构体的成员可以是具有与该结构体相同结构体类型的结构体指针，这种结构体称为递归结构体，在链表、树和有向图等数据结构中广泛采用。例如：

```
struct Node
{   int num;
    struct Node *next;
};
```

2. 指针变量的引用

有了结构体指针变量，就能更方便地访问结构体变量的各个成员，其访问的一般形式为：

(*结构体指针变量).成员名

或：

结构体指针变量->成员名

例如：

(*pstu).num 或 pstu->num

应该注意，(*pstu)两侧的括号不可少，因为成员符“.”的优先级高于“*”。如果去掉括号写作*pstu.num，则等效于 *(pstu.num)。这样，意义就完全不一样了。

“->”是指向结构体成员运算符，由两个字符“-”和“>”组成，而且此运算符的前面必须是指针，后面是结构体的成员，其运算优先级与“()”、“[ ]”和“.”的优先级相同，结合性是自左至右。利用指向运算符引用形式比较直观、简练，在程序设计中我们推荐使用这种形式。因为指向运算符的优先级是最高的，所以下面几种表达式的含义应该是比较明显的。

pstu->num：得到 pstu 指向的结构体变量中的成员变量 num 的值。

pstu->num++：得到 pstu 指向的结构体变量中的成员变量 num 的值，先使用，后使 num 加 1。

++pstu->num：得到 pstu 指向的结构体变量中的成员变量 num 的值，使 num 先加 1，再使用。

例 6.5　指向结构体变量的指针使用。

```
#include "stdio.h"
struct student
{     int num;
      char *name;
```

```
        char sex;
        float score;
    } stu1={102,"Zhang ping",'M',78.5},*pstu;
    void main()
    {   pstu=&stu1;
        printf("Number=%d\nName=%s\n",stu1.num,stu1.name);
        printf("Sex=%c\nScore=%f\n\n",stu1.sex,stu1.score);
        printf("Number=%d\nName=%s\n",(*pstu).num,(*pstu).name);
        printf("Sex=%c\nScore=%f\n\n",(*pstu).sex,(*pstu).score);
        printf("Number=%d\nName=%s\n",pstu->num,pstu->name);
        printf("Sex=%c\nScore=%f\n\n",pstu->sex,pstu->score);
    }
```

6.4.2 指向结构体类型数组的指针

1. 指向结构体类型数组的指针的定义

一个结构体类型数组的数组名是数组的首地址，结构体指针变量可以指向一个结构体数组，这时结构体指针变量的值是整个结构体数组的首地址。结构体指针变量也可指向结构体数组中的某一个元素，这时结构体指针变量的值是该结构体数组元素的首地址。定义结构体数组的指针和定义其他数组的指针的方法是一样的。

2. 数组元素的引用

如 ps 是指向一维结构体数组 stu 的指针，对数组元素的引用可采用以下三种方法：

(1) 地址法。stu+i 和 ps+i 均表示数组第 i 个元素的地址，数组元素各成员引用形式为：(stu+i)->num、(stu+i)->name 和(ps+i)->num、(ps+i)->name 等。stu+i 和 ps+i 与&stu[i]意义相同。

(2) 指针法。若 ps 指向数组的某一个元素，则 ps++就指向数组中的下一个元素。

(3) 指针的数组表示法。若 ps=stu，则表示指针 ps 指向数组 stu，p[i]表示数组的第 i 个元素，其效果与 stu[i]等同。对数组成员的引用描述为 ps[i].name，ps[i].num 等。

例 6.6　利用指针变量输出结构体数组，其中 stu 数组的存储结构如图 6.6 所示。

```
#include "stdio.h"
struct student
{   int num;
    char *name;
    char sex;
    float score;
}stu[3]={ {101,"Zhao lei",'M',45},{102,"Sun hui",'M',62.5},{103,"Li fang",'F',92.5}};
void main()
{   struct student *ps;
    printf("num\tName\t\tSex\tScore \n");
```

```
    for(ps=stu;ps<stu+3;ps++)
        printf("%d\t%s\t\t %c\t%f\n",ps->num,ps->name,ps->sex,ps->score);
}
```

		num	name	sex	score		
stu	ps →	101	Zhao lei	M	45	stu[0]	ps[0]
stu+1	ps+1 →	102	Sun hui	M	62.5	stu[1]	ps[1]
stu+2	ps+2 →	103	Li fang	F	92.5	stu[2]	ps[2]

图 6.6 stu 数组的存储结构

应该注意的是，一个结构体指针变量虽然可以用来访问结构体变量或结构体数组元素的成员，但是不能使它指向一个成员，也就是说不允许取一个成员的地址来赋予它。因此，“ps=&stu[1].sex;”是错误的，只能是“ps=stu;”或者是“ps=&stu[0];”。

对于指向结构体数组的指针，请注意以下表达式的含义：

(1) 因为“->”运算符优先级最高，所以 ps->num、ps->num++、++ps->num 三个表达式都是对成员变量的操作。

(2) (++ps)->num 先使 ps 加 1，指向下一个元素，然后得到下一个元素的 num 成员的值。

(3) ps++->num 先得到 ps 所指的 num 的值，然后使 ps 加 1，指向下一个元素。

6.5 结构体与函数

实际应用中，函数与函数之间经常需要相互传递结构体类型的数据。把结构体类型的变量或者结构体类型的数组传给函数，有以下三种方法：

(1) 用结构体的成员变量作函数参数。这与把普通变量传给函数是一样的，遵循的是值传递方式。

(2) 用结构体变量作函数的参数。要求形参和实参是同一种结构体类型的结构体变量，传递时采用的也是值传递的方式。即调用发生后，系统先为形参在内存中分配存储空间，然后同类型实参将自身各成员的值依次逐一赋值给形参的对应成员。这一过程无论在空间上还是在时间上都为系统增加了开销，尤其当结构体变量含有很多成员时，系统开销急剧增大，程序效率大幅降低。

(3) 用结构体变量的地址或结构体数组的首地址作为实参。传递时采用地址传递方式，由指向相同结构体类型的指针作为函数的形参来接受该地址值。这样，就使形参直接指向了实参，形参不再另占内存空间。

6.5.1 指向结构体变量的指针作函数参数

因为采用结构体变量作函数的参数是按值传递数据的，所以在函数中对形参的改变是无法影响到主函数中实参的。如果想在调用函数中改变主函数中的实参，可以用结构体变量的地址作为实参，用指向相同结构体类型的结构体指针作为函数的形参来接受该地址值，以实现传地址调用。

例 6.7 在 student 结构体类型中增加一个成员 rank，如果成绩 score 大于或等于 60，rank

的值为“SUCCESS”，否则 rank 的值为“FAIL”。定义一个函数根据学生的成绩计算 rank。

```
#include"stdio.h"
struct student
{     int num;
      char *name;
      char sex;
      float score;
      char *rank;
};
void grade(struct student *p)                    /* 根据学生的分数返回不同的值 */
{   if(p->score<60)   p->rank="FAIL";
    Else              p->rank="SUCCESS";
}
void print(struct student s)
{   printf("num=%d\nname=%s\nsex=%c\nscore=%f\nrank=%s\n\n",s.num,s.name,
          s.sex,s.score,s.rank);
}
void main()
{
      struct student stu1={102,"Zhang ping",'M',78.5};
      grade(&stu1);
      print(stu1);
}
```

程序运行结果为：

```
num=102
name=Zhang ping
sex=M
score=78.500000
rank=SUCCESS
```

6.5.2　结构体变量作为函数的返回值

结构体变量可以作为函数的返回值，具有结构体变量返回值的函数称为结构体函数。在函数定义时，说明返回值的类型为相应的结构体类型，就可以通过 return 语句使该函数返回结构体类型值。

例 6.8　求 n 个学生中成绩最高的学生的信息并输出。

```
#include "stdio.h"
struct student
{     int num;
```

```
        char *name;
        char sex;
        float score;
    };
    struct student fun(struct student *pstud,int n)
    {
        struct student *p,*p_max,*p_end;
        float max=0;
        p=pstud;
        p_max=p;
        p_end=p+n;
        for ( ;p<p_end;p++)
          if (p->score>max)
          {    max=p->score;    p_max=p;    }
      return (*p_max);
    }
    void main ()
    {
      struct student pp,stu[]={ {101,"Zhao lei",'M',45},{102,"Sun hui",'M',62.5},
                                {103,"Li fang",'F',92.5},{104,"Wang hua",'F',89.5}};
      pp=fun (stu,4);
      printf ("%d %-10s %3c %5.1f\n",pp.num, pp.name,pp.sex,pp.score);
    }
```

6.6　共　用　体

共用体是一种与结构体相类似的构造类型，可以包括数目固定、类型不同的若干数据。共用体的所有成员共享一段公共存储空间。所谓共享，不是指把多个成员同时装入一个共用体变量内，而是指该共用体变量可被赋予任一成员值，但每次只能赋一种值，赋予新值则覆盖旧值。共用体类型变量所占内存空间不是各个成员所需存储空间字节数的总和，而是共用体成员中存储空间最大的成员所要求的字节数。

6.6.1　共用体类型的声明

共用体类型必须经过声明之后，才能使用共用体类型说明变量。与结构体类型的声明类似，声明共用体类型的一般形式为：

union 共用体名

{

　　数据类型　成员名 1;

```
        数据类型　成员名 2;
        ...
        数据类型　成员名 n;
    };
```

其中，关键字“union”是共用体的标识符；“共用体名”是所定义的共用体的类型说明符，由用户自己定义，应符合标识符的规定；“{}”中是组成该共用体的成员，每个成员的数据类型既可以是简单的数据类型，也可以是复杂的构造数据类型，成员名的命名应符合标识符的规定。整个声明用分号结束，是一个完整的语句。例如：

```
union data
{    int stud;
     char teach [10];
};
```

声明了一个名为 union data 的共用体类型，它包含两个成员：一个为整型，成员名为 stud；另一个为字符数组，成员名为 teach。这两种数据类型的成员共享同一块内存空间。

6.6.2　共用体变量的定义

共用体变量的定义和结构体变量的定义类似，也有三种形式。以 union data 类型为例，说明如下：

(1) 先定义共用体类型，再定义共用体类型变量：

```
union data
{
    int stud;
    char teach [10];
};
union data un1,un2,un3;
```

(2) 定义共用体类型的同时定义共用体类型变量：

```
union data
{
    int stud;
    char teach [10];
}un1,un2,un3;
```

(3) 直接定义共用体类型变量：

```
union
{    int stud;
     char teach [10];
}un1,un2,un3;
```

经说明后的 un1、un2、un3 变量均为 union data 类型。un1 在内存中的存储情况如图 6.7 所示。

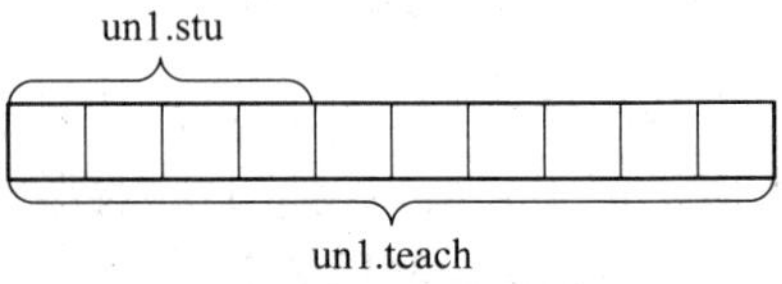

图 6.7　共用体变量的存储

由于在该共用体类型中字符数组占有 10 个字节，是最长的成员，因此为共用体变量 un1

分配 10 个字节的内存单元。un1 变量如果赋予整型值时，只使用 4 个字节；而赋予字符数组时，可使用 10 个字节。

6.6.3　共用体变量的引用

与结构体变量一样，对共用体变量的赋值、使用都只能对变量的成员进行。引用共用体变量的成员形式为：

共用体变量名.成员名

例如，un1 被说明为 union data 类型的变量后，可使用 un1.stud、un1.teach 引用其成员。还可以使用指向共用体类型变量的指针来引用它的成员。格式为：

指向共用体变量的指针名->成员名

例如：

```
union data un1,*p;
p=&un1;
(*p).stud=9;              /* 等价于：p->stud=9; */
```

使用共用体变量应注意以下几个方面：

(1) 共用体变量可以被初始化，但是只能给该共用体变量中的第一个成员初始化，例如：

```
union data
{   int stud;
    char teach [10];
}un1,un2,un3={401};
```

这里，给共用体变量中 un3 的第 1 个成员 stud 初始化，使得 un3. stud 获得值 401。

下面的初始化是错误的：

```
union data
{   int stud;
    char teach [10];
}un1,un2,un3={401, "jsj08012"};
```

(2) 不允许对共用体变量名作赋值或其他操作，也不能企图引用变量名来得到一个值。只有两个具有相同共用体类型的变量才可以互相赋值。例如，下面的语句都是错误的：

```
un1=401;
un1={401, "jsj08012"};
```

(3) 共用体变量的地址和它的各个成员变量的地址相同，例如在上面共用体的定义中，& un1.stud、&un1.teach 和&un1 都是同一个地址。

(4) 一个共用体类型的变量可以用来存放几种不同类型的成员变量，但无法同时存放几种变量，即每一时刻只有一个变量在起作用。因各成员共用一段内存，给一个新的成员赋值就会覆盖原来的成员变量的值，因此在引用变量时，应十分注意当前存放在共用体类型变量中的是哪一个成员变量。在某一时刻，存放和起作用的是最后一次存入的成员值。例如：执行“un1.stud=401;strcpy(un1.teach,"jsj08012");”后，un1. teach 才是有效的成员。同样，也不能企图通过函数“scanf("%d%s",&un1.stud,un1.teach);”得到 un1.stdu 的值，而只能得到 un1.teach 的值。

(5) 共用体变量不能作函数参数，函数的返回值也不能是共用体类型。

(6) 共用体变量可以出现在结构体类型的定义中，也可以定义共用体数组。另外，结构体变量也可以出现在共用体类型的定义中。

例 6.9　设有一个教师与学生通用的表格，教师的数据中有姓名、年龄、职业、教研室四项，学生的数据中有姓名、年龄、职业、班级四项。如果“job”项为“s”(学生)，则第 4 项为 stud_(班级)。如果“job”项是“t”(教师)，则第 4 项为 teach(教研室)。编程输入人员数据，再以表格形式输出。为简化起见，只设两个人(一个学生、一个教师)。

```
#include <stdio.h>
void main( )
{   struct
    {
        char name[10];
        int age;
        char job;
        union
        {   int stud;
            char teach [10];
        }depa;
    }body[2];
    int i;
    for(i=0;i<2;i++)
    {   printf("Input name,age,job and department\n");
        scanf("%s%d%c",body[i].name,&body[i].age,&body[i].job);
        if(body[i].job=='s')         scanf("%d",&body[i].depa.stud);
        else if(body[i].job=='t')    scanf("%s",body[i].depa.teach);
        else                         printf("Input error!\n");
    }
    printf("name\tage\tjob\tstud /teach \n");
    for(i=0;i<2;i++)
    {   if(body[i].job=='s')
            printf("%s\t%d\t%c\t%d\n",body[i].name,body[i].age,body[i].job,
                    body[i].depa.stud);
        else
            printf("%s\t%d\t%c\t%s\n",body[i].name,body[i].age,body[i].job,
                    body[i].depa.teach);
    }
}
```

程序运行结果为：

```
Input name,age,job and department
```

```
LiLi 20s 401
Input name,age,job and department
Zhenyun 35t jsj08012
Name        age     job     stud /teach
LiLi        20      s       401
Zhenyun     35      t       jsj08012
```

在用 scanf 语句输入时要注意，凡是字符数组类型的成员，无论是结构体成员还是共用体成员，在该项前不能再加“&”运算符。

6.7 枚 举 类 型

枚举也是一种构造数据类型，具有枚举类型的变量称为枚举变量。实际上，枚举变量被赋值后，具有一个固定的整数值，又称为枚举常量。

1. 什么是枚举

所谓“枚举”，是指将变量的值一一列举出来。或者说，枚举是若干个具有名称的常量的有序集合。枚举类型给出一个数目固定的若干有序的名称表，称为枚举表。枚举表中的每个数据项称为枚举符。

2. 枚举类型的定义和枚举变量的定义

定义枚举变量之前，应先定义枚举类型。枚举类型定义格式如下：

enum 枚举名 {枚举表}；

其中，enum 是定义枚举类型的关键字；“枚举表”由若干枚举符组成；枚举符是标识符，可以采用含义明确的英文单词或汉语拼音来表示。多个枚举符之间用逗号分隔。枚举表一旦被定义，每个枚举符便是一个确定的整型值。

枚举在日常生活中十分常见，如一周分为 7 天，可定义为如下枚举类型：

```
enum day{sun,mon,tue,wed,thu,fri,sat};
```

其中，day 为枚举名；sun、mon、…、sat 等为枚举符，也称为枚举元素或枚举常量。这些标识符并不自动地代表什么含义。例如，不因为写成 sun，就自动代表“星期天”，写成 sunday 也可以。

枚举变量的定义格式如下：

enum 枚举名 枚举变量名表;

其中，“枚举变量名表”中可以有若干个枚举变量名，多个枚举变量名之间用逗号分隔。例如，定义好一个称之为 day 的枚举类型之后，可以说明 today 是属于该类型的一个变量，它的取值范围被规定为该枚举表中的任一枚举符，只能是 sun 到 sat 之一：

```
enum day today;
```

当然，也可以在声明枚举类型的同时定义枚举变量：

```
enum day{ sun,mon,tue,wed,thu,fri,sat } today;
```

还可以省略枚举类型名，直接定义枚举变量：

```
enum { sun,mon,tue,wed,thu,fri,sat } today;
```

3. 枚举符的值的确定

枚举类型的枚举表中各个枚举符的值为整型值。在枚举表中，首个枚举符的默认值为 0，其后枚举符的值为前一个枚举符的值加 1。例如，前边定义的枚举类型 day 中的枚举表的枚举符 sun，mon，tue，wed，thu，fri，sat 的值依次为 0，1，2，3，4，5，6。如果有赋值语句“today=sat;”则 today 变量的值为 6(而不是名字“sat”)。这个整数是可以输出的。如执行语句“printf("%d",today);”将输出整数 6。

枚举表中的枚举符可以在定义时予以赋值，这时所赋的值便是该枚举符的值，没有被赋值的枚举符的值仍是前边一个枚举符的值加 1。例如：

```
enum day{sun=1,mon,tue=5,wed,thu,fri,sat=11};
```

其中，枚举表中有 3 个枚举符 sun、tue 和 sat 被赋值，于是 sun=1，mon=2，tue=5，wed=6，thu=7，fri=8，sat=11。

4. 枚举变量的操作

(1) 枚举变量的赋值。枚举变量的值只能取枚举类型的枚举表中的枚举符，例如：

```
today=sat;
```

此外，还可通过同类型的枚举变量赋值，例如：

```
enum day{ sun,mon,tue,wed,thu,fri,sat } d1,d2;
d1=sat;
d2=d1;
```

枚举符不是字符常量也不是字符串常量，使用时不要加单、双引号，可直接用于给枚举变量赋值，而枚举变量不能接受一个非枚举常量的赋值，不能把元素的数值直接赋予枚举变量。例如：

```
today=sun;      (正确)
today=2;        (错误)
```

如果一定要把数值赋予枚举变量，可以将一个整数经过强制类型转换后赋给枚举变量。例如：

```
today=(enum day)2;
```

相当于：

```
today=tue；
```

(2) 枚举符可以进行加(减)整型数运算。可以使用枚举符加(减)一个整型数的表达式给枚举变量赋值，例如：

```
d1=sun+2;
d2=sat-3;
```

(3) 枚举元素还可以用来作判断比较。例如：

```
if (today>tue)    …;
```

枚举元素的比较规则是：按其在定义时的顺序号比较。如果定义时没有人为指定，则第一个枚举元素的值认作 0。故 mon>sun，fri>thu，…。

(4) 枚举变量可以作循环变量。枚举变量作循环变量时，通常要进行赋值操作、比较操作、增 1 或减 1 操作。例如：

```
    for(today=sun;today<=sat;today++)    printf("%d",today);
```

输出结果如下：

```
    0123456
```

(5) 枚举变量的输入、输出操作。枚举变量只能通过赋值获得值，而不能通过 scanf( ) 函数从键盘输入获值。

枚举变量可以通过 printf( )函数输出其枚举符的值，即整型数值，但不能直接输出其标识符。要想输出其标识符，可通过数组或 switch 语句将枚举值转换为相应的字符串进行输出。

(6) 枚举变量的作用域与结构体变量以及普通变量定义的作用域类似。在定义时，必须确保在同一作用域内定义的其他变量和枚举值的名字之间是唯一的。

例 6.10　顺序输出 5 种颜色名。

```
#include <stdio.h>
void main()
{     enum color {red,yellow,blue,white,black};
      enum color c;
      for(c=red;c<=black;c++)
      switch(c)
            case red:       printf("red");break;
            case yellow: printf("yellow");break;
            case blue:      printf("blue");break;
            case white:     printf("white");break;
            case black:     printf("black");break;
      }
}
```

不用枚举变量而用常数 0 代表“红”，1 代表“黄”……，可以吗？完全可以，但显然用枚举变量更直观，枚举元素都选用了令人“见名知义”标识符。

6.8　类型定义语句 typedef

1. 类型定义含义和类型定义语句

C 语言具有较丰富的数据类型，不仅有基本类型，还有构造类型。本节讲述的类型定义不是用来定义新类型，而是对已有的数据类型或已被定义的类型用一种新的类型名来替代，或者说类型定义是在给已有的类型起一个别名，再用别名去定义变量。

类型定义语句格式为：

typedef　原类型名　新类型名表;

其中，typedef 是类型定义语句的关键字；“原类型名”包括 C 语言中已被定义的合法的数据类型说明符(如 char、int、double 等)和已用类型定义语句定义过的类型名(结构体、共用体、指针、数组、枚举等类型名)；“新类型名表”为所定义的新的类型名，该表中可以有一个类型名，也可以有多个类型名，多个类型名之间用逗号分隔。新类型名习惯上用大写字母表示，以便与 C 语言中原有的类型说明符加以区别。类型定义语句以“；”结束。例如：

```
typedef int INTEGER;
typedef float REAL;
```

这里，int 与 INTEGER 等价，float 与 REAL 等价，以后在程序中可任意使用两种类型名说明具体变量的数据类型。例如：

```
int i,j;        等价于    INTEGER i,j;
float a,b;      等价于    REAL a,b;
```

2. 类型定义的作用

(1) 使用类型定义会给所定义的变量带来一些有用的信息。例如，一般地，定义 3 个 int 型变量格式如下：

```
int a,b,c;
```

这里，只知道 a，b，c 是 3 个 int 型变量，不再知道其他信息。下面通过类型定义，再对 a，b，c 进行重新定义：

```
typedef int FEET,INCHES;
FEET a,b;
INCHES c;
```

于是可知道 a 和 b 是表示长度英尺的 int 型变量，c 是表示长度英寸的 int 型变量。

(2) 使用类型定义可以使得书写简单。通过用类型定义将一个复杂类型定义为一个简单形式，给书写上带来方便。下面使用类型定义将一个结构体类型进行简化。

```
struct student
{   int num;
    char name[10];
    char sex;
    float score;
};
```

如果要定义结构体变量 stu1，stu2，可以使用 typedef 来简化变量的定义，方法如下：

```
typedef struct student STU;
STU stu1,stu2;
```

以后再定义其他变量则可直接用 STU 代替 struct student。

若要定义结构体指针变量 q，也可以使用 typedef 来简化定义，方法如下：

```
typedef struct student *P_STU;
P_STU q;
```

注意：此时在 q 前不能再加指针定义符“*”。

(3) 类型定义语句定义的新类型，再用来定义变量时，系统会进行类型检查，这样可以增加数据的安全性。

在应用 typedef 定义新的类型名时，应注意以下几点：

(1) 用 typedef 语句只是给已经存在的类型起了一个新的类型名，并没有创建一个新的数据类型。

(2) typedef 语句只能用来定义类型名，而不能用来定义变量。

(3) 当不同源文件需要共用一些数据类型时，常用 typedef 定义这些数据类型，把它们单独放在一个文件中，然后在需要它们时用#include 命令把它们包含进来。

6.9 小　结

本章学习了 C 语言的构造类型——结构体、共用体及枚举类型，以及用 typedef 自定义类型。具体介绍了结构体、结构体数组和共用体的说明形式、初始化及成员的引用方法；结构体或指向结构体的指针为参数或返回值的函数的定义形式和调用方法；typedef 说明的形式、typedef 定义类型名的用法。其中，构造类型是由基本类型导出的类型。基本类型的数据有常量、变量之分，而构造类型没有常量，只有变量。

数组只允许把同一类型的数据组织在一起。在实际应用中，有时需要将不同类型的并且相关联的数据组合成一个有机的整体，并利用一个变量来描述它。C 语言提供了结构体类型来描述这类数据。结构体类型：不分配内存，不能赋值、存取、运算。结构体变量：分配内存，可以赋值、存取、运算。结构体变量不能作为整体进行输入、输出，不能整体进行比较，只有对结构体成员才可以进行各种运算、赋值、输入、输出。结构体中每个成员相互独立，不占用同一存储单元。结构体变量可以直接作函数参数，利用指针能够灵活处理结构体变量和数组，并能实现结构体变量的地址传递。

C 语言中还提供了另外一种在定义和使用等方面与结构体十分相似的数据类型——共用体。共用体是多种数据的覆盖存储，几个不同的变量共占同一段内存，且都是从同一地址开始存储的，只是任意时刻只存储一种数据。结构体和共用体变量都有三种定义方式，在定义时可以互相嵌套，都可用“.”或“->”访问成员，它们的成员都可参与成员类型允许的一切运算。

“枚举”就是将变量可取的值一一列举出来。

用关键字 typedef 可以定义某个类型的新类型名，之后可用新类型名定义变量、形参、函数等。新类型名又称此类型的别名，引用它可增强程序的通用性、灵活性及可读性。

正是由于 C 语言具有这样丰富的数据类型和相应强有力的处理能力，因此使用它编写大型复杂程序十分方便，并且可提高程序的执行效率。

习　题　六

1. 选择题

(1) 在说明一个结构体变量时系统分配给它的存储空间是________。

A. 该结构体中第一个成员所需存储空间

B. 该结构体中最后一个成员所需存储空间

C. 该结构体中占用最大存储空间的成员所需存储空间

D. 该结构体中所有成员所需存储空间的总和

(2) 在说明一个共用体变量时系统分配给它的存储空间是________。

A. 该共用体中第一个成员所需存储空间

B. 该共用体中最后一个成员所需存储空间

C. 该共用体中占用最大存储空间的成员所需存储空间

D. 该共用体中所有成员所需存储空间的总和

(3) 共用体类型在任一给定时刻，__________。

A. 所有成员一直驻留在内存中　　B. 只有一个成员驻留在内存中

C. 部分成员驻留在内存中　　D. 没有成员驻留在内存中

(4) 已知职工记录描述为：

```
struct workers
{
   int no;
   char name[20];
   char sex;
   struct
   {   int day, month ,year;
   }birth;
};
struct workers   w;
```

设变量 w 中的“生日”应是“1993 年 10 月 25 日”，下列对“生日”的正确赋值方式是_______。

A. day=25; month=10; year=1993;

B. w.day=25; w.month=10; w.year=1993;

C. w.birth.day=25; w.birth.month=10; w.birth.year=1993;

D. birth.day=25; birth.month=10; birth.year=1993;

(5) 设有如下定义：

```
struct sk
{   int a;
    float b;
}data,*p;
```

若有 p=&data;，则对 data 中的 a 成员的正确引用是________。

A. (*p).data.a

B. (*p).a

C. p->data.a

D. p.data.a

(6) 下列关于类型定义的描述中，错误的是________。

A. 类型定义是一条语句，应用分号“;”结束

B. 类型定义语句中一次只能定义一个新的类型

C. 类型定义是可以嵌套的

D. 类型定义与宏定义是完全不同的

(7) 设有定义

```
struct complex
{     int    real, unreal ;    } datal={1,8},data2;
```

则以下赋值语句中错误的是________。

A. data2=data1;　　B. data2=(2,6);

C. data2.real1=data1.real;　　D. data2.real=data1.unreal;

(8) 有以下程序：

```
#include <stdio.h>
#include <string.h>
struct A
{   int a;    char b[10];   double c;};
void f(struct   A   t);
void main()
{   struct   A   a={1001,"ZhangDa",1098.0};
    f(a); printf("%d,%s,%6.1f\n",a.a,a.b,a.c);
}
void f(struct   A   t)
{   t.a=1002;strcpy(t.b, "ChangRong");t.c=1202.0;}
```

程序运行后的输出结果是________。

A. 1001,ZhangDa,1098.0　　B. 1002,ChangRong,1202.0

C. 1001,ChangRong,1098.0　　D. 1002,ZhangDa,1202.0

(9) 有以下定义和语句：

```
struct   workers
{   int   num; char name[20];char c;
    struct
{   int day;int month;int year;} s;
};
struct workers   w,*pw;
pw=&w;
```

能给 w 中 year 成员赋 1980 的语句是________。

A. *pw.year=1980;　　B. w.year=1980;

C. pw->year=1980;　　D. w.s.year=1980;

(10) 下面结构体的定义语句中，错误的是________。

A. struct ord {int x;int y;int z;}; struct ord a;　　B. struct ord {int x;int y;int z;} struct ord a;

C. struct ord {int x;int y;int z;} a;　　D. struct {int x;int y;int z;} a;

2. 填空题

(1) 若有以下说明和定义且数组 w 和变量 k 已正确赋值，则对 w 数组中第 k 个元素中各成员的正确引用形式是__________、______________、______________ 。

```
struct aa
{
    int b;
    char c;
```

```
    double d;
};
struct aa w[10];
int k=3;
```

(2) 若有以下说明和定义，则对 x.b 成员的另外两种引用形式是________和________。

```
struct st
{   int a;
    struct st *b;
}*p, x;
p=&x;
```

3. 阅读下面程序，写出运行结果

(1)

```
#include <stdio.h>
struct tree
{
    int x;
    char *s;
}t;
func(struct tree t )
{
    t.x=10;
    t.s="computer";
    return(0);
}
void main()
{
    t.x=1;
    t.s="minicomputer";
    func(t);
    printf("%d,%s\n",t.x,t.s);
}
```

(2)

```
#include <stdio.h>
void main()
{
    union
    {
        char s[2];
        int i;
    }a;
    a.i=0x1234;
```

```
    printf("%x,%x\n",a.s[0],a.s[1]);
  }
```

(3)
```
#include <stdio.h>
struct st
{
   int x;
   int *y;
}*p;
int s[]={10,20,30,40};
struct st a[]={1,&s[0],2,&s[1],3,&s[2],4,&s[3]};
void main()
{   p=a;
    printf("%d,",p->x);
    printf("%d,",(++p)->x);
    printf("%d,",*(++p)->y);
}
```

(4)
```
include <stdio.h>
typedef   union
{   long a[2];
    int b;
    char c[8];
}TY;
TY   our;
void main()
{
   printf("%d\n",sizeof(our));
}
```

4. 编程题

(1) 编写程序输入一个学生记录，记录包含学号、姓名、性别和成绩信息，从键盘输入这些数据，并且显示出来。

(2) 有若干运动员，每个运动员包括编号、姓名、性别、年龄、身高、体重。如果性别为男，参赛项目为长跑和登山；如果性别为女，参赛项目为短跑、跳绳。用一个函数输入运动员信息，用另一个函数输出运动员的信息，再建立一个函数求所有参赛运动员每个项目的平均成绩。

(3) 一个班有 30 名学生，每个学生的数据包括学号、姓名、性别及两门课的成绩，现从键盘上输入这些数据，并且要求：输出每个学生两门课的平均分；输出每门课的全班平均分；输出姓名为“zhangliang”的学生的两门课的成绩。

(4) 定义枚举类型 money，用枚举元素代表人民币的面值，包括 1 分、2 分、5 分，1 角、2 角、5 角，1 元、2 元、5 元、10 元、50 元、100 元。

第 7 章　编译预处理

教学目标

※ 了解“编译预处理”的基本概念。

※ 深入掌握各种预处理命令的定义和使用方法。

※ 理解宏替换的实质含义，深入掌握带参宏的扩展过程。

※ 了解文件包含的基本概念。

※ 理解条件编译的用途。

编译预处理是指 C 语言对源程序在正常编译(包括词法分析、语法分析、代码生成和代码优化)之前先执行源程序中的预处理命令。预处理后，源程序再被正常编译，以得到目标代码(OBJ 文件)。通常把预处理看做编译的一部分，是编译中最先执行的部分。

编译预处理命令不属于 C 语言语句的范畴，所使用的命令单词也不是 C 语言的保留字，在程序中书写时后边不加语句结束符“;”，但是前边要加一个符号“#”。在 C 语言源程序中，凡是前边加有“#”号的行都是预处理命令。如果一行书写不下，可用反斜线“\”和回车键来结束本行，然后在下一行继续书写。多数编译预处理命令放在程序头，也可以根据需要放在程序中间或程序末尾等任何位置。

C 语言的编译预处理功能独特于许多语言。合理地使用编译预处理功能编写的程序便于阅读、修改、移植和调试，可以有效地提高程序的编译效率，也有利于模块化程序设计。

7.1　宏　定　义

在 C 语言源程序中允许用一个标识符来表示一个字符串，称为宏。被定义为宏的标识符称为宏名。在编译预处理时，对程序中所有出现的宏名，都用宏定义中的字符串去代换，称为宏代换或宏展开。通常对程序中反复使用的表达式进行宏定义。

宏定义是由源程序中的宏定义命令完成的。宏代换是由预处理程序自动完成的。在 C 语言中，宏分为有参宏和无参宏两种。下面分别讨论这两种宏的定义和调用。

7.1.1　无参宏定义

无参宏的宏名后不带参数。其定义的一般形式为：

#define 标识符 字符串

其中，“#”表示这是一条预处理命令；“define”表示宏定义命令；“标识符”为所定义的宏名，它的写法同标识符，也叫符号常量，一般用大写字母表示；“字符串”用来表示标识符被定义的内容，它通常是常数、表达式、格式串等。前面介绍过的符号常量的定义就是一种无参宏定义。例如：

```
#define PI 3.1415926
```

这种方法使用户能以一个简单的名字代替一个长的字符串，从而减少程序中重复书写该字符串的工作量，而且用符号常量的含义作为该字符串的名称，可以使编程人员见名知义，提高程序的可读性。特别是这些常量的值需要改变时，只需改变#define命令行即可。

说明：

(1) 在使用宏定义命令定义符号常量时，通常宏名使用大写字母，以便与变量区别。这是一种习惯，当然宏名用小写字母也不会出现语法错误。

(2) 预处理程序对符号常量的处理只是进行简单的替换工作，不作语法检查，如果程序中使用的预处理语句有错，则只能在正式的编译阶段检查出来。

例如，在宏定义"#define PI 3.l4l5926"中，错误地将字符串3.1415926中的数字1写成了字母l，则在编译预处理时会将程序中的标识符PI都替换成错误的字符串3.l4l5926，只有对源程序进行通常的编译时，才会发现此类错误。

(3) 宏定义不是语句，在行末不必加分号，如加上分号则连分号也一起置换。

(4) 宏定义可以嵌套，即在一个宏定义命令中可以使用已被定义的宏名作为其字符串。例如：

```
#define WIDTH   2
#define LENGTH   (WIDTH+3)
#define AREA   (LENGTH*WIDTH)
```

在程序中如果出现了宏定义嵌套的情况，宏替换时就要从后向前逐层替换。例如，在上面的宏定义嵌套的例子中，程序中出现了下述语句：

area=2*AREA;

替换时应按下述步骤逐步替换：

① 替换宏名AREA，替换结果为：

area=2*(LENGTH*WIDTH);

② 替换宏名LENGTH，替换结果为：

area＝2*((WIDTH+3) *WIDTH);

③ 替换宏名WIDTH，替换结果为：

area=2*((2+3)*2);

(5) 对于加有双引号的字符串中出现的宏名不进行替换。例如：

```
#define TWO 2*n
…
int n=8;
printf("TWO=%d\n",TWO);
…
```

运行该程序后，输出结果为：

TWO=16

(6) 宏名的作用域为定义该宏名的文件，即宏名的作用域是文件级的，从定义时起到文件结束为止。如果有终止宏名命令，则其作用域到终止宏名命令为止。终止宏名命令的格式为：

```
#undef 标识符
```

其中，“标识符”为被终止的宏名。例如：

```
#define M 50
…
#undef   M
```

该程序段开始定义符号常量M，于是M开始起作用，直到执行了预处理命令undef后，M不再是符号常量，它变得没有定义。

思考：

① 一个宏名重复定义会出现什么问题？

② 一个宏名被终止后再使用会出现什么问题？

(7) 宏定义时必须注意字符串部分的书写，保证在宏代换之后与原题意相符。例如：

```
#define M (y*y+3*y)
#include <stdio.h>
void main()
{   int s,y;
    printf("input a number: ");
    scanf("%d",&y);
    s=3*M+4*M+5*M;
    printf("s=%d\n",s);
}
```

在宏定义中表达式(y*y+3*y)两边的括号不能少，否则在宏展开时将得到下述语句：

```
s=3*y*y+3*y+4*y*y+3*y+5*y*y+3*y;
```

显然与原题意要求不符。计算结果当然是错误的。因此在作宏定义时必须十分注意，应保证在宏代换之后不发生错误。

7.1.2 带参宏定义

除了不带参数的宏定义之外，C语言还提供了一种带参数的宏定义。在宏定义中的参数称为形参，在宏调用中的参数称为实参。

带参宏定义的一般形式为：

#define 宏名(形参表) 字符串

其中，“宏名”同标识符，习惯采用大写字母；“形参表”由一个或多个参数组成，多个参数之间用逗号分隔，说明参数时不加类型说明；“字符串”中包含了“形参表”中所指定的参数，它可以由若干条语句组成。

带参宏调用的一般形式为：

宏名(实参表)

带参数的宏定义命令进行宏替换时，不是简单地用“字符串”来替换“宏名”，而是使用“实参”来代换“形参”，其余部分保持不变。

例如，求一个表达式平方的带参数的宏定义命令：

```
#define SQ(x) (x)*(x)
```

其中，SQ 是宏名，x 是形参，字符串是(x)*(x)，这里的括号很重要，可以避免优先级造成的误解。

在程序中有一个需要进行替换的语句：

```
a=SQ(5);
```

其中，SQ 是前面已定义的带参数的宏名，其参数 5 是实参。替换时，将用实参 5 替换宏体中出现的形参 x。替换后的结果为：

```
a=(5)*(5);
```

说明：

(1) 带参宏定义中，宏名和形参表之间不能有空格出现，否则将空格符后边的内容都作为字符串，成为不带参数的宏定义语句了。例如：

```
#define ADD   (x,y) (x)+(y)
```

看起来像是带参数的宏定义命令，实际上是不带参数的定义命令，是将宏名 ADD 定义为"(x,y) (x)+(y)"。

(2) 宏代换中的实参一般为常量、变量或表达式。在宏展开后容易引起误解的表达式，在宏定义时，应将表达式用圆括号括起来，形式参数两边也应加括号。例如：

```
#define SQ(x)   x*x
```

若程序中有语句：

```
a=1/SQ(m+n);
```

被替换后，成为下述语句：

```
a=1/m+n*m+n;
```

如果本意是要求被替换为"a=1/((m+n)*(m+n));"，则宏定义时应该采用下述格式：

```
#define SQ(x) ((x)*(x))
```

(3) 在带参数宏定义中，也可以引用已定义过的宏定义。例如：

```
#define PI 3.1415926
#define S (r) PI*r*r
#define V(r) 3.0/4* S(r)*r
```

例 7.1　已知三角形的三条边 a、b、c，求三角形的面积。

```
#include <stdio.h>
#include <math.h>
#define S(a,b,c) (a+b+c)/2
#define Srt(a,b,c) S(a,b,c)*(S(a,b,c)-a)*(S(a,b,c)-b)*(S(a,b,c)-c)
#define Area(a,b,c) sqrt(Srt(a,b,c))
void main()
{   int x=44,y=67,z=30;
    float area;
    area=Area(x,y,z);
    printf("area=%.2f\n",area);
}
```

带参数宏与函数虽有许多相似之处，但二者在本质上是不同的。

(1) 定义形式不同。

(2) 处理时间不同。带参数的宏定义命令是在正常编译前处理的，将预处理命令处理后再进行正常编译；函数则在编译后进行连接，在运行时执行。

(3) 处理机制不同。带参数的宏定义命令在被处理时是用实参替代形参，且宏替换不作计算，只是进行简单的字符原样代换，对其类型没有要求；函数调用时要把实参表达式的值求出来，然后将它代入形参，要求函数的实参与形参对应的类型一致。

(4) 时间和空间开销不同。带参数的宏定义命令在替换后源程序会变长，然后进行编译连接生成目标代码和可执行程序，宏代换不占程序运行时间，只占编译时间，并且不给它分配存储单元，不进行值的传递，也没有返回值；函数在编译时只是将函数连接到调用该函数的程序中，不会使源程序变长，但是函数调用是在程序运行中处理的，临时给形式参数分配存储单元，还需要有额外的时间和空间开销，因为函数被调用前要保留现场，调用后要恢复现场，因此函数调用所花费的额外开销要比宏定义长。在应用中，调用频繁、函数体较小的函数通常采取带参数宏定义命令的方式，这样可以提高程序的运行效率。

(5) 带参数的宏定义命令可以设法获得多个结果，而函数的返回值只能有一个。例如：

```
#define SSSV(s1,s2,s3,v) s1=l*w;s2=l*h;s3=w*h;v=w*l*h;
#include < stdio.h >
void main()
{   int l=3,w=4,h=5,sa,sb,sc,vv;
    SSSV(sa,sb,sc,vv);
    printf("sa=%d\nsb=%d\nsc=%d\nvv=%d\n",sa,sb,sc,vv);
}
```

程序第一行为宏定义，用宏名 SSSV 表示四个赋值语句，四个形参分别为四个赋值符左部的变量。在宏调用时，把四个语句展开并用实参代替形参，使计算结果送入实参之中。

(6) 把同一表达式用函数处理与用宏处理两者的结果有可能是不同的。

例 7.2　观察同一表达式用函数处理与用宏处理两者的结果。

```
#include <stdio.h>
#define HSQ(y) ((y)*(y))
SQ(int y)
{   return((y)*(y));   }
void main()
{     int i=1;
      while(i<=5)         printf("%d\n",HSQ(i++));
      i=1;
      while(i<=5)         printf("%d\n",SQ(i++));
}
```

7.2　文 件 包 含

文件包含是 C 预处理功能中最常用的一个命令，使用该命令可以在一个源文件中包含另一个源文件的全部内容，使之成为本文件自身的一部分。文件包含是通过#include 命令实现的，一般放在源程序的开头。一般形式为：

#include "文件名"

或

#include 〈文件名〉

其中，“文件名”是指被包含的文件名称，可以是用户编制的程序文件，也可以是存在于系统中的标题文件，即扩展名为“.h”的头文件。例如：

```
#include "stdio.h"
```

是常用的一个文件包含处理。其作用是将标准输入、输出函数的头文件 stdio.h 的所有内容嵌入该预处理命令处，使它成为源程序的一部分。

文件包含命令的用途主要是减少编程人员的重复劳动，使得程序更加简洁明了。在实际应用中，通常把若干个程序都需要使用的内容放到一个头文件中，在每个程序中都包含这个头文件，而不必将那些重复作用的内容再书写一遍。但是，文件包含命令并不减少程序的目标代码，如果使用不当或者被包含的文件中含有不是该程序所需的内容，则会增加程序代码的长度。

关于文件包含命令，要注意以下几点：

(1) 在文件包含预处理命令中，文件名可以用一对尖括号“<>”括起来，也可以用双引号“""”括起来，差别在于指示编译系统使用不同的方式搜索被包含文件。

① 当使用尖括号时，其意义是指示编译系统在系统设定的标准子目录 include 中查找被包含的文件。如果在标准子目录中不存在指定的文件，则编译系统会发出错误信息，并停止编译过程。

② 当用双引号括住被包含文件且文件名中无路径时，编译系统首先在源程序所在的目录中查找，如果没有，再到系统设定的标准子目录 include 中查找。系统提供的头文件也可以使用这种方式，只是在查找时会浪费一些时间。因此，用户自定义的文件应该使用这种方式。用户自定义文件可以是后缀为 .h 的文件，也可以是其他的源文件(例如，后缀为 .c 的文件)。文件名前可以指定文件的路径。例如：

```
#include "C:\user\user.h"
```

表示编译系统将在 C 盘 user 子目录下查找文件 user.h。

(2) 在编译预处理时，文件包含命令行由被包含文件的内容替换，成为源程序文件内容的一部分，与其他源程序代码一起参加编译。

(3) 一个 #include 命令只能指定一个被包含的文件，若要包含多个文件，则必须使用多个 #include 命令。例如：

```
#include <stdio.h>
#include <math.h>
#include <graphics.h>
```

下列的文件包含命令是错误的：

```
#include <stdio.h> <math.h> <graphics.h>
```

(4) 文件包含可以嵌套，即在一个被包含文件中还可以包含另外的被包含文件。例如：源文件 file.c 中有文件包含命令 #include <file1.h>，而文件 file1.h 又包含了文件 file2.h，如

图 7.1 所示，相当于在文件 file.c 中有下列文件包含命令行：

```
#include <file2.h>
#include <file1.h>
```

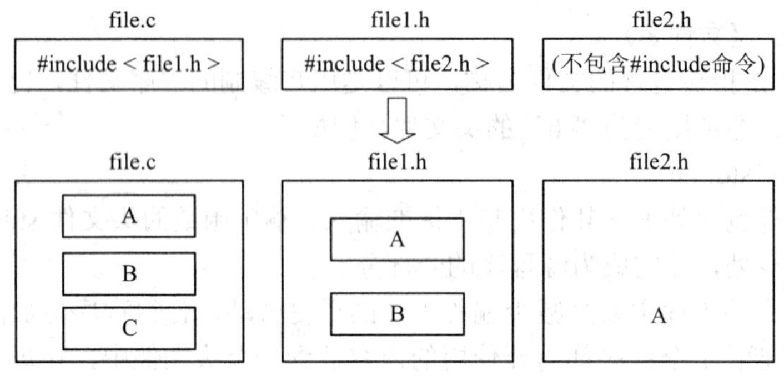

图 7.1　文件包含图示

7.3　条 件 编 译

通常情况下，C 语言程序的所有行都要进行编译，但有时可能希望程序的某部分在满足一定的条件下进行编译，或者在满足一定的条件下不进行编译，这就是条件编译。

预处理程序提供了条件编译的功能，因而产生不同的目标代码文件，使生成的目标程序较短，从而减少了内存的开销并提高了程序的效率，这对于程序的移植和调试是很有用的。

1. 条件编译命令的格式

条件编译有以下三种形式。

第一种形式：

```
#ifdef 标识符
    程序段 1
#else
    程序段 2
#endif
```

其中，“标识符”为宏名，该宏名在此前可以定义，也可以没有定义；“程序段 1”和“程序段 2”是由语句或预处理命令组成的程序序列。

该种格式的功能是：如果标识符已被 #define 命令定义过，则对程序段 1 进行编译；否则对程序段 2 进行编译。如果没有程序段 2(为空)，本格式中的#else 可以没有，即可以写为：

```
#ifdef 标识符
    程序段
#endif
```

被简化后的格式的功能是：当“标识符”中的宏名被定义时，“程序段”中的内容参加编译，否则“程序段”的内容不参加编译。

第二种形式：

```
#ifndef 标识符
    程序段 1
#else
    程序段 2
#endif
```

与第一种形式的区别是将“ifdef”改为了“ifndef”。它的功能是：如果标识符未被#define 命令定义过，则对程序段 1 进行编译，否则对程序段 2 进行编译。这与第一种形式的功能正好相反。

第三种形式：

```
#if 常量表达式
    程序段 1
#else
    程序段 2
#endif
```

它的功能是：如果常量表达式的值为真(非“0”)，则对程序段 1 进行编译，否则对程序段 2 进行编译。因此可以使程序在不同条件下，完成不同的功能。其中的表达式必须为常量表达式，在表达式中不能包含变量。因为条件编译在编译预处理时进行，而在预处理时不可能知道变量的实际值。

2. 条件编译命令的应用

(1) 条件编译命令可以给程序调试带来方便。在源程序的调试中，为了跟踪程序的执行情况，通常在程序中加入一些输出信息的语句，通过这些输出信息来判断程序执行的情况，进而查找错误，这是一种常用的调试手段。使用这种方法调试程序，在调试结束后，需要把添加的那些输出信息的语句删除。在删除这些语句时应特别小心，不可多删，也不可少删，否则将出错。使用条件编译命令可以解决上述问题。在使用条件编译命令调试程序时，在满足调试条件的情况下，加入所需要的输出信息的语句参加编译，通过输出的信息来分析程序的问题。当程序调试完成后，只要改变其编译条件，使之不满足调试条件，原来被添加的那些输出信息的语句便不再参与编译，它们相当于被删除了，再重新编译时，所生成的可执行的目标代码中将不会包含调试程序时所加入的语句。

(2) 条件编译命令可以使一个源程序生成不同的目标代码。使用条件编译命令可以使得一个源程序在设置的不同条件下生成不同的目标代码。例如，可将一个源程序通过条件编译命令编译后生成能够在 16 位机上运行的目标代码，也可以生成能够在 32 位机上运行的目标代码。由于在 16 位机和在 32 位机上的主要不同是整型数的长度，因此可在该程序中加上下述条件编译命令：

```
#ifdef PC16
    #define INTSIZE 16
#else
    #define INTSIZE 32
#endif
```

(3) 使用条件编译命令替代 if 语句会减少目标代码的长度。条件编译也可以用条件语句来实现，但是用条件语句将会对整个源程序进行编译，生成的目标代码程序会很长。采用条件编译时，根据条件只编译其中的程序段 1 或程序段 2，生成的目标程序较短。如果条件选择执行的程序段很长，则采用条件编译的方法是十分必要的。

7.4 小　结

本章介绍了宏定义、文件包含和条件编译三种编译预处理。编译预处理功能是 C 语言特有的功能，也是 C 语言与其他高级语言的重要区别之一。

宏定义是用一个标识符来表示一个字符串，这个字符串可以是常量、变量或表达式。在宏调用中将用该字符串代换宏名。宏定义可以带有参数，宏调用时是以实参代换形参，而不是“值传送”。为了避免宏代换时发生错误，宏定义中的字符串应加括号，字符串中出现的形式参数两边也应加括号。

文件包含命令用来把多个源文件连接成一个源文件进行编译，结果将生成一个目标文件，给程序书写带来了很大的方便。

条件编译允许只编译源程序中满足条件的程序段，使生成的目标程序较短，从而减少了内存的开销并提高了程序的效率。

使用预处理功能便于程序的修改、阅读、移植和调试，也便于实现模块化程序设计。

习　题　七

1. 选择题

(1) C 语言的编译系统对宏命令是________。

A. 在程序运行时进行处理的

B. 在程序连接时进行处理的

C. 和源程序中的其他 C 语言同时进行编译的

D. 在对源程序中其他成分正式编译之前进行处理的

(2) 以下叙述不正确的是_______。

A. 预处理命令行都必须以“#”开始

B. 在程序中凡是以“#”开始的语句行都是预处理命令行

C. C 程序在执行过程中对预处理命令行进行处理

D. “#define　ABCD 5”是正确的宏定义

(3) 下列关于预处理命令的描述中，错误的是________。

A. 预处理命令都是以“#”字符开头的

B. 预处理命令是在程序运行时处理的

C. 预处理命令可放在程序首部，也可以放在程序其他位置

D. 预处理命令在书写时不用分号“;”结束

(4) 下列关于宏定义命令的描述中，错误的是________。

A. 宏定义命令有两种：不带参数的宏定义命令和带参数的宏定义命令

B. 宏定义命令在程序中会出现宏名在编译前被替换

C. 带参数的宏定义命令中，参数表中必须指出参数的类型

D. 宏替换是在正常编译前进行的，实际上是占用编译时间

(5) 下列关于文件包含命令的描述中，错误的是________。

A. 文件包含命令只能放在程序首部

B. 文件包含命令可以包含C的源文件

C. 文件包含命令包含用户自定义的头文件时可以选用双撇号("")

D. 文件包含命令一次只能包含一个文件

(6) 下列关于条件编译命令的描述中，错误的是________。

A. 条件编译命令中可以使用标识符作为条件，也可以使用表达式作为条件

B. 条件编译命令通常有3种格式供用户选择

C. 条件编译命令中的〈程序段〉中可以是语句，也可以是预处理命令

D. 以标识符为条件的条件编译命令中，事先必须对标识符进行宏定义

(7) 以下程序运行后的结果是________。

```
#include <stdio.h>
#define  SUB(a)  (a)-(a)
void main()
{  int  a=2,b=3,c=5,d;
   d=SUB(a+b)*c;
   printf("%d\n",d);
}
```

A. 0　　B. −12　　C. −20　　D. 10

(8) 有以下程序，运行后的输出结果是________。

```
#include <stdio.h>
#define f(x) x*x*x
void main()
{  int a=3,s,t;
   s=f(a+1);   t=f((a+1));
   printf("%d,%d\n",s,t);
}
```

A. 10,64　　B. 10,10　　C. 64,10　　D. 64,64

2. 填空题

(1) 有下列语句：

```
#define  N  2
#define  Y(n)  ((N+1)*n)
```

则执行语句“z=2*(N+Y(5));”后的结果是________。

(2) 常用的三种预处理命令分别是________、________、________。

(3) 文件包含命令中，有两种引用包含文件的方式，分别是用________和________。

(4) 带参数宏定义命令进行宏替换时，使用程序中宏定义语句中的__________来替代宏体中的__________，宏体中的其他内容__________。

(5) 已知“#define B(a,b) a+1/b”，则表达式 B(5,1+3)的值是__________。

3. 读程序

(1) 写出下面程序的输出结果。

```
#include "stdio.h"
#define   M     8
#define   N     M+1
#define   Q    N+N/3
void main()
{     printf("%d\n",Q);
      printf("%d\n",5*Q);
}
```

(2) 写出以下程序的输出结果。

```
#include    "stdio.h"
#define     MAX(x,y)   (x)>(y)?(x):(y)
void main()
{    int a=1,b=2,c=3,d=2,t;
     t=MAX(a+b,c+d)*100;
     printf("%d\n",t);
}
```

(3) 分析以下程序，写出程序所实现的功能。

a.c 文件:

```
#include    <stdio.h>
#include    "myfile.h"
void main()
{     func();     }                /*func()函数定义在 myfile.h 文件中*/
myfile.h 文件:
func()                             /*func()为一个递归函数*/
{    char c;
     if((c=getchar())!='\n')     func();
     putchar(c);
}
```

4. 编程题

(1) 编写一个程序求 3 个数中的最小值，要求用带参宏实现。

(2) 编写一个程序求一个一维数组中所有元素之和。要求采用 input.c 文件存放数组元素，sum.c 文件计算数组元素之和并输出结果，mfile.c 文件存放主函数。

第8章　文　　件

教学目标

※ 了解C语言中文件的基本概念及文件指针的意义。

※ 掌握文件的操作步骤和简单的输入、输出操作。

※ 掌握有关文件操作的常用标准函数的使用方法。

前面示例程序中所用到的数据，绝大部分是通过键盘输入的。设想为一个2000名职工的单位设计工资管理程序，要求每月进行工资数据的输入以便计算和打印实发工资表。在输入中如果有输入错误的数据，则需要全部重新输入。对于这种大量数据，显然从键盘输入并做到准确无误，是一件困难的事情，况且各月输入的大量数据都是基本不变的，如职工号、姓名、基本工资、补贴等信息。那么，能不能将这些数据存放在磁盘上，供程序读取呢？程序运行的大量结果可不可以放到硬盘中保存呢？回答是肯定的！如果需要长期保存程序运行所需的原始数据或程序运行产生的结果，就必须以文件形式存储到外部存储介质上。

8.1　文件概述

文件是程序设计中的一个重要概念。所谓文件，是指一组相关数据的有序集合。这个数据集有一个名称，叫做文件名。实际上在前面的各章中已经多次使用了文件，如源程序文件、目标文件、可执行文件、库文件(头文件)等。本章主要介绍C语言的数据文件。

文件通常是驻留在外部介质(如磁盘等)上的，在使用时才调入内存中。文件是操作系统管理数据的最小单位，其总原则是“按名存取”。也就是说，如果想找存在外部介质上的数据，必须先按文件名找到所指定的文件，然后再从该文件中读取数据。要向外部介质上存储数据也必须先建立一个文件(以文件名标识)，才能向它输出数据。

从文件编码的方式来看，文件可分为ASCII文件和二进制码文件。

ASCII 文件也称为文本(text)文件。这种文件在磁盘中存放时每个字符对应一个字节，存放对应的 ASCII 码，并且在其中夹杂着换行符。这些换行符将文本文件中的字符分成了若干行，因此文本文件具有行文结构。例如，短整型数据5678的存储形式为：

ASCII码：	00110101	00110110	00110111	00111000
	↓	↓	↓	↓
十进制码：	5	6	7	8

共占用4个字节。ASCII文件可在屏幕上按字符显示，文件的内容可以通过编辑程序(如edit、记事本等)进行建立和修改，因此人们能读懂文件内容。但是所占的存储空间较多，所占空

间大小与数值大小有关。C 语言源程序文件就是 ASCII 文件。

二进制文件存放的是二进制补码形式的数据，也就是说，和在内存中数据的表示是一致的，所以二进制文件不具有行文结构。例如，短整型数据 5678 的存储形式为 00010110 00101110，只占两个字节。二进制文件虽然也可在屏幕上显示，但其内容无法读懂。

C 语言把文件看做一个字符(字节)的序列，即处理文件时并不区分类型，把数据看做一连串的字符(字节)，按字节进行处理，不考虑记录的界限。也就是说，C 语言文件不是由记录组成的。在 C 语言中对文件的存取是以字符(字节)为单位的，输入、输出字符流的开始和结束只由程序控制，而不受物理符号(如回车符)的控制。因此也把这种文件称做流式文件。

8.2　文 件 指 针

在文件读写过程中，系统需要确定文件信息、当前的读写位置、缓冲区状态等信息，才能顺利实现文件操作。在 C 语言中用一个指针变量指向一个文件，这个指针称为文件指针。通过文件指针就可对它所指的文件进行各种操作。定义文件指针的一般形式为：

FILE *指针变量标识符;

其中，FILE 应为大写，它实际上是由系统定义在头文件 stdio.h 中的一个结构体类型。对于这个类型的各个成员，不必弄清它们的具体含义和用法，因为在对文件操作时不需要直接存取和处理这个类型的各个成员。当需要对一个文件进行操作时，只要先定义一个指向 FILE 类型的指针，用该指针变量指向一个文件，通过文件指针就可以对它所指的文件进行各种操作。例如：

```
FILE *fp;
```

表示 fp 是指向 FILE 结构体的指针变量，通过 fp 即可找到存放某个文件信息的结构体变量，然后按结构体变量提供的信息找到该文件，实施对文件的操作。习惯上也笼统地把 fp 称为指向一个文件的指针。

一个文件有一个文件指针。如果程序中同时要处理几个文件，则应该定义几个文件类型指针。例如：

```
FILE *fp1,*fp2,*fp3;
```

8.3　文件的打开与关闭

打开文件是进行文件的读或写操作之前的必要步骤。所谓打开文件，实际上是建立文件的各种有关信息，并使文件指针指向该文件，以便进行其它操作。数据文件可以借助常用的文本编辑程序建立，就如同建立源程序文件一样，当然，也可以是其它程序写操作生成的文件。关闭文件则是指断开指针与文件之间的联系，即禁止再对该文件进行操作。在 C 语言中，文件操作都是由库函数来完成的。文件的打开与关闭是通过调用 fopen()和 fclose()函数来实现的。

1. 文件打开函数 fopen( )

fopen()函数用来打开一个文件，其调用的一般形式为：

文件指针名=fopen(文件名，文件使用方式)

其中，“文件指针名”必须是被说明为 FILE 类型的指针变量；“文件名”是要打开的文件名，可以是字符串常数、字符型数组或字符型指针，如果在当前目录下使用一个文件，则可以不加路径，如果在当前目录的子目录下使用某一个文件，则必须加上相对路径，如果使用的文件在另外一个目录下，则必须使用绝对路径；“文件使用方式”是指文件的类型和操作要求，它规定了打开文件的目的，共 12 种。表 8.1 给出了文件使用方式的符号、意义和使用限制。

表 8.1　文件使用方式

使用方式	意义	指定文件不存在时	指定文件存在时	文件被打开后，位置指针的指向	从文件中读	向文件中写
"rt"	打开一个文本文件，只允许读数据	出错	正常打开	文件的起始处	允许	不允许
"wt"	打开一个文本文件，只允许写数据	建立新文件	删除文件原有内容	文件的起始处	不允许	允许
"at"	打开一个文本文件，并在文件末尾写数据	建立新文件	正常打开	文件的结尾处	不允许	允许
"rb"	打开一个二进制文件，只允许读数据	出错	正常打开	文件的起始处	允许	不允许
"wb"	打开一个二进制文件，只允许写数据	建立新文件	删除文件原有内容	文件的起始处	不允许	允许
"ab"	打开一个二进制文件，并在文件末尾写数据	建立新文件	正常打开	文件的结尾处	不允许	允许
"rt+"	打开一个文本文件，允许读和写	出错	正常打开	文件的起始处	允许	允许
"wt+"	打开一个文本文件，允许读和写	建立新文件	删除文件原有内容	文件的起始处	允许	允许
"at+"	打开一个文本文件，允许读，或在文件末追加数据	建立新文件	正常打开	文件的结尾处	允许	允许
"rb+"	打开一个二进制文件，允许读和写	出错	正常打开	文件的起始处	允许	允许
"wb+"	打开或建立一个二进制文件，允许读和写	建立新文件	删除文件原有内容	文件的起始处	允许	允许
"ab+"	打开一个二进制文件，允许读，或在文件末追加数据	建立新文件	正常打开	文件的结尾处	允许	允许

例如：

```
FILE *fp;
fp= fopen (" file1.txt ","r")
```

表示在当前目录下打开文件 file1.txt，只允许进行读操作，fopen()函数的返回值是指向文件“file1.txt”的指针，将其赋给 fp，这样 fp 就指向了文件“file1.txt”。又如：

```
FILE *fpex1;
fpex1= fopen ("e:\\ex1","rb")
```

表示打开 e 驱动器磁盘的根目录下的文件 ex1，这是一个二进制文件，只允许按二进制方式进行读操作。两个反斜线“\\”为转义字符，表示字符“\”。

在打开一个文件时，如果出错，fopen()将返回一个空指针值 NULL。在程序中可以用这一信息来判别是否完成打开文件的工作，并作相应的处理。因此常用以下程序段打开文件：

```
if((fp=fopen("c:\\ex1","rb"))==NULL)
{   printf("\nerror on open c:\\ex1 file!");
    getch();
    exit(1);
}
```

在程序开始运行时，系统自动打开三个文件：标准输入(键盘)、标准输出(显示器)、标准出错输出(出错信息)。通常这三个文件都与终端相联系。因此以前我们所用到的从终端输入或输出，都不需要打开终端文件。系统自动定义了三个文件指针 stdin、stdout 和 stderr，分别指向终端输入、终端输出和标准出错输出(也从终端输出)。如果程序中指定要从 stdin 所指的文件输入数据，则指从终端键盘输入数据。

2. 文件关闭函数 fclose( )

文件使用完后应将它关闭，以保证本次文件操作的有效。关闭就是指使文件指针变量不指向该文件，也就是文件指针变量与文件“脱钩”，此后不能再通过该指针对原来关联的文件进行操作。如果文件关闭成功，则 fclose()函数返回值为 0，否则返回 EOF(−1)。这可以用 ferror( )函数来测试。fclose 函数调用的一般形式是：

fclose(文件指针)；

例如：

```
fclose(fp);
```

8.4　文件的读写

对文件的读和写是最常用的文件操作。文件在被打开之后，就可以对它进行读写操作了。读操作是指从文件中向内存输入数据的过程，写操作过程恰好相反。C 语言中提供了多种文件读写的函数：

字符读写函数——fgetc( )和 fputc( )。

字符串读写函数——fgets( )和 fputs( )。

数据块读写函数——fread( )和 fwrite( )。

格式化读写函数——fscanf( )和 fprinf( )。

使用以上函数都要求包含头文件 stdio.h。下面分别讲述这些读写函数的功能、格式及其在程序中的用法。

8.4.1 字符读写函数

字符读函数 fgetc( )和字符写函数 fputc( )是以字符(字节)为单位的读写函数。每次可从文件读出或向文件写入一个字符。

1. 字符读函数 fgetc( )

fgetc( )函数的功能是从指定文件的位置指针处读取一个字符，调用结束时返回读取的字符，同时文件的位置指针将指向下一个字节的位置。与它完全等价的还有 getc()函数。fgetc()函数调用的形式为：

字符变量=fgetc(文件指针)；

字符变量=getc(文件指针)；

其中，fgetc 是函数名。该函数有一个参数，该参数是待读文件的文件指针。fgetc( )函数返回读取字符的 ASCII 码值。例如：

ch=fgetc(fp);

其意义是从打开的文件 fp 中读取一个字符并送入 ch 中。

可使用 fgetc()函数反复读取一个文件的内容，直到文件结束。当 fp 指向文件的结尾时，fgetc( )函数返回一个文件结束标志 EOF。可用如下表达式判断 fp 的位置：

(c=fgetc(fp))!=EOF

其中，EOF 是系统定义的符号常量，用来表示文件结束，它被包含在 stdio.h 文件中。当该表达式的值为 1 时，表示文件没有结束，还可以继续读取文件；当该表达式的值为 0 时，则表示文件结束，应停止读取。

由于 EOF 被定义为−1，使用它来判断二进制文件是否结束时不够方便，因此对于二进制文件可使用 feof( )函数来判断是否结束。

说明：

(1) 在 fgetc( )函数调用中，读取的文件必须是以读或读写方式打开的。

(2) 读取字符的结果也可以不向字符变量赋值，如“fgetc(fp);”，但是读出的字符不能保存。

(3) 在文件内部有一个位置指针，用来指向文件的当前读写字节。每读写一次，该指针均向后移动，它不需在程序中定义说明，而是由系统自动设置的。

2. 字符写函数 fputc( )

fputc( )函数的功能是把一个指定的字符写入指定的文件中，与其完全等价的还有 putc( )函数。fputc()函数调用的形式为：

fputc(字符量,文件指针)；

putc(字符量,文件指针)；

其中，fputc 为函数名。该函数有两个参数：第一个参数是待写入的字符量，可以是字符常量或变量；后一个参数是被写入文件的文件指针。该函数将字符量输出到文件指针所指向的文件中。如果输出成功，函数的返回值是输出的字符；如果输出失败，则返回文件结束标志 EOF，可用此来判断写入是否成功。例如：

```
fputc('a',fp);
```

其意义是把字符 a 写入 fp 所指向的文件中。

说明：

(1) 被写入的文件可以用写、读写、追加方式打开，用写或读写方式打开一个已存在的文件时将清除原有的文件内容，写入字符从文件首开始。如需保留原有文件内容，则希望写入的字符从文件末开始存放，这种情况下必须以追加方式打开文件。被写入的文件若不存在，则创建该文件。

(2) 每写入一个字符，文件内部位置指针向后移动一个字节。

(3) 当 fp 为 stdout 时，“fputc('a',fp);” 等价于函数 putchar('a')。stdout 是标准输出设备的文件指针。

8.4.2　字符串读写函数

1. 字符串读函数 fgets( )

fgets()函数的功能是从指定的文件中读一个字符串到字符数组中，函数调用的形式为：

fgets(char str[ ],int n,FILE *fp);

其中，fgets 是函数名。该函数有 3 个参数：str 用来存放从输入文件中读取的字符串，可以是字符数组名或字符串指针；n 是一个正整数，为读取字符的个数，表示从文件中读出的字符串不超过 n−1 个字符；fp 是文件指针，用来指向被打开的文件。在读入的最后一个字符后应加上串结束标志 '\0'。

该函数的功能是从 fp 文件指针所指向的文件中一次读取一个字符串，字符个数不得超过 n−1 个，并将其存放在指定的 str 中。如果读够 n−1 个字符，或在 n−1 个之前读取到换行符或文件结束标志 EOF，则将在读取到的字符串后自动添加一个 '\0' 字符，结束读取。该函数执行成功，则返回读取的字符串 str 的首地址，否则返回空指针。

2. 字符串写函数 fputs( )

fputs()函数的功能是向指定的文件写入一个字符串，字符串结束符'\0'自动舍去，不写入文件中。如果函数执行成功，则返回值为写入的字符个数；如果出错，则返回值为 EOF。其调用形式为：

fputs(字符串, 文件指针)

其中，fputs 是函数名。该函数有 2 个参数：“字符串”可以是字符串常量，也可以是字符数组名或指针变量；“文件指针”是将字符串写入的文件指针。例如：

```
fputs("abcd",fp);
```

其意义是把字符串“abcd”写入 fp 所指的文件之中。

例 8.1　从键盘输入一行字符，用 fputc()函数写入 string 文件中，再把该文件内容用 fgetc()函数读出并显示在屏幕上。然后用 fputs()函数向 string 文件中追加一个字符串，再从 string 文件中用 fgets()函数读入一个含 17 个字符的字符串。

```
#include<stdio.h>
#include<stdlib.h>
```

```
#include<conio.h>
void main()
{   FILE *fp;
    char ch, st[20],str[18];
    if((fp=fopen("string","wt+"))==NULL)
    {   printf("Cannot open file strike any key exit!");
        getch();
        exit(1);
    }
    printf("input a string:\n");
    ch=getchar();
    while (ch!='\n')
    {   fputc(ch,fp);
        ch=getchar();
    }
    rewind(fp);
    ch=fgetc(fp);
    while(ch!=EOF)
    {   putchar(ch);    ch=fgetc(fp); }
    printf("\n");
    fclose(fp);
    if((fp=fopen("string","at+"))==NULL)
    {   printf("Cannot open file strike any key exit!");
        getch();
        exit(1);
    }
    printf("input a string:\n");
    scanf("%s",st);
    fputs(st,fp);
    rewind(fp);
    fgets(str,18,fp);
    printf("%s",str);
    fclose(fp);
}
```

程序运行结果如下：

```
input a string:
Good Morning
Good Morning
input a string:
Hello
Good MorningHello
```

从此程序中可以看出，关于文件操作的程序有一个比较固定的格式：

(1) 包含必要的头文件 stdio.h。

(2) 使用 FILE 来定义文件指针，通常为一个或多个。

(3) 使用 fopen( )函数来打开文件，并且使用 if 语句判断文件打开是否成功。

(4) 根据需要对文件进行读写操作，这时应选择合适的读写函数。

(5) 如果是随机操作，还应使用读写指针定位函数来定位读写指针。

(6) 读写操作结束后，将打开的文件使用 fclose( )关闭函数逐一关闭。

由于 fputs( )函数并不将字符串结束符 '\0' 写入文件，文件中的字符串之间不存在任何分隔符，因此，字符串很难被正确读出。为了使文件中的字符串能被正确读出，可在末尾增加一个换行符。

8.4.3 数据块读写函数

如果文件用二进制形式打开，则可以使用针对整块数据的读写函数来读写数据，如数组元素、结构变量的值等。

1. 数据块读函数 fread( )

fread( )函数用于从一个指定的文件中一次读取由若干个数据项组成的一个数据块，存放到指定的内存缓冲区中。其调用的一般形式为：

fread(char *buffer,int size,int count,FILE *fp);

其中，fread 是函数名。该函数有 3 个参数：buffer 为从文件中读取的数据在内存中存放的起始地址；size 用来指出数据块中的数据项大小；count 用来表示数据块中的数据项个数；fp 是指向被操作文件的指针。

该函数的功能是从 fp 所指的文件中，读取长度为 size 个字节的数据项 count 次，存放到 buffer 所指的内存单元中，所读取的数据块总长度为 size*count 个字节。当文件按二进制打开时，fread( )函数可以读出任何类型的信息。函数执行成功时，返回值为实际读出的数据项个数；若返回值小于实际需要读出数据项的个数 count，则出错。例如：

fread(fa,4,5,fp);

其意义是从 fp 所指的文件中，每次读 4 个字节(一个实数)送入实型数组 fa 中，连续读 5 次，即读 5 个实数到数组 fa 中。

2. 数据块写函数 fwrite( )

数据块写函数用来将指定的内存缓冲区中的数据块内的数据项写入指定的文件中。其调用的一般形式为：

fwrite(char *buffer,int size,int count,FILE *fp);

其中，fwrite 是函数名。该函数有 3 个参数，与 fread( )函数的参数相同，这里不再一一描述。

该函数的功能是从 buffer 所指向的内存区域取出 count 个数据项写入 fp 指向的文件中，每个数据项的长度为 size，也就是写入的数据块大小为 size*count 个字节。如果函数执行成功，则返回值为实际写入文件中的数据项个数；若返回值小于实际需要写入数据项的个数 count，则出错。当文件按二进制打开时，fwrite( )函数可以写入任何类型的信息。

8.4.4 格式化读写函数

fscanf( )函数、fprintf( )函数与前面使用的 scanf( )和 printf( )函数的功能相似，都是格式化读写函数，两者的区别在于 fscanf( )函数和 fprintf( )函数的读写对象不是键盘和显示器，而是磁盘文件。当格式化读函数中 fp 参数为 stdin 时，便与标准格式输入函数 scanf( )相同。当格式化写函数中 fp 参数为 stdout 时，它具有同标准格式输出函数 printf( )相同的功能。

格式化读函数的调用格式为：

fscanf(文件指针，格式字符串，输入表列)；

其中，fscanf 是函数名。该函数有 3 个参数："文件指针"是指写入文件的文件指针，其余的 2 个参数与 scanf( ) 函数相同。该函数的功能是从所指向的文件中读取数据，按格式字符串所规定的格式存入输入表列所指向的内存中。若函数执行成功，则返回值为实际读取的项目的个数，否则为 EOF 或 0。

使用时需要注意的是，fscanf( )函数从文件中读取数据时，以制表符、空格字符、回车符作为数据项的结束标志。因此，在用 fprintf( )函数写入文件时，也要注意在数据项之间留有制表符、空格字符和回车符。

格式化写函数的调用格式为：

fprintf(文件指针，格式字符串，输出表列)；

其中，fprintf 是函数名。该函数有 3 个参数，除了第一个参数是被写入文件的文件指针外，其余参数与 printf( )函数相同。该函数的功能是按格式字符串中规定的格式，将输出表列中所列输出项的值写入指向的文件中。如果该函数执行成功，则返回值为实际写入的字符个数，否则为负数。例如：

```
fscanf(fp,"%d%s",&i,s);
fprintf(fp,"%d%c",j,ch);
```

例 8.2 编程将一组整数写入文件中，然后从文件中读出这些整数，并显示在屏幕上，分别用 fread( )函数和 fwrite( )函数以及 fscanf( )函数和 fprintf( )函数完成。

```
#include <stdio.h>
#include <stdlib.h>
void main( )
{   FILE *fp;
    int i,d[ ]={1,2,3,4,5},dd[5];
    if ((fp=fopen("file.dat","wb+"))==NULL)
    {   printf("Cannot open file\n");
        exit(1);
    }
    if (fwrite(d,sizeof(int),5,fp)!=5)
    {   printf ("File write error\n");
        exit(1);
    }
    rewind(fp);
```

```
        if( fread(dd,sizeof(int),5,fp)!=5)
        {   if(!feof(fp))
                    printf ("Premature end of file \n");
            else
            {   printf("File read error\n");
                    exit(1);
            }
        }
        for (i=0;i<5;i++)       printf ("%d    ",dd[i]);
        printf("\n");
        fclose (fp);
        if ((fp=fopen("file.dat","wb+"))==NULL)
        {   printf("Cannot open file\n");
            exit(1);
        }
        for(i=0;i<5;i++)
        {   fprintf(fp, "%d", d[i]);
            fprintf(fp, "%c", ' ');
        }
        rewind(fp);
        for(i=0;i<5;i++)
             fscanf(fp,"%d ", &dd[i]);
        for (i=0;i<5;i++)
             printf ("%d    ",dd[i]);
        fclose (fp);
    }
```

程序运行结果如下：

```
1   2   3   4   5
1   2   3   4   5
```

程序中 fscanf( )函数和 fprintf( )函数每次只能读写一个结构数组元素，因此采用了循环语句来读写全部数组元素。

8.5　文 件 的 定 位

前面介绍的对文件的读写方式都是顺序读写，即读写文件只能从头开始，每次读写一个字符，读写完一个字符后，位置指针自动移动，指向下一个字符位置。但在实际问题中常常要求只读写文件中某一指定的部分。解决这个问题的办法是移动文件内部的位置指针到需要读写的位置，再进行读写，这种读写方式称为随机读写。实现随机读写的关键是按要求移动位置指针，称为文件的定位。移动文件内部位置指针的函数主要有三个，即读写指针归位函数 rewind( )、读写指针位置函数 ftell( )和读写指针定位函数 fseek( )。

1. rewind( )函数

rewind( )函数在前面已多次使用过，其调用形式为：

rewind(文件指针)；

它的功能是把文件内部的位置指针移到文件首，该函数没有返回值。

2. ftell( )函数

ftell( )函数用来返回文件指针的当前位置，其调用形式为：

ftell(文件指针);

由于在文件的随机读写过程中，位置指针不断移动，因此往往不容易搞清当前位置，这时就可以使用 ftell( )函数得到文件指针的当前位置。ftell( )函数的返回值为一个长整型数，表示相对文件头的字节数，出错时返回-1L。例如：

```
long i;
if ((i=ftell(fp))==-1L)
    printf ("A file error has occurred at %ld.\n",i);
```

该程序段的功能是通知用户在文件什么位置出现了文件错误。

3. fseek( )函数

fseek( )函数用来移动文件内部位置指针，其调用形式为：

fseek(文件指针，位移量，起始点)；

其中，“文件指针”指向被移动的文件；“位移量”表示移动的字节数，要求是长整型数据，以便在文件长度大于 64 KB 时不会出错，当用常量表示位移量时，要求加后缀“L”，正值表示从当前位置向文件结尾方向移动，负值表示从当前位置向文件头方向移动；“起始点”表示从何处开始计算位移量，其取值有三种，即文件首、当前位置和文件尾。指针初始位置的表示方法如表 8.2 所示。起始点按表 8.2 中规定的方式取值，既可以取标准 C 规定的常量名，也可以取对应的数字。

表 8.2 指针初始位置表示法

起始点	表示符号	数字表示
文件首	SEEK_SET	0
当前位置	SEEK_CUR	1
文件尾	SEEK_END	2

如果文件定位成功，则 fseek 返回 0，否则返回一个非 0 值。例如：

```
fseek(fp,100L,0);
```

其意义是把位置指针移到离文件首 100 个字节处。

rewind( )函数的功能与“fseek(fp, 0L,0);”语句的功能相同。

使用 fseek( )函数与 ftell( )函数可以确定某个文件的长度，其方法如下：

```
fseek(fp,0L,2);
printf ("%ld\n",ftell(fp));
```

还要说明的是，fseek( )函数一般用于二进制文件，而在文本文件中由于要进行转换，往往计算的位置会出现错误。

8.6　文件检测函数

C 语言中提供了一些用来检测文件输入、输出函数调用中出错的函数。

1. ferror( )函数

该函数的功能是检测被操作文件最近一次的操作(包括读写、定位等)是否发生错误。它的一般调用形式为：

ferror (文件指针);

如果返回一个非 0 值，则表示出错；如果返回值为 0，则表示未出错。应该注意的是，对同一个文件，每一次调用输入、输出函数，均产生一个新的 ferror( )函数值，因此，应在调用一个输入、输出函数结束后立刻检查 ferror( )函数的值，否则信息会丢失。在执行 fopen( )函数时，ferror( )函数的初值自动置为 0。

2. clearerr( )函数

clearerr( )函数用于将文件的错误标志和文件结束标志置 0。其调用格式如下：

clearerr(文件指针);

当调用输入、输出函数出错时，ferror( )函数值为一个非 0 值，并一直保持此值，直到使用 clearerr( )函数或 rewind( )函数时才重新置 0。用 clearerr( )函数可及时清除文件错误标志和文件结束标志，使它们为 0 值。

3. feof( )函数

在文本文件中，C 编译系统定义 EOF 为文件结束标志，EOF 的值为-1。由于 ASCII 码不可能取负值，所以它在文本文件中不会产生冲突。但在二进制文件中，-1 有可能是一个有效数据。为此，C 编译系统定义了 feof( )函数用做判定二进制文件的结束标志。feof( )函数的调用格式如下：

feof(文件指针);

如果文件指针已到文件末尾，则函数返回值为非 0；否则为 0。例如：

```
while (!feof(fp))    getc(fp);
```

该语句可将文件一直读到结束为止。

8.7　小　　结

凡是需要长期保存的数据，都必须以文件形式保存到外部存储介质上。为标识一个文件，每个文件都必须有一个文件名。在 C 语言中，根据文件的存储形式，将文件分为 ASCII 码文件(文本文件)和二进制文件。C 语言中的文件是由一个一个的字符(或字节)组成的。对这种流式文件的存取操作是以字符(字节)为单位进行的。通过系统定义的文件结构体类型 FILE(必须大写)，可定义指向已打开文件的文件指针变量。通过这个文件指针变量可实现对文件的读写操作和其他操作。

对文件进行操作之前，必须先打开该文件；使用结束后，应立即关闭，以免数据丢失。在程序开始运行时，系统自动打开三个标准文件，并分别定义了文件指针：标准输入文件

stdin、标准输出文件 stdout、标准错误文件 stderr。

C 语言提供了若干文件读写函数，可以读写文件中的一个字符、字符串、数据块，也可以进行格式化读写。对于流式文件，也可随机读写，关键在于通过调用 fseek( )和 rewind( )函数，将位置指针移动到需要的地方。

习　题　八

1. 选择题

(1) 若用 fopen( )函数打开一个新的二进制文件，要求该文件既能读也能写，则使用文件方式的字符串应是________。

A. "ab++"　　B. "wb+"　　C. "rb++"　　D. "ab"

(2) 若 fp 是指向某文件的指针，且已读到此文件末尾，则函数 feof(fp)的返回值是________。

A. EOF　　B. 0　　C. 非零值　　D. NULL

(3) 以下可作为函数 fopen 中第一个参数的正确格式是________。

A. c:user\text.txt　　B. c:\user\text.txt

C. " c:\user\text.txt "　　D. " c:\\user\\text.txt "

(4) 若要打开 A 盘上 user 子目录下名为 abc、txt 的文本文件并进行读写操作，下面符合此要求的函数调用是________。

A. fopen("A:\user\abc.txt","r")　　B. fopen("A:\\user\\abc.txt","r+")

C. fopen("A:\user\abc.txt","rb")　　D. fopen("A:\\user\\abc.txt","w")

(5) 标准输入文件的文件指针被系统确定为(　　)。

A . stdin　　B. stdout　　C. stderr　　D. stdio

(6) 下列关于文件指针的描述中，错误的是________。

A. 文件指针是由文件类型 FILE 定义的

B. 文件指针是指向内存某个单元的地址值

C. 文件指针是用来对文件操作的标识

D. 文件指针在一个程序中只能有一个

(7) 下列关于文件读写操作的描述中，错误的是________。

A. 在程序中，最先打开的文件一定是为写打开的文件

B. 文件被打开后，可以使用不同的读写函数进行操作

C. 一个文件既可以读，也可以写，还可以读写

D. C 语言程序中，可以对文本文件读写，也可以对二进制文件读写

(8) 下列使读写指针不指向文件首的操作是________。

A. rewind(fp)　　B. fseek(fp,0L,2)

C. fopen("f1.c","r")　　D. fseek(fp,0L,0)

(9) 使用 fopen 函数打开一个文件时，读写指针应指向(　　)。

A. 文件首　　B. 文件尾

C. 可能文件首，也可能文件尾　　D. 不确定

(10) 下列语句的功能是(　　)。

fwrite(ptr,8L,10,fp);

A. 从 fp 指向的文件中，读取 8×10 个字节的数据块，存放到 ptr 所指向的内存中

B. 从 ptr 指向的内存区域中，读取 8×10 个字节的数据块，写到 fp 指针所指向的文件中

C. 从 fp 指针所指向的文件中，读取 8×10 个字节的数据块，写到 ptr 所指向的内存中

D. 从 ptr 所指向的内存单元中，读取 8×10 个字节的数据块，显示在屏幕上

(11) 以下程序运行后的输出结果是(　　)。

```
#include<stdio.h>
void main( )
{ FILE   *fp;char   str[10];
  fp=fopen("myfile.dat", "w");
  fputs("abc",fp);   fclose(fp);
  fp=fopen("myfile.dat", "a+");
  fprintf(fp, "%d",28);
  rewind(fp);
  fscanf(fp, "%s",str); puts(str);
  fclose(fp);
}
```

A. abc　　B. 28c　　C. abc28　　D. 因类型不一致而出错

(12) 下列关于 C 语言文件的叙述中正确的是________。

A. 文件由一系列数据依次排列组成，只能构成二进制文件

B. 文件由结构序列组成，可以构成二进制文件或文本文件

C. 文件由数据序列组成，可以构成二进制文件或文本文件

D. 文件由字符序列组成，其类型只能是文本文件

2. 填空题

(1) C 语言中根据数据的组织形式，把文件分为__________和__________两种。

(2) 在 C 程序中，文件可以用__________方式存取，也可以用__________方式存取。

(3) 使用 fopen("abc","w+")打开文件时，若 abc 文件已存在，则__________。

(4) 将 fp 的文件位置指针移到离文件头开头 58 字节处，采用的函数是__________；将文件位置指针移到当前文件位置前 64 字节处，采用的函数是__________；将文件位置指针移到文件尾部之前 32 字节处，采用的函数是__________。

(5) 假设 a 数组的说明为“int a[10]; ”，则“fwrite(a,4,10,fp)”的功能是__________。

(6) 函数调用语句“fgets(buf,n,fp);”表示从 fp 指向的文件中读入__________个字符放到 buf 字符数组中，函数值为__________。

(7) 下面程序的功能是__________。

```
#include<stdio.h>
void main( )
{
  FILE *fp;
```

```
    fp=fopen("abc","r+");
    while(!feof(fp))
      if(fgetc(fp)=='*')
      {
        fseek(fp,-1l,SEEK_CUR);
        fputc('$',fp);
        fseek(fp,ftell(fp),SEEK_SET);
      }
    fclose(fp);
  }
```

(8) 如下程序执行后，abc 文件的内容是______________。

```
#include <stdio.h>
#include <stdlib.h>
void main( )
{
  FILE   *fp;
  char   *str1="first";
  char   *str2="second";
  if((fp=fopen("abc","w+"))==NULL)
  {
    printf("Can't open abc file\n");
    exit(1);
  }
  fwrite(str2,6,1,fp);
  fseek(fp,0L,SEEK_SET);
  fwrite(str1,5,1,fp);
  fclose(fp);
}
```

(9) 以下程序用于将从键盘输入的若干行字符保存在 file.txt 文件中。请填空。

```
#include <stdio.h>
#include <string.h>
#include <stdlib.h>
void main( )
{
  FILE   *fp;
  char   str[80];
  if((fp=fopen("file.txt","w"))==NULL)
  {
    printf("file.txt 不能打开");
```

```
        exit(1);
    }
    while(strlen(gets(str))>0)
    {
        _____①_____ ;
        _____②_____ ;
    }
    fclose(fp);
}
```

(10) origin 表示位置指针起始位，可用三个符号常量表示，这三个常量分别为__________，__________，__________。

(11) 以下程序的运行结果是________________。

```
#include <stdio.h>
void main( )
{   FILE   *fp;
    int a[10]={1,2,3},i,n;
    fp=fopen("d1.dat","w");
    for(i=0;i<3;i++)   fprintf(fp,"%d",a[i]);
    fprintf(fp,"\n");
    fclose(fp);
    fp=fopen("d1.dat","r");
    fscanf(fp,"%d",&n);
    fclose(fp);
    printf("%d\n",n);
}
```

3. 编程题

(1) 从键盘输入一个字符串，将字母存入一个磁盘文件，将数字字符存入另外一个磁盘文件。

(2) 输入 10 个学生的数据信息(包括学号、姓名、性别和成绩)，建立学生数据文件 stud.dat，然后从文件中读数据输出。

① 统计并输出所建数据文件 stud.dat 中男、女生人数，平均成绩，90 分以上人数，80～89 分人数，70～79 分人数，60～69 分人数和不及格人数。

② 输出所建数据文件 stud.dat 中各门课程总评成绩的最高分及最高分的学生姓名和学号。

③ 将所建数据文件 stud.dat 中的学生数据记录按成绩从高到低的顺序排序后，写入另一文件。

(3) 将一个 C 语言的源程序文件删去注释信息后输出。

第 9 章　从 C 到 C++

教学目标

※ 了解 C++ 对 C 扩充的非面向对象的新特性。

※ 掌握 C++ 中的函数。

※ 掌握 C++ 的输入与输出流。

随着计算机硬件和软件的飞速发展，计算机领域的观念和方法亦日新月异。20 世纪 70 年代，人们认为面向过程的程序设计是最好的系统开发方法。然而，随着计算机技术应用的不断深入和拓展，这种传统的系统开发方法已不太适应越来越复杂、越来越庞大且高速发展的信息处理的要求。20 世纪 80 年代以来，面向对象的程序设计方法正引起全世界越来越强烈的关注和重视，它克服了传统的面向过程的程序设计方法在建立问题系统模型和求解问题时存在的缺陷，提供了更合理、更有效、更自然的方法，正被广大的系统分析和设计人员认识、接受、应用和推广，已成为现今软件系统开发的主流技术。

C++ 是最具代表性的面向对象的程序设计语言。C++ 从 C 发展而来，它继承了 C 语言的优点，并引入了面向对象的概念，同时也增加了一些非面向对象的新特性，这些新特性使 C++ 程序比 C 程序更简洁、更安全。本章主要介绍 C++ 对 C 的非面向对象特性的扩展。

9.1　C++ 对 C 的一般扩充

9.1.1　新增的关键字

C++ 在 C 语言关键字的基础上增加了许多关键字，下面列出的是常用的关键字：

asm　catch　class　delete　friend　inline　new　operator　private　protected　public　template　virtual　try　using

特别注意，在将原来用 C 语言写的程序用 C++编译之前，应把与 C++关键字同名的标识符改名。

9.1.2　注释

在 C 语言中，用“/*”及“*/”作为注释分界符号，C++ 除了保留这种注释方式外，还提供了一种更有效的注释方式，即用“//”导引出单行注释。例如：

```
int x;   /* 定义一个整型变量 */
int x;   // 定义一个整型变量
```

这两条语句是等价的。C++ 的“//…”注释方式特别适合于注释内容不超过一行的注释，可使语句显得很简洁。

9.1.3　类型转换

C++ 支持两种不同的类型转换形式：

```
int  i=0;
long n=(long)i;          // C 的类型转换
long m=long(i);          // C++ 的新风格
```

C++ 新风格的类型转换形式看上去像是一个函数调用，增加了程序的可读性，推荐使用这种方式。

9.1.4　灵活的变量声明

在 C 语言中，局部变量说明必须置于可执行代码段之前，不允许局部变量说明和可执行代码混合起来。但在 C++ 中，允许在代码段的任何地方说明局部变量。也就是说，变量可以放在任何语句位置，不必非放在程序段的开始处。这样可以随用随定义，避免了在修改程序时必须回到函数体首部查看和修改，有利于节省时间。另外，变量在远离被使用处的地方声明，易引起混淆或导致错误。

9.1.5　const

1. const 定义常量

在 C 语言中，习惯使用 #define 来定义常量。例如：

```
#define SIZE 100;
```

C++ 提供了一种更灵活、更安全的方式来定义常量，即使用类型限定符 const 来定义常量。所以，C++ 中的常量是可以有类型的，程序员不必再用 #define 创建无类型常量。例如：

```
const int size=100;
```

用 const 定义的变量实际上在 C++中将为其分配存储单元，可以用指针指向这个值，但在程序中是不可修改的。

使用 #define 有时易产生歧义，现举例说明。

例 9.1　使用#define 引起的歧义。

```
#include<iostream.h>
void main( )
{   int a=1;
    #define T1 a+a
    #define T2 T1-T1
    cout<<"T2 is "<<T2<<endl;
}
```

初看程序，似乎应输出：

```
T2 is 0
```

但是实际的输出结果为：

```
T2 is 2
```

其原因是 C++把语句“cout<<"T2 is "<<T2<<endl;”解释成了“cout<<"T2 is "<<a+a-a+a<<endl;”。如果程序中用 const 取代两个#define，则不会引起这个问题。

例 9.2　使用 const 消除#define 引起的歧义。

```
#include<iostream.h>
void main( )
{   int a=1;
    const T1=a+a;
    const T2=T1-T1;
    cout<<"T2 is "<<T2<<endl;
}
```

输出：

```
T2 is 0
```

另外，在 ANSI C 中，用 const 定义的常量是全局常量，而 C++中 const 定义的常量可根据其定义位置决定其是局部的还是全局的。

2. const 修饰指针

const 还可以修饰指针的情况。例如：

```
int b = 500;
const int* a=&b;          ①
int const *a=& b;         ②
int* const a=&b;          ③
const int* const a=&b;    ④
```

const 修饰指针的情况有以上几种形式。①和②的情况相同，都是指针所指向的内容为常量，这种情况下不允许对指针指向的内容进行更改操作。例如，下列语句是不允许的：

```
*a = 3;
```

但是，由于 a 是一个指向常量的普通指针变量，不是常指针，因此可以改变 a 的值，例如，下列语句是允许的：

```
int c=3;
a=&c;
```

上述③的情况为指针本身是常量，即常指针，而指针所指向的内容不是常量，这种情况下不能对指针本身进行更改操作。例如：

```
a++;          //非法
```

但是它指向的数据可以改变。例如：

```
*a=3;         //合法
```

是可以的。

上述④的情况为指针本身和指向的内容均为常量，均不能修改。不难理解，以下两个语句都是错误的：

```
a++;          //非法
```

```
*a=3;          //非法
```

3. const 在函数中的应用

const 还常用来限定函数的参数和返回值。函数参数如果使用 const 声明，则说明在函数中不能修改该参数。例如：

```
float fun(const float x)
{    return x*x;    }          // 如写成：x=x*x；则非法
```

如果函数返回基本类型(如 int 和 double)，则用 const 声明返回值没有特别的意义，但如果函数返回一个指针或引用(引用的概念在后面会提及)，则使用 const 声明返回值表示调用函数时不能用返回值来改变返回值所指向或引用的变量。例如:

```
const int *fun( )
{    static int x=1;
     ++x;
     return &x;
}
void main( )
{    int y;
     y=*fun( );   // 合法：将值 x 赋给 y
     *fun( )=2;   // 非法：不能改变一个常量的类型
}
```

在这个例子中，函数 fun( )的返回值使用了 const 声明，因此调用 fun( )函数时不能通过函数返回值来改变它所指变量 x 的值。

9.1.6　struct

在 C++ 中，struct 后的标识符可直接作为结构体类型名使用，所以定义变量比在 C 中更加直观。例如，在 C 中：

```
struct   point {int x; int y};
struct   point p;
```

在 C++中：

```
struct   point {int x; int y};
point p;
```

不必再写 struct。对于 union，也可以照此使用。

为了保持兼容性，上述两种用法在 C++ 中都可使用。在后面还会看到，C++的类就是对 C 中 struct 的扩充。

9.1.7　作用域分辨运算符

作用域分辨运算符“::”用于访问在当前作用域中被隐藏的数据项。如果有两个同名变量，一个是全局的，另一个是局部的，那么局部变量在其作用域内具有较高的优先权，而同名的全局变量则被隐藏，无法被访问到。

例 9.3　局部变量在其作用域内具有较高的优先权。

```
#include<iostream.h>
int a=10;    // 全局变量 a
void main( )
{   int a;
    a=25;    // 局部变量 a
    cout<<"a is "<<a<<endl;
}
```

程序运行结果为：

```
a is 25
```

如果希望在局部变量的作用域内使用同名的全局变量，则可以在该变量前加上“::”，此时“::a”代表全局变量。

例 9.4　使用作用域分辨运算符。

```
#include<iostream.h>
int a;              // 全局变量 a
void main( )
{   int a;
    a=25;           // 局部变量 a
    ::a=10;         // 全局变量 a
    cout<<"local is "<<a<<endl;
    cout<<"global is "<<::a<<endl;
}
```

程序运行结果为：

```
local is 25
global is 10
```

注意：作用域分辨运算符“::”只能用来访问全局变量，不能用于访问一个在语句块外声明的同名局部变量。例如，下面的代码是错误的：

```
void main( )
{   int a=10;           // 语句块外的局部变量
    {   int a=25;       // 语句块内的局部变量
        ::a=30;         // 错误：非法访问语句块外的局部变量
        ...
    }
}
```

9.1.8　C++的动态内存分配

C 程序中，动态内存分配是通过调用 malloc( )和 free( )等库函数来实现的。

例 9.5　用 malloc( )实现内存分配。

```
#include <stdio.h>
```

```
#include <malloc.h>
void main( )
{     int *p;
      p=(int*)malloc(sizeof(int));
      *p=10;
      printf("%d", *p);
      free(p);
}
```

C++ 给出了使用 new 和 delete 运算符进行动态内存分配的新方法。

运算符 new 用于内存分配的使用形式为：

指针变量=new <数据类型>[<整型表达式>];

其中，<数据类型>可以是基本数据类型、结构等，它表示要分配与<数据类型>相匹配的内存空间；<整型表达式>表示要分配内存单元的个数，默认值为 1，可以省略。new 运算符返回分配内存单元的起始地址，因此需要把该返回值赋值给一个指针变量。如果当前内存没有足够的空间可分配，则 new 运算符返回 NULL，并抛出一个运行异常。

运算符 delete 用于释放 new 分配的存储空间，它的使用形式为：

delete <指针变量>;

其中，p 必须是一个指针，保存着 new 分配的内存的首地址。以下是 C++程序中用新方法实现动态内存分配的例子。

例 9.6　用 new 实现动态内存分配。

```
#include <iostream.h>
void main( )
{     int *p=new int;          // 为指针 p 分配存储空间
      *p=10;
      cout<<*p;
      delete p;                // 释放 p 指向的存储空间
}
```

显然 C++ 的写法更加简练、易懂，而且在分配内存时无需显式地计算 int 所占用存储空间的大小。

下面再对 new 和 delete 的使用作几点说明：

(1) 使用 new 可以为数组动态分配存储空间，这时需要在类型名后缀上数组大小。例如：

```
int *p=new int[10];
```

该语句中，new 为具有 10 个元素的整型数组分配了内存空间，并将首地址赋给了指针 p。需要注意的是，使用 new 给多维数组分配空间时，必须提供所有维的大小。例如：

```
int *p=new int[2][3][4];
```

其中，第一维的界值可以是任何合法的整型表达式。例如：

```
int i=3;
int *p=new int[i][3][4];
```

(2) new 可以在为简单变量分配内存的同时进行初始化。例如：

```
int *p=new int(99);
```

new 分配了一个整型内存空间，并赋初始值 99。

但是，new 不能对动态分配的数组存储区进行初始化。

(3) 释放为指针 p 动态分配的数组存储区时，可用如下的 delete 格式：

delete [ ]p;

(4) 使用 new 动态分配内存时，如果分配失败，即没有足够的内存空间满足分配要求，则 new 将返回空指针(NULL)。因此通常要对内存的动态分配是否成功进行检查。例如：

```
void main( )
{   int *p=new int;   // 为指针 p 分配存储空间
    if(!p)     {   cout<<"分配失败"<<endl;      return 1;    }
    *p=10;
    cout<<*p;
    delete p;         // 释放 p 指向的存储空间
}
```

若动态分配失败，则程序将显示“分配失败”。为了避免程序出错，建议在动态分配内存时对是否分配成功进行检查。

9.1.9　引用

指针是内存单元的地址，它可能是变量的地址，也可能是函数的入口地址。这里介绍一个与指针相关的概念：引用。在引入引用的概念之前，先看一个例子。

例 9.7　值传递应用。

```
#include <iostream.h>
void swap(int m,int n)
{
     int temp;
     temp=m;   m=n;   n=temp;
}
void main( )
{    int a=5,b=10;
     cout<<"a="<<a<<"b="<<b<<endl;
     swap(a,b);
     cout<<"a="<<a<<"b="<<b<<endl;
}
```

对上述例子进行分析，首先在内存空间为 a、b 开辟两个存储单元并赋初值，然后调用 swap( )函数，形参 m、n 接受 a、b 传递过来的值，在 swap( )函数中交换 m、n 并不影响 a、b 的值。例 9.7 的输出为：

```
a=5   b=10
a=5   b=10
```

可以改写上面的程序，使用指针传递的方式解决这个问题。

例 9.8　使用指针(地址)进行传递。

```
#include <iostream.h>
void swap(int *m,int *n)
{    int temp;
     temp=*m;   *m=*n;     *n=temp;
}
void main( )
{    int a=5,b=10;
     cout<<"a="<<a<<" b="<<b<<endl;
     swap(&a,&b);
     cout<<"a="<<a<<" b="<<b<<endl;
}
```

程序首先在内存空间为 a、b 开辟两个存储单元并赋初值 5、10，然后调用 swap( )函数，swap( )函数为形参指针 m、n 开辟了存储空间，并将 a、b 的地址传递给 m、n。在 swap( )函数中，对 m、n 的间接引用的访问就是对 a、b 的访问，从而交换了 a、b 的值。对此，在 C++中还有更简单的方式，那就是引用。

引用是一种能自动间接引用的指针。自动间接引用就是不必使用间接引用运算符"*"，就可以得到一个引用值，即指针所指向变量的值。可以这样理解，引用就是某一变量的一个别名，对引用的操作与对变量的直接操作完全一样。

1. 引用的定义

引用的定义格式为：

数据类型 &变量名=初始值

定义引用的关键字是"数据类型 &"，它的含义是"相应数据类型变量的引用"。此引用与数据类型的对象或变量的地址相联系。例如：

```
int i=5;
int &j=i;
```

创建了一个整型引用，j 是 i 的别名，i 和 j 占用内存的同一位置，当 i 变化时，j 也随之变化，反之亦然。

引用的初始值可以是一个变量或另一个引用。例如，以下的定义也是正确的。

```
int i=5;
int &j=i;
int &j1=j;
```

2. 使用规则

(1) 定义引用时，必须立即初始化，否则是错误的。例如：

```
int i;
int &j;    // 错误，没有初始化
j=i;
```

(2) 引用不可重新赋值，否则是错误的。例如：

```
int i,k;
int &j=i;
j=&k;    // 错误，重新赋值
```

(3) 引用不同于普通变量。以下声明是非法的：

```
int &b[3];  // 不能建立引用数组
int &*P;    // 不能建立指向引用的指针
int &&r;    // 不能建立指向引用的引用
```

(4) 当使用＆运算符取一个引用的地址时，其值为所引用的变量的地址。例如：

```
int num=50;
int &ref=num;
int *p=&ref;
```

则 p 中保存的是变量 num 的地址。

引用作为一般变量几乎没有什么实际意义，其最大用处是用作函数形参。

例 9.9　将例 9.8 改为引用传递。

```
#include <iostream.h>
void swap(int &m,int &n)
{   int temp;
    temp=m;    m=n;    n=temp;
}
main( )
{   int a=5,b=10;
    cout<<"a="<<a<<" b="<<b<<endl;
    swap(a,b);
    cout<<"a="<<a<<" b="<<b<<endl;
    return 0;   //main( )函数返回值
}
```

尽管通过引用参数产生的效果同按地址传递是一样的，但其语法更清楚简单。因为在调用函数时对形参的访问就是对实参的访问，不需用间接引用运算符 * 访问实参，原函数中传送的参数也不必是变量的地址，直接使用变量即可。C++ 主张采用引用传递取代地址传递的方式，因为采用引用传递的方式语法容易且不易出错。

9.2　C++ 中的函数

C++ 对传统的 C 函数说明作了一些改进。这些改进主要是为了满足面向对象机制，以及可靠性、易读性的要求。

9.2.1　主函数

C 对 main( )函数的格式并无特殊规定，因为通常 C 不关心返回何种状态给操作系统。

然而，C++ 却要求 main( )函数匹配下面两种原型之一。

```
void main( )                          // 无参数，无返回类型
int main(int argc, char * argv[ ])    // 带参数，有返回类型，参数也可以省略
```

第二种 main( )函数中，形参 argc 是命令行总的参数个数，argv 的元素个数为 argc，其中第 0 个参数存储的是可执行文件名，其后存储的是可执行文件名后所带的参数。

例如，包含第二种 main( )函数的程序 test.exe，在命令行方式下执行时输入：

```
C:\>test  a.c  b.c  t.c
```

则 argc =4，argv[0]= "test"，argv[1] ="a.c" ，argv[2]="b.c" ，argv[3]="t.c"。

如果 main( )前面不写返回类型，那么 main( )等价于

```
int main( )
```

函数要求具有 int 返回类型，如例 9.9。

9.2.2　函数定义

C++函数定义中的参数说明必须放在函数名后的括号内，不可将函数的参数说明放在函数说明部分与函数体之间。例如：

```
void fun(a)
int a;    // 错误的参数说明方式
{   }
```

但在 C 中，这种说明方法是允许的。

9.2.3　内置函数

函数调用导致了一定数量的额外开销，如参数入栈、出栈等。有时正是这种额外开销迫使 C 程序员在整个程序中复制代码以提高效率。C++的内置函数就专门用于解决这一问题。

当函数定义由 inline 开头时，表明此函数为内置函数。编译时，可使用函数体中的代码替代函数调用表达式，从而完成与函数调用相同的功能。这样能加快代码的执行，减少调用开销。例如：

```
inline int sum(int a, int b)          // 内置函数
{  return  a+b;  }
```

说明：

(1) 内置函数必须在它被调用之前定义，否则编译不会得到预想的结果；

(2) 若内置函数较长，且调用太频繁，则编译后程序将加长很多，通常只有较短的函数才定义为内置函数，较长的函数最好作为一般函数处理。

9.2.4　缺省参数值

C++ 对 C 函数的重要改进之一就是可以为函数定义缺省的参数值。例如：

```
int fun(int x=5, int y=10);          // 函数原型，给出缺省的参数值
```

x 与 y 的值分别是 5 和 10。

当进行函数调用时，编译器按从左向右的顺序将实参与形参结合。若未指定足够的实

参，则编译器按顺序用函数原型中的缺省值来补足所缺少的实参。例如：

```
fun(1,2);        // x=1,y=2
fun(1);          // x=1,y=10
fun( );          // x=5,y=10
```

一个 C++函数可以有多个缺省参数，并且要求缺省参数必须连续地放在函数参数表的尾部。也就是说，所有取缺省值的参数都必须出现在不取缺省值的参数的右边。当调用具有多个缺省参数时，若某个参数省略，则其后的参数皆应省略而采用缺省值。不允许出现某个参数省略时，再对其后的参数指定参数值。例如：

```
fun( ,5)   // 这种调用方式是错误的
```

9.2.5　重载函数

在 C 语言中，函数名必须是唯一的，也就是说，不允许出现同名的函数。当要求编写求整数、单精度实型和双精度实型的立方数的函数时，若用 C 语言来处理，则必须编写三个函数，这三个函数的函数名不允许同名。例如：

```
Icube(int i);          // 求整数的三次方
Fcube(float f);        // 求单精度实型的三次方
Dcube(double i);       // 求双精度实型的三次方
```

当使用这些函数求某个数的立方数时，必须调用合适的函数。也就是说，用户必须记住这三个函数的特点，尽管这三个函数的功能是相同的。

在 C++ 中，用户可以重载函数，这意味着只要函数参数的类型不同，或者参数的个数不同，两个或两个以上的函数就可以使用相同的函数名。一般而言，重载函数应执行相同的功能。例 9.10 用重载函数来重写上面的三个函数。

例 9.10　重载 cube( )函数。

```
#include <iostream.h>
int cube (int i)            { return i*i*i; }
float cube (float f)        { return f*f*f; }
double cube (double d)      { return   d*d*d; }
void main( )
{     int i=12;
      float f=3.4;
      double d=5.678;
      cout<<i<<'*'<<i<<'*'<<i<<'='<<cube (i)<<endl;
      cout<<f<<'*'<<f<<'*'<<f<<'='<<cube (f)<<endl;
      cout<<d<<'*'<<d<<'*'<<d<<'='<<cube (d)<<endl;
}
```

在 main( )中三次调用了 cube( )函数，实际上调用了三个不同的函数。由系统根据传送的不同参数类型来决定调用哪个重载函数。

值得注意的是，重载函数应在参数个数或参数类型上有所不同，否则编译程序将无法确定调用哪一个重载版本，即使返回类型不同，也不能区分。例如：

```
int fun(int x,int y);
double fun(int x,int y);
```

其重载函数的参数个数类型相同，是错误的。

另外，同函数名、同参数表的 const 和非 const 成员函数也可构成重载。例如：

```
int myclass::fun(int a,int b);
int myclass::fun(int a,int b) const;
```

成员函数的概念在后面章节介绍。

9.3　C++的输入与输出流

C 语言提供了强有力的 I/O 函数，其功能强，灵活性好，是很多语言无法比拟的，但是在 C 语言中进行 I/O 操作时，常会出现以下错误：

```
int i;
float f;
scanf("%f", i);     /* i 是 int 型，"%f"应该是"%d",i 应该是&i */
printf("%d", f);   /* f 是 float 型，"%d"应该是"%f" */
```

对这些错误，C 语言编译器是不能检查出来的，故 C++不建议使用 C 语言的 I/O 函数，而使用了更安全和更方便的方法来进行 I/O 操作。使用 C++的 I/O 系统，可以将上面的操作写成：

```
int i;
float f;
cin>>i;
cout<<f;
```

这里的 cin 是标准的输入流对象，在程序中用于代表标准输入设备，即键盘。运算符“>>”是输入运算符，表示从标准输入流(即键盘)读取的数值传送给右方指定的变量。运算符“>>”允许用户连续读入一连串数据，两个数据间用空格、回车或 Tab 键分隔。例如：

```
cin>>x>>y;
```

cout 是标准的输出流对象，在程序中用于代表标准输出设备，通常指屏幕。运算符“<<”是输出运算符，表示将右方变量的值显示到屏幕上。运算符“<<”允许用户连续输出数据。例如：

```
cout<<x<<y;
```

这里的变量应该是基本数据类型，不能是 void 型。

为了支持类的概念，C++系统建立了一个可扩展的输入、输出系统，它可以通过修改和扩展来加入用户自定义类型并进行相应操作。

例如，在 C 语言中有下面结构类型变量的定义：

```
struct point
{   int x， y;
}a;
```

这里无法延伸 C 语言的 I/O 系统，使之直接在变量 a 上执行 I/O 操作。例如，下面的用法是错误的：

```
printf("%point",a);
```

printf( )只能用于 C 语言的预定义类型，要想对用户定义的类型进行输入、输出，就要重新编制该类型特有的 I/O 函数。如果有很多用户类型需要 I/O 的话，则函数名称不统一还将会引起概念上的混乱。通过使用 C++ 的 I/O 系统，可以重载“<<”和“>>”运算符，使得程序能够识别用户定义的类型。

其实可以在同一程序中混用 C 语言和 C++ 语言的 I/O 操作，继续保持 C 语言的灵活性。因而，在把 C 语言程序改为 C++ 语言程序时，并不一定要修改每一个 I/O 操作。

9.3.1　C++ 的流类结构

虽然 C++ 语言和 C 语言的 I/O 系统有着显著的差异，但它们也有着共同之处，即都是对流(stream)进行操作。流实际上就是一个字节序列。输入操作中，字节从输入设备(如键盘、磁盘等)流向内存；输出操作中，字节从内存流向输出设备。

使用 C++ 的 I/O 操作系统必须包含头文件 iostream.h。对某些流函数，可能还需要其他头文件。例如，进行文件 I/O 时需要头文件 fstream.h。

1. iostream 库

iostream 库中具有 streambuf 和 ios 两个平行的类，它们都是基本的类，分别完成不同的工作。streambuf 类用于提供基本流操作，但不提供格式支持。ios 类为格式化 I/O 提供基本操作。

2. 标准流

iostream.h 说明了标准流对象 cin、cout、cerr 与 clog。cin 是标准输入流，对应于 C 语言的 stdin；cout 是标准输出流，对应于 C 语言的 stdout；cerr 是标准出错信息输出；clog 是带缓冲的标准出错信息输出。cerr 和 clog 流被连到标准输出设备上，对应于 C 语言的 stderr。cerr 和 clog 之间的区别是：cerr 没有缓冲，发送给它的任何输出立即被执行，而 clog 只有当缓冲区满时才有输出。缺省时，C++语言标准流被连到控制台上。

9.3.2　格式化 I/O

习惯于 C 语言的程序员，对 printf( )等函数的格式化 I/O 都很熟悉。那么如何用 C++语言的方法进行格式化 I/O 操作呢？通过对状态标志字的设置，可以对 I/O 操作进行格式控制。控制有两种方法：其一是用 ios 类的成员函数进行格式控制；其二是使用操作子。

1. 状态标志字

C++ 语言可以对每个流对象的输入、输出进行格式控制，以满足用户对输入、输出格式的需求。输入、输出格式由一个 long int 类型的状态标志字确定。在 ios 类中定义了一个枚举，它的每个成员可以分别定义状态标志字的一个位，每一位都称为一个状态标志位。枚举定义如下：

```
enum
{
  skipws=0x0001,            // 跳过输入中的空白字符，可以用于输入
```

```
    left=0x0002,              // 输出数据左对齐，可以用于输出
    right=0x0004,             // 输出数据右对齐，可以用于输出
    internal=0x0008,          // 数据符号左对齐，数据本身右对齐，可以用于输出
    dec=0x0010,               // 转换基数为十进制形式，可以用于输入或输出
    oct=0x0020,               // 转换基数为八进制形式，可以用于输入或输出
    hex=0x0040,               // 转换基数为十六进制形式，可以用于输入或输出
    showbase= 0x0080,         // 输出的数值数据前面带基数符号(0 或 0x)，可以用于输入或输出
    showpoint= 0x0100,        // 浮点数输出带小数点，可以用于输出
    uppercase=0x0200,         // 用大写字母输出十六进制数值，可以用于输出
    showpos= 0x0400,          // 正数前面带“+”号，可以用于输出
    scientific=0x0800,        // 浮点数输出采用科学表示法，可以用于输出
    fixed=0x1000,             // 浮点数输出采用定点数形式，可以用于输出
    unitbuf=0x2000,           // 完成操作后立即刷新缓冲区，可以用于输出
    stdio=0x4000,             // 完成操作后刷新 stdout 和 stderr，可以用于输出
};
```

2. ios 类中用于控制输入、输出格式的成员函数

ios 类中定义了几个用于控制输入、输出格式的成员函数，下面分别予以介绍。

(1) 设置状态标志。将某一状态标志位置“1”，可以使用 setf( )函数，其一般格式为：

long ios::setf(long flags);

该函数设置参数 flags 所指定的标志，返回格式更新前的标志。例如，要设置 showbase 标志，可使用如下语句：

```
stream.setf(ios::showbase);    // 其中 stream 是所涉及的流
```

实际上，还可以一次调用 setf( )来同时设置多个标志。例如：

```
cout.setf(ios::showpos | ios::scientific);
```

例 9.11　设置状态标志。

```
#include <iostream.h>
void main( )
{    cout.setf(ios::showposlios::scientific);
     cout<<123<<"   "<<123.456<<endl;
}
```

输出结果为：

```
+123   +1.234560e+002
```

(2) 清除状态标志。将某一状态标志位置“0”，可以使用 unsetf( )函数，其原型与 setf( )类似，使用时调用格式与 setf( )相同。

(3) 取状态标志。用 flags( )函数可得到当前状态标志字和设置新标志，分别具有以下两种格式：

long ios::flags(void);

long ios::flags(long flags);

前者用于返回当前的状态标志字，后者将状态标志字设置为 flags，并返回设置前的状态标志字。

flags()函数与 setf()函数的差别在于：setf()函数在原有的基础上追加设定，而 flags()函数用新设定替换以前的状态标志字。

(4) 设置域宽。域宽主要用来控制输出。设置域宽可以使用 width()函数，其一般格式为：

int ios::width();

int width(int len);

前者用来返回当前的域宽值，后者用来设置域宽，并返回原来的域宽。注意：每次输出都需要重新设定输出宽度。

(5) 设置显示的精度。设置显示精度的函数其一般格式为：

int ios::precision(int num);

此函数用来重新设置浮点数所需的精度，并返回设置前的精度。默认的显示精度是 6 位。如果显示格式是 scientific 或 fixed，则精度指小数点后的位数；如果不是，则精度指整个数字的有效位数。

(6) 填充字符。填充字符函数的格式为：

char ios::fill();

char ios::fill(char ch);

前者用来返回当前的填充字符，后者用 ch 重新设置填充字符，并返回设置前的填充字符，缺省填充字符为空格。

下面举一个例子来说明以上这些函数的作用。

例 9.12　使用 ios 类中用于控制输入、输出格式的成员函数。

```
#include<iostream.h>
void main()
{     cout<<"x_width="<<cout.width()<<endl;
      cout<<"x_fill="<<cout.fill()<<endl;
      cout<<"x_precision="<<cout.precision()<<endl;
      cout<<123<<"     "<<123.45678<<endl;
      cout<<"-------------------------"<<endl;
      cout<<"****x_width=10,x_fill=&,x_precision=4****"<<endl;
      cout.fill('&');
      cout.width(10);
      cout.setf(ios::scientific);
      cout.precision(4);
      cout<<123<<"     "<<123.45678<<endl;
      cout.setf(ios::left);
      cout.width(10);
      cout<<123<<"     "<<123.45678<<endl;
      cout<<"x_width="<<cout.width()<<endl;
      cout<<"x_fill="<<cout.fill()<<endl;
```

```
    cout<<"x_precision="<<cout.precision()<<endl;
}
```

程序运行结果如下：

```
x_width=0
x_fill=□
x_precision=6
123     123.457
------------------------
****x_width=10,x_fill=&,x_precision=4****
&&&&&&&123     1.2346e+002
123&&&&&&&     1.2346e+002
x_width=0
x_fill=&
x_precision=4
```

上述程序中，“□”代表空格。

分析以上程序运行结果可看出：

(1) 在缺省情况下，x_width 取值为“0”，这个“0”意味着无域宽，即按数据自身的宽度打印；x_fill 默认值为空格；x_precision 默认值为 6，这是因为没有设置输出格式是 scientific 或 fixed，所以 123.45678 输出为 123.457，整个数的有效位数为 6，后面省略的位数进行四舍五入。

(2) 设置 x_width 为 10，x_fill 为“&”，x_precision 为 4，输出格式为 scientific。每次输出都需要重新设定输出宽度。由于输出格式为 scientific，精度设置为 4(指的是小数点后的位数)，所以输出为 1.2346e+002。

3. 用操作子进行格式化

采用上面介绍的格式控制方法，每个函数的调用需要写一条语句，而且不能将它们直接嵌入到输入、输出语句中，使用起来不方便，因此可以用操作子来改善上述情况。操作子是一种特殊函数，可以嵌入到输入、输出操作链中，直接参与 I/O 操作。C++流类库所定义的操作子如下：

dec、hex、oct：数值数据采用十进制、十六进制、八进制表示，可用于输入或输出。

ws：提取空白符，仅用于输入。

endl：插入一个换行符并刷新输出流，仅用于输出。

ends：插入空字符，仅用于输出。

flush：刷新与流相关联的缓冲区，仅用于输出。

setbase(int n)：设置数值转换基数为 n(n 的取值为 0、8、10、16)，0 表示使用缺省基数，即以十进制形式输出。

resetiosflags(long f)：清除参数 f 所指定的标志位，可用于输入或输出。

setiosflags(long f)：设置参数 f 所指定的标志位，可用于输入或输出。

setfill(int n)：设置填充字符，缺省为空格，可用于输入或输出。

setprecision(int n)：设置实型输出的有效数字个数，可用于输入或输出。

setw(int n)：设置输出数据项的域宽，可用于输入或输出。

除了 C++ 系统预定义的操作子外，用户也可自定义操作子。特别注意，使用操作子必须包含头文件 iomanip.h。

例 9.13　使用操作子进行格式化。

```
#include<iostream.h>
#include<iomanip.h>
void main( )
{   cout<<setw(10)<<123<<456<<endl;                                           //①
    cout<<123<<setiosflags(ios::scientific)<<setw(20)<<123.456789<<endl;     //②
    cout<<123<<setw(10)<<hex<<123<<endl;                                      //③
    cout<<123<<setw(10)<<oct<<123<<endl;                                      //④
    cout<<123<<setw(10)<<dec<<123<<endl;                                      //⑤
    cout<<resetiosflags(ios::scientific)<<setprecision(4)<<123.456789<<endl; //⑥
    cout<<setiosflags(ios::left)<<setfill('#')<<setw(8)<<dec<<123<<endl;     //⑦
    cout<<resetiosflags(ios::left)<<setfill('$')<<setw(8)<<dec<<456<<endl;   //⑧
}
```

程序输出结果为：

```
□□□□□□□123456          ①
123□□□□□□□1.234568e+002  ②
123□□□□□□□□7b           ③
7b□□□□□□□173            ④
173□□□□□□□123           ⑤
123.5                   ⑥
123#####                ⑦
$$$$$456                ⑧
```

以上程序的输出结果分析如下：

第一条 cout 语句，首先设置域宽为 10，之后输出 123 和 456。由于操作子 setw 只对最靠近它的输出起作用，因此 123 和 456 被连在了一起。123 左边输出 7 个缺省填充字符——空格。输出结果如①所示。

第二条 cout 语句，首先按缺省方式输出 123，之后按照实型数的科学表示法及域宽为 20 输出 123.456789，由于缺省方式下小数位数为 6，因此输出 1.234568e+002，占宽度为 13，所以左边输出 7 个缺省填充字符——空格。输出结果如②所示。

第三条 cout 语句，首先按缺省方式输出 123，之后按域宽为 10，以十六进制输出 123。123 的十六进制为 7b，7b 左边输出 8 个缺省填充字符——空格。输出结果如③所示。

第四条 cout 语句，由于上一条语句使用了操作子 hex，其作用仍然保持，所以先输出 7b，之后按域宽为 10，以八进制方式输出 123 的八进制数 173。输出结果如④所示。注意：使用操作子 dec、oct、hex 之后，其作用一直保持，直到重新设置为止。

第五条 cout 语句，由于上一条语句的操作子 oct 的作用仍然保持，所以先输出 173，之后按照域宽为 10，用操作子 dec 设置为十进制后，输出结果为⑤。

第六条 cout 语句，取消浮点数的科学表示法输出后，设置精度为 4，输出结果为⑥。

第七条 cout 语句，按域宽为 8，填充字符为“#”，左对齐方式输出 123，输出结果为⑦。

第八条 cout 语句，按域宽为 8，填充字符为“$”，取消左对齐方式，按缺省右对齐方式输出 456，输出结果为⑧。

9.4 小　　结

本章主要介绍了 C++对 C 的非面向对象特性的扩展，包括新增的关键字、注释、类型转换、灵活的变量声明、const、struct、作用域分辨运算符、C++的动态内存分配、引用、主函数、函数定义、内置函数、缺省参数值、重载函数、C++的输入与输出流等知识点，并给出了相应的实例。在应用 C++编程时，要对这些知识点熟练掌握。

习 题 九

1. 选择题

(1) 下列对变量的引用错误的是________。

A. int a; int &p=a;　　B. char a; char &p=a;

C. int a; int &p; p=a;　　D. float a; float &p=a;

(2) 当一个函数无返回值时，函数的类型应为________。

A. 任意　　B. void　　C. int　　D. char

(3) 在函数声明中，________是不必要的。

A. 函数参数的类型和参数名　　B. 函数名

C. 函数的类型　　D. 函数体

(4) 不能作为函数重载依据的是________。

A. const　　B. 返回类型　　C. 参数个数　　D. 参数类型

(5) 下列函数的参数其默认值定义错误的是________。

A. Fun(int x, int y=0)　　B. Fun(int x=100)

C. Fun(int x=0,int y)　　D. Fun(int x=f( ))(假定函数 f( )已经定义)

2. 填空题

(1) C++中的单行注释符号为______。

(2) 假如有如下定义：

int *p;

为 p 动态分配内存且为该内存赋值为整数 10 的语句是_______。

(3) 若变量 y 是变量 x 的引用，则对变量 y 的操作就是对变量______的操作。

(4) 下面的函数 Fun( )未使用中间变量实现了对两个数的交换，请完成下列函数的定义。

```
void Fun(int &x, int &y)
{    x+=y;
     y=____________;
```

```
        ______________;
    }
```

(5) C++中新增的常用关键字有________。

3. 读程序

(1) 阅读下面的程序，写出输出结果。

```
#include<iostream.h>
int x=100;
void main( )
{       int x;
        x=2;
        cout<<"x is "<<x<<endl;
}
```

(2) 阅读下面的程序，写出输出结果。

```
#include <iostream.h>
#include <iomanip.h>
void main( )
{       cout<<123<<endl;
        cout<<setiosflags(ios::scientific);
        cout<<setprecision(6)<<setw(10)<<oct<<setfill('*');
        cout<<123.01234567<<endl;
}
```

第 10 章　类 与 对 象

教学目标

※ 了解 C++ 语言中类与对象的基本概念。
※ 掌握面向对象程序设计的基本思想。
※ 掌握构造函数和析构函数的概念和用法。
※ 掌握静态数据成员和静态成员函数的概念和用法。
※ 掌握友元的概念和用法。

世界是一个极大的整体，当把现实世界分解为一个个的对象来描述时，整个世界就成为一个个的对象组合。把一个大的整体分解成对象有利于问题的描述和处理，比如同一类问题可以采用相同的处理方法。

如果解决现实问题的计算机程序也与此相对应，把一个具体问题分解成由一个个对象组成，分别对这些对象进行分析、描述和编程处理，这些程序就称为面向对象的程序，编写面向对象程序的过程就称为面向对象的程序设计(OOP，Object Oriented Programming)。OOP 将问题看成是由数据和操作组成的实体(对象)构成，使用软件的方法模拟真实世界的对象。设计中，利用了类的关系，即同一对象(如同一类运载工具)具有相同的特征；还利用了继承甚至多重继承的关系，即新建的对象类是通过继承现有类的特征而派生出来的，但是又包含了其自身特有的特征，如子女有父母的许多特征，但是矮个子父母的子女也可能是高个子。

面向对象的程序设计(OOP)使程序设计过程更自然和直观。也就是说，面向对象的程序设计模拟了真实世界对象的属性和行为。OOP 还模拟了对象之间的通信，就像人们之间互送消息一样(如军官命令部队立正)，对象也是通过消息进行通信的。

10.1　类与对象的基本概念

人们的周围是一个真实的世界，不论在何处，人们所见到的东西都可以看成对象。人、动物、工厂、汽车、计算机等都是对象，现实世界是由对象组成的。对象多种多样，各种对象的属性也不相同。有的对象有固定的形状，有的对象没有固定的形状；有的对象有生命，有的对象没有生命；有的对象可见，有的对象不可见。各个对象也有自己的行为，如球的滚动、弹跳和缩小，汽车的加速、刹车和转弯，等等。

对象具有以下特性：

(1) 每一个对象必须有一个名字以区别于其它对象；

(2) 用属性(或叫状态)来描述它的某些特征；

(3) 有一组操作，每一个操作决定对象的一种行为。

人们是通过研究对象的属性和观察它们的行为而认识对象的，可以把对象分成很多类，每一大类中又可分成若干小类，也就是说，类是分层的。同一类的对象具有许多相同的属性和行为，类是对具有共同属性特征与行为特征的对象的抽象。在 C++ 中，就是用类来描述对象的，类是通过对现实世界的抽象得到的。例如，在真实世界中，同是人类的张三和李四，有许多共同点，但肯定也有许多不同点。当用 C++ 描述时，相同类的对象具有相同的属性和行为，它把对象分为两个部分：数据(相当于属性)和对数据的操作(相当于行为)。例如，刻画张三和李四的数据可能用姓名、性别、年龄、职业、住址等，而对数据的操作可能是读取或设置他们的名字、年龄等。

从程序设计的观点来说，类就是数据类型，是为计算和处理问题定义的数据类型。虽然这种类型的使用与 C++ 内置的数据类型类似，但是也有很大的区别。例如，C++ 内置的实型并不针对任何具体问题，仅仅与机器的存储单元相对应；而类是用户根据具体问题的需要而定义的，也就是说类与具体问题相对应。因此，可以通过定义所需要的类来扩展程序设计语言解决问题的能力。

10.1.1 类的声明

类是 C++ 支持面向对象程序设计的基础，它支持数据的封装、隐藏等。类实际上是对结构体的扩充。在前面学习的结构体中，只有数据成员，而类中除了可以定义数据成员外，还可以定义对这些数据成员(或对象)操作的函数——成员函数。正是这些函数限制了对对象的操作，即不能对对象进行这些操作函数之外的其它操作。类的成员也有不同的访问权限，这样就保证了数据的私有性。下面介绍怎样定义类及类的成员。类定义的一般形式如下：

```
class 类名{
    [private:]
    私有的数据成员和成员函数;
    public:
    公有的数据成员和成员函数;
};
```

类的定义由头和体两个部分组成。类头以关键字 class 开头，然后是类名，其命名规则与一般标识符的命名规则一致，有时可能有附加的命名规则，例如美国微软公司的 MFC 类库中的所有类均是以大写字母“C”开头的；类体包括所有的细节，并放在一对花括号中。类的定义也是一个语句，所以要以分号结尾，否则，会产生难以理解的编译错误。

类体定义类的成员，它支持两种类型的成员。

(1) 数据成员：指定该类对象的内部表示。

(2) 成员函数：指定该类的操作。

类的成员分私有成员和公有成员。私有成员用 private 说明，private 下面的每一行，不论是数据成员还是成员函数，都是私有成员。私有成员只能被该类的成员函数访问，这是C++实现封装的一种方法，即把特定的成员定义为私有成员，就能严格地控制对它的访问。公有成员用 public 说明，public 下面每一行，不论是数据成员还是成员函数，都是公有成员。公有成员可被类外部的其它函数访问，它们是类的对外接口。

例 10.1　定义二维坐标点 Point 类。

```
class Point{
private:
   int xVal, yVal;              // 二维坐标点横坐标与纵坐标
public:
   int GetX( );                 // 获得二维坐标点横坐标
   int GetY( );                 // 获得二维坐标点纵坐标
   void SetPt (int, int);       // 设置二维坐标点
   void OffsetPt (int, int);    // 修改二维坐标点
};
```

如果未指定类成员的访问权限，则默认访问权限是私有的，且数据成员和成员函数出现的顺序也没有关联。

说明：

(1) 类声明中的 private 和 public 两个关键字可以按任意顺序出现任意次。但是，如果把所有的私有成员和公有成员归类放在一起，程序将更加清晰。

(2) 除了 private 和 public 之外，类中的成员还能被另一个关键字 protected 来说明。被 protected 说明的成员称为保护成员。保护成员只能被该类的成员函数或派生类的成员函数访问。有关基类和派生类的概念将在下一章介绍。

(3) 数据成员可以是任何数据类型，但是不能用自动(auto)、寄存器(register)或外部(extern)进行说明。

(4) 不能在类的声明中给数据成员赋初值。例如：

```
class A{
   private:
      int x=1;              // 错误
      char y= 'c';          // 错误
   public:
      …
};
```

C++规定，只有在类对象定义之后才能给数据成员赋初值。

10.1.2　类成员函数的定义

类成员函数的定义通常采用两种方式。

1. 方式 1

成员函数的第一种定义方式是：在类声明中只给出成员函数的原型，而成员函数实现部分在类的外部定义。其一般形式如下：

```
函数类型 类名::函数名(形参表){
      //函数体
}
```

例如，对于例 10.1 的 Point 类的成员函数按该方式定义如下：

例 10.2　定义 Point 类的成员函数。

```
int Point:: GetX( )
{   return xVal; }
int Point:: GetY( )
{   return yVal; }
void Point::SetPt (int x, int y)
{ xVal = x;   yVal = y; }
void Point::OffsetPt (int x, int y)
{   xVal += x;   yVal += y;}
```

2. 方式 2

成员函数的第二种定义方式是：将成员函数定义在类的内部，即定义为内置函数。在 C++ 中，可以用下面两种格式定义类的内置函数。

(1) 隐式定义。所谓内置函数的隐式定义，就是直接将函数定义在类内部。如例 10.2 采用隐式定义可变成如下形式：

```
class Point {
     int xVal, yVal;
public:
     int GetX ( )    { return xVal; }
     int GetY ( )    { return yVal; }
     void SetPt (int x,int y)        { xVal = x;     yVal = y;   }
     void OffsetPt (int x,int y)     { xVal += x;    yVal += y; }
};
```

需要注意的是：由于函数体在类内，所以函数原型后不需要分号，而且所有的函数参数名不能省略。

(2) 显式定义。显式定义是指定义内置函数时，将它放在类定义体外，但在该成员函数定义前插入 inline 关键字，使它仍然起内置函数的作用。例 10.2 采用内置函数显示定义可变成如下形式：

```
inline void Point::SetPt (int x, int y)
{   xVal = x;   yVal = y; }
inline void Point::OffsetPt (int x, int y)
{   xVal += x; yVal += y; }
inline int Point::GetX( )
{   return xVal; }
inline int Point::GetY( )
{   return yVal; }
```

10.1.3　对象的定义与引用

定义了类以后，就可以定义其类型的变量。C++ 中，类的变量称为类的对象、对象或类的实例。

1. 对象的定义

对象的定义可采用以下两种方式：

(1) 在声明类的同时直接定义对象。其定义的格式就是在声明类的右花括号“}”后，直接写出属于该类的对象名表。例如：

```
class Point{
 private:
    int xVal, yVal;
 public:
    int GetX();
    int GetY();
    void SetPt (int, int);
    void OffsetPt (int, int);
 }op1,op2;
```

在声明类 Point 的同时，直接定义了对象 op1 和 op2，这时定义的是全局对象。在其生存期内任何函数都可以使用它，尽管有时使用它的函数只是在极短的时间对它进行操作，但它却总是存在，直到整个程序运行结束。这是这种方法的弊端。

(2) 先声明类，在使用时再定义对象。其定义的格式与一般变量的定义格式相同，例如：

```
Point op1,op2;
```

此时定义了 Point 类的两个对象 op1 和 op2。

值得注意的是，声明了一个类相当于声明了一种类型，它并不接收和存取具体的值，只有定义了对象后，系统才为对象并且只为对象分配存储空间。

2. 对象的引用

对象的引用是指对对象成员的引用。不论是数据成员还是成员函数，只要是公有的，就可以被外部函数直接引用。对象的引用有两种格式：

对象名. 数据成员名

对象名. 成员函数名（实参表）

例 10.3　定义 Point 类的对象。

本例定义了 Point 类的对象 op1，并对这个对象的成员进行了一些操作。

```
#include<iostream.h>
class Point {
     int xVal, yVal;
public:
     int GetX( )      { return xVal; }
     int GetY( )      { return yVal; }
     void SetPt (int x,int y)          { xVal = x;     yVal = y;   }
     void OffsetPt (int x,int y)       { xVal += x;    yVal += y; }
};
```

```
void main( )
{
    Point op1;
    int i,j;
    op1.SetPt(1,2);              // 调用 op1 的 SetPt( )，初始化对象 op1
    i=op1.GetX( );               // 调用 op1 的 GetX( )，取 op1 的 xVal 值
    j=op1.GetY( );               // 调用 op1 的 GetY( )，取 op1 的 yVal 值
    cout<<"op1 i="<<i<<" op1 j="<<j<<endl;
    op1.OffsetPt(3,4);           // 调用 op1 的 OffsetPt( )，改变 op1 的 xVal 和 yVal 值
    i=op1.GetX( );               // 调用 op1 的 GetX( )，取 op1 的 xVal 值
    j=op1.GetY( );               // 调用 op1 的 GetY( )，取 op1 的 yVal 值
    cout<<"op1 i="<<i<<" op1 j="<<j<<endl;
}
```

程序运行结果如下：

```
op1  i=1  op1  j=2
op1  i=4  op1  j=6
```

说明：

(1) 例中 op1.SetPt(1,2)实际上是一种缩写形式，它表达的意义是 op1.Point::SetPt(1,2)，这两种表达式是等价的。

(2) 外部函数不能引用对象的私有成员，如例 10.3 的主程序采用调用公有成员函数来获得私有数据成员 xVal 和 yVal 的值，若改成如下形式：

```
void main( )
{   Point op1;
    int i,j;
    op1.SetPt(1,2);
    i=op1.xVal;                  // 错误，不能直接引用对象的私有成员
    j=op1.yVal;                  // 错误，不能直接引用对象的私有成员
    cout<<"op1 i="<<i<<" op1 j="<<j<<endl;
}
```

因引用对象的私有成员，故编译这个程序时，编译器将指示这两条语句出错。

(3) 在定义对象时，若定义的是指向此对象的指针，则访问此对象的成员时，不能用“.”运算符，而应使用“->”运算符。例如：

```
void main( )
{   Point *op;
    op->SetPt(1,2);
    //…
}
```

3. 对象赋值语句

如果有两个整型变量 x 和 y，那么用 y=x 就可以把 x 的值赋给 y。同类型的对象之间也

可以进行赋值，当一个对象赋值给另一个对象时，所有的数据成员都会逐位复制。例如，op1 和 op2 是同一类的两个对象，假设 op1 已经存在，那么下述对象赋值语句可把对象 op1 的数据成员的值逐位复制给对象 op2。

```
op2=op1;
```

例 10.4　对象赋值。

```
#include<iostream.h>
class Point {
    int xVal, yVal;
public:
    void SetPt (int x,int y)    { xVal = x;    yVal = y; }
    void show( )   { cout<< xVal << "    " << yVal<<endl; }
};
void main( )
{   Point op1,op2;
    op1.SetPt(1,2);              // 调用 op1 的 SetPt( )，初始化对象 op1
    op2=op1;                     // 将对象 op1 的值赋给 op2
    op1.show( );
    op2.show( );
}
```

在该程序中，语句“op2=op1;”相当于语句：

```
op2.xVal=op1.xVal;
op2.yVal=op1.yVal;
```

但这两条语句不能写在 main( )函数中，因为在类外不能访问类的私有成员 xVal 和 yVal。

运行此程序将显示：

```
1   2
1   2
```

说明：

(1) 在使用对象赋值语句进行对象赋值时，两个对象的类型必须相同，若对象的类型不同，则编译时将出错。

(2) 两个对象之间的赋值仅仅使这些对象中的数据相同，而两个对象仍然是分离的。例如，对象赋值后，再调用 op1.SetPt( )设置 op1 的值，不会影响 op2 的值。

(3) 当类中存在指针类型的数据成员时，当将一个对象的值赋给另一个对象时，若处理不当可能会产生错误。

10.1.4　对象数组

对象数组是指每一数组元素都是对象的数组，也就是说，若一个类有若干个对象，则可以把这一系列的对象用一个数组来存放。下面是关于对象数组的实例。

例 10.5　定义类 Point 的对象数组。

```
#include<iostream.h>
```

```
class Point {
    int xVal, yVal;
public:
    void SetPt(int x,int y)    { xVal = x;    yVal = y; }
    void show( )           { cout<< xVal << "    " << yVal<<endl; }
};
void main( )
{   Point op[4];
    int i;
    for(i=0;i<4;i++)          op[i].SetPt(i,i);
    for(i=0;i<4;i++)          op[i].show();
}
```

这个程序建立了类 Point 的对象数组，并将 0～3 之间的值赋给每一个对象中的数据成员。

10.1.5　对象指针

在 C 语言中，能够直接访问结构体或通过指向该结构的指针来访问结构体。类似地，在 C++ 语言中可以直接引用对象，也可以通过指向该对象的指针引用对象。对象指针是 C++ 的重要特性之一。

1. 用指针引用对象成员

一般情况下，用点运算符“.”来引用对象成员，当用指向对象的指针来引用对象成员时，就要用“->”操作符。

例 10.6　对象指针的使用。

```
#include<iostream.h>
class Point {
    int xVal, yVal;
public:
    void SetPt(int x,int y)    { xVal = x;    yVal = y; }
    void show( )   { cout<< xVal << "    " << yVal<<endl; }
};
void main( )
{   Point op,*p;                    // 声明类 Point 的对象 op 和对象指针 p
    op.SetPt(1,2);
    op.show( );
    p=&op;                          // 将 p 指针指向对象 op
    p->show( );
}
```

程序运行结果为：

```
1   2
1   2
```

在这个例子中，声明了一个类 Point，op 是类 Point 的一个对象，p 是类 Point 的对象指针，对象 op 的地址是用取地址操作符“&”获得并赋给对象指针 p 的。

2. 用对象指针引用对象数组

对象指针不仅能引用单个对象，也能引用对象数组。下面的语句声明了一个对象指针和一个有两个元素的对象数组：

```
Point *p;
Point op[2];
```

若只有数组名，没有下标，这时该数组名代表第一个元素的地址，所以执行语句：

```
p=op;
```

就把对象数组的第一个元素的地址赋给对象指针 p。例如，将例 10.6 程序中的 main()改写为：

```
void main()
{     Point op[2],*p;                    // 声明类 Point 的对象数组 op[2]和对象指针 p
      op[0].SetPt(1,2);
      op[1].SetPt(3,4);
      p=op;                              // 将 p 指针指向对象数组 op 的第一个元素
      p->show();
      p++;                               // 将 p 指针指向对象数组 op 的第二个元素
      p->show();
}
```

程序运行结果为：

```
1  2
3  4
```

一般而言，当指针加 1 或减 1 时，它总是指向相邻的一个元素，对象指针也是如此。本例中指针对象 p 加 1 时，指向下一个数组元素。

3. this 指针

C++中，定义了一个 this 指针，它是成员函数所属对象的指针，它指向类对象的地址，成员函数通过这个指针可以知道自己属于哪一个对象。this 指针是一种隐含指针，它隐含于每个类的成员函数中，仅能在类的成员函数中访问。因此，成员函数访问类中数据成员的格式可以写成：

this->成员变量

下面定义一个类 Date。

```
class Date{
   private:
         int year, month, day;
   public:
         void setYear(int);
         void setMonth(int);
         void setDay(int);
```

```
}
```

该类的成员函数 setMonth 可用以下两种方法实现：

- 方法 1：

```
void Date::setMonth(int mn)        // 使用隐含的 this 指针
{   month = mn; }
```

- 方法 2：

```
void Date::setMonth(int mn)        // 显式使用 this 指针
{   this->month = mn; }
```

虽然显式使用 this 指针的情况并不是很多，但是 this 指针有时必须显式使用。例如，下面的赋值语句是不允许的：

```
void Date::setMonth(int month)
{   month = month;              // 参数 month 在 setMonth()函数中有优先权
                                // 这条语句为参数 month 给自己赋值
}
```

但是，这可以用 this 指针来解决：

```
void Date::setMonth(int month)
{   this->month = month;        // this->month 是类 Date 的数据成员
                                // month 是函数 setMonth()的参数
}
```

例 10.7　this 指针示例。

下面的程序可以帮助了解 this 指针是如何工作的。

```
#include <iostream.h>
class sample{
    int i;
    public:
        void load(int val)      { this->i=val; }
    int get()           { return this->i;}
};
void main()
{   sample obj;
    obj.load(10);
    cout<<obj.get();
}
```

当一个对象调用成员函数时，该成员函数的 this 指针便指向这个对象。如果不同的对象调用同一个成员函数，则 C++ 编译器将根据该成员函数的 this 指针指向的对象来确定应该引用哪一个对象的数据成员。在本例中，当对象 obj 调用成员函数 load()和 get()时，this 指针便指向 obj。这时，this->i 便指向 obj 中的 i。在实际编程中，由于不标明 this 指针的形式使用起来更加方便，因此大部分程序员都使用简写形式。

10.1.6　const 在类中的应用

1. const 成员变量

用 const 修饰的成员变量称为 const 的成员变量。使用时应注意 const 成员变量只能在构造函数里使用初始化成员列表来初始化，试图在构造函数体内进行初始化会引起编译错误。初始化成员列表形如：

```
class X{
    const int r;            // const 成员变量
public:
    X(int a):r(a)           // 初始化成员列表
    { }
    //...
};
```

2. const 成员函数

const 成员函数指的是 const 放在成员函数后面，形如：

```
void fun() const;
```

表明这个函数不会对这个类对象的非静态数据成员作任何改变，不能在 const 成员函数中调用其他非 const 的成员函数。例如：

```
class Stack{
 public:
        void Push(int elem);
        int Pop();
        int GetCount() const;       // const 成员函数
 private:
        int m_num;
        int m_data[100];
};
int Stack::GetCount() const
{   ++m_num;                        // 编译错误，企图修改数据成员 m_num
    Pop();                          // 编译错误，企图调用非 const 成员函数
    return m_num;
}
```

任何不会修改数据成员的成员函数都应该声明为 const 类型。如果在编写 const 成员函数时，不慎修改了数据成员，或者调用了其他非 const 成员函数，编译器将报错，这极大地提高了程序的健壮性。

建立了一个 const 成员函数后，若仍然想用这个函数改变对象内部的数据，有三种方法可以实现。一种方法是使用类型强制转换方法。例如：

```
class X{
```

```
        int r;
    public:
        X(int a)  {  r=a;  }
        void f() const
        {  ((X*)this)->r++;  }        // 通过 this 指针进行类型强制转换实现
        //...
    };
```

强制指针类型转换可以越过 const 成员函数检查，所以上述程序中 const 成员函数 f()可以改变成员变量 r 的值，但由于类型强制转换越过了 const 成员函数检查，违背了定义 const 成员函数的初衷，所以并不推荐这种用法。

第二种方法是采用 const_cast 运算符去掉 this 指针的 const 属性。例如：

```
    class X{
        int r;
    public:
        X(int a)     { r=a; }
        void f() const
        {  (const_cast<X*>(this))->r++;  }
        // 通过 const_cast 运算符去掉 this 指针的 const 属性
        // ...
    };
```

其中，const_cast 运算符的用法是：

const_cast <类型> (表达式)

const_cast 运算符可以去掉一个类的 const、volatile 和_unaligned 属性。

第三种方法就是使用关键字 mutable。关键字 mutable 可以把一个成员定义为可变动的，也就是被 mutable 定义的成员是可以被 const 成员函数修改的。例如：

```
    #include <iostream.h>
    class ConstFunc{
      public:
          ConstFunc()     { i=j=1; }
          void Fun() const;
          void show() const;
      private:
          int i;
          mutable int j;      // 声明了一个 mutable 成员变量
    };
    void ConstFunc::Fun() const
    {
       i++;                   // 非法，不能改变 i 的值
       j++;                   // 合法，可以改变用 mutable 声明的成员变量
```

```
}
void ConstFunc::show() const
{   cout <<"i="<<i<<", j="<<j<< endl;   }
```

3. const 对象

同const成员函数有关的一个概念就是const对象，即在定义对象时用const来修饰。const对象只可以调用类的const成员函数，而非const对象可以访问任意的成员函数，包括const成员函数。例如：

```
class X {
    public:
      X(int m) : i(m) { }
      int f() const
    {     i++;              // 错误：不可以在 const 成员函数中做改变普通数据成员的操作
        return i;
    }
    int f2()    { i++;   return i; }
    private:
    int i;
};
void main()
{     X x1(100);
      const X x2(200);    // 声明一个 const 对象
      x1.f();             // 合法：非 const 对象可以调用 const  成员函数
      x2.f();             // 合法：对象只能调用 const 成员函数
      x2.f2();            // 错误：const 对象不能调用非 const 成员函数
}
```

10.2　构造函数和析构函数

在 C++ 中，有两种特殊的成员函数，即构造函数和析构函数，下面分别予以介绍。

10.2.1　构造函数

前面已经介绍了简单变量的初始化、数组的初始化、结构体和结构体数组的初始化。对象也需要初始化，但是应该怎样初始化一个对象呢？C++ 中定义了一种特殊的初始化函数，称之为构造函数。当对象被创建时，构造函数自动被调用。构造函数具有一些特殊的性质：

(1) 构造函数的名字必须与类名相同。

(2) 构造函数可以有任意类型的参数，但不能具有返回类型。

(3) 定义对象时，编译系统会自动地调用构造函数。

例 10.8　为类 Point 定义构造函数。

```
class Point {
        int xVal, yVal;
    public:
        Point(int x,int y)     { xVal = x;   yVal = y; }
        void show( )   { cout<< xVal << "     " << yVal<<endl; }
};
```

类 Point 的构造函数有两个参数，它们为 xVal、yVal 赋初值。如果不采用 Point 构造函数，则在前面的例子中将不得不调用 SetPt()函数初始化。可见，使用 Point 构造函数方便了编程，简化了程序代码。构造函数很少做赋初值以外的事情。

构造函数不能像其他成员函数那样被显式地调用，它是在定义对象的同时调用的，其一般格式为：

类名 对象名(实参表)；

可以定义 Point 类对象并立即初始化。例如：

```
Point pt1(10, 20);      // 对象 pt1 的 xVal 和 yVal 的初值分别为 10 和 20
```

说明：

(1) 构造函数没有返回值，在声明和定义构造函数时，不能说明它的类型，甚至也不能说明为 void 类型。

(2) 在实际应用中，通常需要给每个类定义构造函数。如果没有给类定义构造函数，则编译系统自动地生成一个缺省的构造函数。例如，如果没有给 Point 类定义构造函数，则编译系统为 Point 生成下述形式的构造函数：

```
Point::Point( )
{   }
```

这个缺省的构造函数不带任何参数，它只为对象开辟一个存储空间，而不能给对象中的数据成员赋初值，这时的数据成员的初始值是随机数，程序运行时可能会造成错误。因此，给对象赋初值是非常重要的。给对象赋初值并不是只能采用构造函数这一途径，前面的例 10.3 中，是用以下语句给对象赋初值的：

```
op1.SetPt(1,2);
```

这种通过显式调用成员函数的对象赋初值是完全允许的。但是，这种方法存在一些缺陷，如对每一个对象赋初值都需要一一给出相应的语句，因此容易遗漏而产生错误。构造函数的调用不需要写到程序中，是系统自动调用的，所以不存在遗忘的问题。两者相比，选择构造函数的方法为对象进行初始化比较合适。

(3) 构造函数可以是不带参数的。例如：

```
class abc{
  private:
     int a;
  public:
     abc( )   {     cout<<"initialized"<<endl;   a=5;     }
};
```

类 abc 的构造函数就没有带参数。在 main()函数中可以采用如下方法定义对象：

```
abc s;
```

在定义对象 s 的同时，构造函数 s.abc::abc()被系统自动调用执行，执行结果是在屏幕上显示字符串“initialized”，并给私有数据成员 a 赋值 5。

(4) 构造函数也可以采用构造初始化表对数据成员进行初始化。例如：

```
class A{
    int i;
    char j;
    float f;
  public:
    A(int x,char y,float z)    { i=x;   j=y;   f=z; }
};
```

这个含有三个数据成员的类，利用构造初始化表的方式可以写成：

```
class A{
    int i;
    char j;
    float f;
  public:
    A(int x,char y,float z):i(x),j(y),f(z)
    {   }
};
```

以上两种构造函数的定义都是有效的，但是如果需要将数据成员放在堆中或数组中，则应在构造函数中使用赋值语句，即使构造函数有初始化表也应如此。例如：

```
class A{
    int i;
    char j;
    float f;
    char name[25];
  public:
    A(int x,char y,float z,char N[]):i(x),j(y),f(z)
    { strcpy(name,N); }
};
```

在这个类的构造函数中，构造初始化表初始化了三个非数组成员，而字符数组必须在函数体内被赋值。

(5) 对没有定义构造函数的类，其公有数据成员可以用初始值表进行初始化。

例 10.9　公有数据成员用初始值表进行初始化。

```
#include <iostream.h>
class myclass{
  public:
```

```
        char name[10];
        int number;
    };
    void main( )
    {   myclass a={"Jia",1};
        cout<<a.name<<"    "<<a.number<<endl;
    }
```

运行结果为：

```
    Jia    1
```

(6) 对于带参数的构造函数，在定义对象时必须给构造函数传递参数，否则构造函数将不被执行。

10.2.2　缺省参数的构造函数

在实际使用中，有些构造函数的参数值通常是不变的，只有在特殊情况下才需要改变其参数值。这时可以将其定义成带缺省参数的构造函数。例如：

```
    #include <iostream.h>
    class Point {
        int xVal, yVal;
      public:
        Point(int x=0,int y=0)    { xVal = x;    yVal = y; }
        void show( )    { cout<< xVal << "    " << yVal<<endl; }
    };
```

在类 Point 中，构造函数的两个参数均含有缺省参数值，因此，在定义对象时可根据需要使用其缺省值。例如：

```
    void main( )
    {   Point p1;              // 不传递参数，全部使用缺省值
        Point p2(2);           // 只传递一个参数
        Point p3(2,3);         // 传递两个参数
    }
```

上面定义了三个对象 p1、p2、p3，它们都是合法的对象。由于传递参数的个数不同，使它们的私有数据成员取不同的值。在定义对象 p1 时，没有传递参数，xVal 和 yVal 全取构造函数的缺省值为其赋值，因此其值均为 0。在定义对象 p2 时，只传递了一个参数，这个参数传递给构造函数的第一个参量，而第二个参量取缺省值，所以对象 p2 的 xVal 取值 2，yVal 取值 0。在定义对象 p3 时，传递了两个参数，这两个参数分别传给了 xVal 和 yVal，因此 xVal 取值 2，yVal 取值 3。

10.2.3　重载构造函数

C++ 允许重载构造函数，这些构造函数之间以它们所带参数的个数和类型的不同而区分。

例 10.10　重载 Point 类的构造函数。

```
#include <math.h>
class Point {
      int xVal, yVal;
   public:
      Point(int x, int y)   { xVal = x; yVal = y; }          // 笛卡儿坐标
      Point(float len, float angle)                           // 极坐标
      {    xVal = (int) (len * cos(angle));
           yVal = (int) (len * sin(angle));
      }
      Point(void)   { xVal = yVal = 0; }                      // 原点
      //...
};
void main()
{
      Point pt1(10, 20);                                      // 笛卡儿坐标
      Point pt2(60.3f,3.14f);                                 // 极坐标
      Point pt3;                                              // 原点
      //...
}
```

这三个构造函数所带的参数个数或类型均有差别，因此符合函数重载的要求，不会造成二义性。创建 Point 对象时，可以使用这三个构造函数中的任何一个。

例 10.11　计时器程序。

首先定义一个 timer 类，在创建对象时就赋给对象一个初始时间值。本例中，用户可以通过重载构造函数用一个整数表示初始的秒数，也可以用数字串或是指明时间(为分、秒的两个整数)来表示初始的秒数，还可以不带参数，使初始值为零。

```
#include <iostream.h>
#include <stdlib.h>
class timer{
      int seconds;
   public:
      timer()          { seconds=0; }
      timer(int t)     { seconds=t;}
      timer(char *t)  { seconds=atoi(t);}
      timer(int min,int sec)     { seconds=min*60+sec;}
      int gettime()    { return seconds; }
};
void main()
{     timer a,b(10),c("30"),d(1,20);
```

```
        cout<<"seconds1="<<a.gettime()<<endl;
        cout<<"seconds2="<<b.gettime()<<endl;
        cout<<"seconds3="<<c.gettime()<<endl;
        cout<<"seconds4="<<d.gettime()<<endl;
    }
```

在本例的 main()函数中定义了四个对象，对象 a 没有构造函数，所以定义对象时调用无参构造函数 timer()；定义对象 b 时传递了一个整型参数，所以定义对象 b 时调用构造函数 timer(int t)；定义对象 c 时传递了一个数字串参数，所以定义对象 c 时调用构造函数 timer(char *t)；定义对象 d 时传递了两个整型参数，所以定义对象 d 时调用构造函数 timer(int min,int sec)。

说明：在重载没有参数和带缺省参数的构造函数时，有可能产生二义性。例如：

```
class A{
  public:
    A()   {//...}
    A(int i=0) {//...}
};
void main()
{
    A a1(10);     // 正确
    A a2;         // 存在二义性
    //...
}
```

该例定义了两个重载构造函数 A，其中一个没有参数，另一个带有一个缺省参数。创建对象 a2 时，由于没有给出参数，因此既可以调用第一个构造函数，也可以调用第二个构造函数。这时编译系统无法确定应该调用哪一个构造函数，因此产生了二义性。在实际应用时一定要注意避免这种情况。

10.2.4　复制构造函数

复制构造函数是一种特殊的构造函数，它用于依据已存在的对象建立一个新对象。用户可以根据自己的需要定义复制构造函数，系统也可以为类产生一个缺省的复制构造函数。

1. 自定义的复制构造函数

自定义的复制构造函数的一般形式如下：

```
classname(const classname &ob)
{
  // 复制构造函数的函数体
}
```

其中，ob 是用来初始化的另一个对象的引用。

下面是一个用户自定义的复制构造函数：

```
class Point{
      int xVal, yVal;
   public:
      Point(int x, int y)   { xVal=x; yVal=y; }        // 构造函数
      Point(const Point &p)                            // 复制构造函数
      {    xVal = 2*p.xVal;    yVal =2*p.yVal;   }
      //...
};
```

例如，p1、p2 为类 Point 的两个对象，且 p1 已经存在，则下述语句可以调用复制构造函数初始化 p2：

```
Point p2(p1);
```

例 10.12　自定义 Point 类复制构造函数。

```
#include <iostream.h>
class Point{
      int xVal, yVal;
   public:
      Point(int x, int y)    {   xVal=x; yVal=y;   }        // 构造函数
      Point(const Point &p)                                 // 复制构造函数
      {   xVal = 2*p.xVal;    yVal = 2*p.yVal; }
      void print( )   { cout<<xVal<<"   "<<yVal<<endl; }
};
void main( )
{     Point p1(30,40);           // 定义类 Point 的对象 p1
      Point p2(p1);              // 显示调用复制构造函数，创建对象 p2
      p1.print( );
      p2.print( );
}
```

本例在定义对象 p2 时，调用了自定义的复制构造函数。程序运行结果为：

```
30   40
60   80
```

除了显式调用复制构造函数外，还可以采用赋值形式调用复制构造函数。若将主函数 main()改写成如下形式：

```
void main( )
{     Point p1(30,40);
      Point p2=p1;               // 使用赋值形式调用复制构造函数，创建对象 p2
      p1.print( );
      p2.print( );
}
```

则在定义对象 p2 时，虽然从形式上看是将对象 p1 赋值给了对象 p2，但实际上调用的是复

制构造函数，在创建对象 p2 时，将对象 p1 数据成员的值逐域复制给对象 p2，运行结果同上。

2. 缺省的复制构造函数

如果没有编写自定义的复制构造函数，则在用已存在对象建立新对象时，C++会自动地将已存在的对象赋值给新对象，这种按成员逐一复制的过程是由缺省的复制构造函数自动完成的。

例 10.13 例 10.12 中去掉自定义的复制构造函数。

```
#include <iostream.h>
class Point{
      int xVal, yVal;
   public:
      Point(int x, int y) { xVal=x; yVal=y; }      // 构造函数
      void print()          { cout<<xVal<<"    "<<yVal<<endl; }
};
void main()
{     Point p1(30,40);              // 定义类 Point 的对象 p1
      Point p2(p1);                 // 显式调用复制构造函数，创建对象 p2
      Point p3=p1;                  // 使用赋值形式调用复制构造函数，创建对象 p3
      p1.print();
      p2.print();
      p3.print();
}
```

程序运行的结果为：

```
30   40
30   40
30   40
```

由于例 10.13 没有用户自定义的复制构造函数，因此在定义对象 p2 时，采用了 Point p2(p1)的形式后，调用的是系统缺省的复制构造函数，缺省的复制构造函数将对象 p1 的各数据成员的值都复制给了对象 p2 相应的数据成员，p2 对象的数据成员的值与 p1 对象相同；在定义对象 p3 时，采用了 Point p3=p1 的形式后，以赋值形式调用了系统缺省的复制构造函数，p1 的值逐域复制给对象 p3，p3 对象的数据成员的值与 p1 对象相同。

值得注意的是，通常缺省的复制构造函数是能够胜任工作的，但若类中有指针类型数据成员，则按成员赋值的方法有时会产生错误，这就需要自定义的复制构造函数。

10.2.5 析构函数

由前述可知，对象在创建时，会自动调用构造函数进行初始化。当对象销毁时，也会自动调用析构函数进行一些清理工作，以释放内存。与构造函数类似的是：析构函数也与类同名，但在类名前有一个“~”符号。析构函数也没有返回类型和返回值，并且析构函数

不带参数，不能重载，所以析构函数只有一个。

值得注意的是，每个类必须有一个析构函数。若没有显式地为一个类定义析构函数，则编译系统会自动地生成一个缺省的析构函数。对于大多数类而言，缺省的析构函数就能满足要求。但是，如果在一个对象完成其操作之前需要做一些内部处理(如释放内存空间)，则应该显式地定义析构函数。例如：

```
class mystring {
    char *str;
  public:
    mystring(char *s)
    {   str=new char[strlen(s)+1];
        strcpy(str,s);
    }
    ~ mystring( )  { delete str;}
    void get_str(char *){//...}
    void sent_str(char *){//...}
};
```

这是构造函数和析构函数常见的用法，即在构造函数中用运算符 new 为字符串分配存储空间，最后在析构函数中用运算符 delete 释放已分配的存储空间。

10.2.6　动态对象创建

在需要创建对象时，多数情况下很难预知所需对象的确切数量。比如，公路交通管理系统必须同时处理多少辆汽车？一个三维建筑设计系统需要处理多少个模型？解决这些编程问题的方法是：必须具备在运行时动态创建和销毁对象的能力。

一个对象被动态创建时，依次发生两件事情：

(1) 为对象分配内存空间；

(2) 调用构造函数来初始化这块内存。

同样，一个对象被动态销毁时，按照顺序发生了下面两件事情：

(1) 调用析构函数清除对象；

(2) 释放对象的内存空间。

C++提供了两个运算符 new 和 delete，分别用来完成动态对象的创建和销毁。当用 new 创建一个对象时，就为对象分配内存空间，并调用相应的构造函数。new 返回一个指向刚刚创建的对象的指针。当用 delete 销毁一个对象时，就调用相应的析构函数，释放掉分配的内存空间。delete 运算符的操作数是指向对象的指针。需要注意的是，用 new 创建的对象必须用 delete 销毁，否则，会出现内存泄漏。

下面举个例子说明利用 new 和 delete 动态创建和销毁对象的过程。

例 10.14　用 new 和 delete 动态创建和销毁对象。

```
#include <iostream.h>
class Tree{
  private:
```

```
        int height;
    public:
      Tree(int height)
      {   cout<<"tree object is creating"<<endl;
          this->height = height;
      }
      ~Tree()           {   cout<<"tree object is deleting"<<endl;   }
      void display()    {   cout<<"this tree is "<<height<<" meters high"<<endl;   }
  };
  void main()
  {   Tree* tree = new Tree(100);
      tree->display();
      delete tree;
  }
```

程序的输出结果如下：

```
tree object is creating
this tree is 100 meters high
tree object is deleting
```

在 main( )函数中，第一条语句是用 new 运算符动态创建一个 Tree 类对象，new 后面括号中的 100 实际上是 new 创建对象时传给构造函数的参数。main( )函数的第二条语句是调用对象的显示函数 display( )，打印出的结果显示树高为 100 米。可见，new 操作符确实调用了类的构造函数。main( )函数的最后一条语句是用 delete 运算符销毁用 new 创建的对象。对象一旦被销毁就不再存在。如果继续访问对象 tree 的数据成员或成员函数，则程序会产生错误。

注意：构造函数在对象创建时被调用，对象何时创建与对象的作用域有关。例如，全局对象在程序开始执行时创建，自动对象在进入其作用域时创建，动态对象则在使用 new 运算符时创建。

当用 new 运算符创建动态数组时，如：

```
elems = new int[size];
```

调用构造函数的顺序依次是 elems[0]、elems[1]、…、elems[size-1]。由于 new 的调用格式是类型后面跟[数组元素个数]，不能再跟构造函数的参数，所以动态创建的数组元素的初始化只能调用无参的构造函数，如果没有无参的构造函数，动态创建数组则会出现编译错误。

10.3　静 态 成 员

类对象的公有或私有的数据成员可被该类的每一个 public 或 private 函数访问。有时可能需要一个或多个公共的数据成员能够被类的所有对象共享，这类数据成员称为静态成员。在 C++中，可以定义静态的数据成员和成员函数。

10.3.1　静态数据成员

定义静态数据成员，只需在数据成员的定义前增加 static 关键字。静态数据成员不同于非静态的数据成员，一个类的静态数据成员仅创建和初始化一次，且在程序开始执行的时候创建，然后被该类的所有对象共享；而非静态的数据成员则随着对象的创建而多次创建和初始化。

下面以例子说明静态数据成员和一般数据成员的不同。

例 10.15　静态数据成员应用实例。

```
#include<iostream.h>
class Student{
    static int count;            // 静态数据成员 count，用于统计学生的总数
    int StuNumber;               // 普通数据成员，用于表示每个学生的学号
  public:
    Student()                    // 构造函数
    {   count++;                 // 每创建一个学生对象，学生数加 1
        StuNumber=count;         // 给当前学生的学号赋值
    }
    void print()                 // 成员函数，显示学生的学号和当前学生数
    {   cout<<"Student"<<StuNumber<<"    ";
        cout<<"count="<<count<<endl;
    }
};
int Student::count=0;            // 给静态数据成员赋初值
void main()
{   Student student1;            // 创建第一个学生对象 student1
    student1.print();
    cout<<"----------------\n";
    Student student2;            // 创建第二个学生对象 student2
    student1.print();
    student2.print();
    cout<<"----------------\n";
    Student student3;            // 创建第三个学生对象 student3
    student1.print();
    student2.print();
    student3.print();
}
```

在上面的例子中，类 Student 的数据成员 count 被声明为静态的，它用来统计创建 Student 类对象的个数。由于 count 是静态数据成员，所以它被所有 Student 类的对象所共享，每创建一个对象(学生)，它的值就加 1。计数操作这项工作放在构造函数中，每次创建对象(学生)

时系统自动调用其构造函数，从而 count 的值每次加 1。静态数据成员 count 的初始化是在类外进行的。

数据成员 StuNumber 是普通的数据成员，每个对象都有其对应的拷贝，它用来存放当前对象(学生)的对象号(学号)。在上面的例子中，StuNumber 的初始化在构造函数中进行，使用当前的对象数(学生数)的对象号(学号)赋值，从对象号(学号)可以看出对象被创建的次序。

成员函数 print()用来显示对象(学生)的各个数据成员，即对象号(学号)和当前的对象数(学生数)。

上述程序的运行结果如下：

```
Student1    count=1
----------------
Student1    count=2
Student2    count=2
----------------
Student1    count=3
Student2    count=3
Student3    count=3
```

从运行结果可以看出，所有对象相应的 count 值都是相同的，这说明它们都共享这一数据。也就是说，所有对象对于 count 只有一个拷贝，这也是静态数据成员的特性。数据成员 StuNumber 是普通的数据成员，因此各个对象的 StuNumber 是不同的，它存放了各个对象的对象号。

从图 10.1 中可以清楚地看出，count 是三个对象共享的数据成员，而 StuNumber 则是每个对象自有的数据成员，各个对象的 StuNumber 是没有什么关系的。

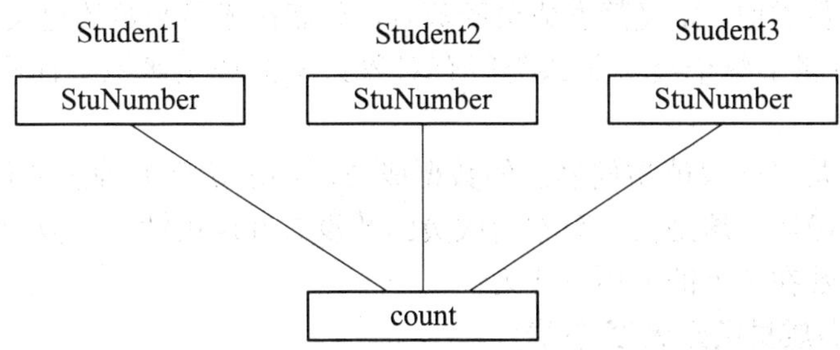

图 10.1　Student 三个对象与静态成员 count 的关系

说明：

(1) 静态数据成员属于类(准确地说，是属于类中的一个对象集合)，而不像普通数据成员那样属于某一个对象，因此可以使用“类名::”访问静态的数据成员。

(2) 静态数据成员不能在类中进行初始化，因为在类中不给它分配内存空间，必须在类外的其它地方为它提供定义。一般在 main()开始之前、类的声明之后的特殊地带为它提供定义和初始化。缺省时，静态成员被初始化为零。

(3) 静态数据成员与静态变量一样，是在编译时创建并初始化的。它在类的任何对象被

建立之前就存在，它可以在程序内部不依赖于任何对象被访问。

(4) 静态数据成员的主要用途是定义类的各个对象所公用的数据，如统计总数、平均数等。

在不引用任何特定对象的情况下，可设置静态数据成员的值。

例 10.16　不引用任何特定的对象，将静态数据成员的值置为 200。

```
#include <iostream.h>
class myclass{
public:
      static int i;
      void seti(int n)  { i=n;}
      int geti()    { return i;}
};
int myclass::i;                    // 不必在前面加 static
void main()
{     myclass::i=200;              // 没有声明任何对象就引用了 i
      myclass ob1,ob2;
      cout<<"ob1.i="<<ob1.geti()<<endl;
      cout<<"ob2.i="<<ob2.geti()<<endl;
}
```

C++支持静态数据成员，其主要原因是可以不必使用全局变量。因为依赖于全局变量的类几乎都是违反面向对象程序设计的封装原理的。

10.3.2　静态成员函数

同静态数据成员类似，定义静态成员函数时，只需在成员函数的定义前增加 static 关键字。静态成员函数属于整个类，是该类所有对象共享的成员函数，而不属于类中的某个对象。

注意：静态成员函数仅能访问静态的数据成员，不能访问非静态的数据成员，也不能访问非静态的成员函数。这是由于静态的成员函数没有 this 指针。类似于静态的数据成员，公有静态的成员函数在类外的调用方式为：

类名::静态成员函数名(实参表)

C++ 允许用对象调用静态的成员函数。

例 10.17　调用静态成员函数的方法。

```
#include <string.h>
class Directory{
  private:
      int i;
      static char path [];                    // 静态字符串
  public:
     static void setpath(char const *newpath);          // 公有静态的函数
```

```
        void seti(int x)    {   i=x;   }
    };
    char Directory::path [199] = "/usr/local";          // 静态数据成员的初始化
    void Directory::setpath(char const *newpath)        // 静态函数
    {     strncpy(path, newpath, 199); }
    void main()
    {     Directory::setpath("/etc");              // 通过类名调用 setpath()成员函数
          Directory dir1;
          dir1.setpath("/etc");                    // 通过对象调用 setpath()成员函数
    }
```

在上面的例子中，setpath()是一个公有静态的成员函数，C++也允许私有静态的成员函数，但只能被该类的其它成员函数调用，不能在类外被调用。

10.4　类对象作为成员

在类定义中定义的数据成员不仅可以是基本的数据类型，也可以是对象，称为对象成员。使用对象成员要注意构造函数的定义方式，即类内部对象的初始化问题。

凡有对象成员的类，其构造函数和不含对象成员的构造函数有所不同。例如，有以下的类：

```
    class X{
          类名 1    成员名 1
          类名 2    成员名 2
             ⋮
          类名 n    成员名 n
    };
```

一般来说，类 X 的构造函数的定义形式为：

```
    X::X(参数表 0): 成员名 1(参数表 1),…, 成员名 n(参数表 n){
          // 构造函数体
    }
```

冒号后面的部分是对象成员的初始化列表，各对象成员的初始化列表用逗号分隔，参数表 i(1≤i≤n)给出了初始化对象成员所需要的数据，它们一般来自于参数表 0。

例 10.18　将 string 类对象作为 Student 类成员。

```
    #include <iostream.h>
    #include <string.h>
    class string{
          char *str;
       public:
          string(char *s)
```

```
        {     str=new char[strlen(s)+1];
              strcpy(str,s);
        }
        void print()     {   cout<<str<<endl; }
        ~string()        {   delete str; }
};
class Student{
        string name;                              //name 为类 Student 的对象成员
        int age;
    public:
        Student(char *st,int ag):name(st)         //定义类 Student 的构造函数
        {     age=ag;   }
        void print()
        {     name.print();
              cout<<"age:"<<age<<endl;
        }
};
void main()
{       Student g("Liu li",18);
        g.print();
}
```

说明：

(1) 声明一个含有对象成员的类，首先要创建各成员对象。本例在声明类 Student 中，定义了对象成员 name：

```
string name;
```

(2) Student 类对象在调用构造函数进行初始化时，也要为对象成员进行初始化，因为它也是属于此类的成员。因此在写类 Student 的构造函数时，也缀上了其对象成员的初始化：

```
Student(char *st, int ag):name(st)
```

于是，在调用 Student 的构造函数进行初始化时，也给其对象成员 name 赋上了初值。

注意：在定义类 Student 的构造函数时，必须缀上其对象成员的名字 name，而不能缀上类名。下列语句是不允许的：

```
Student(char *st, int ag):string(st)
```

因为在类 Student 中，应是类 string 的对象 name 作为成员，而不是类 string 作为其成员。

10.5　友　　元

类的主要特点之一是数据封装，即类的私有成员只能在类定义的范围内使用。也就是说，私有成员只能通过它的成员函数来访问。但是，有的时候需要在类的外部访问类的私

有成员，在C++中使用友元可以达到这一目的。

友元既可以是不属于任何类的一般函数，也可以是另一个类的成员函数，还可以是整个的一个类，分别称为一般友元函数、友元成员函数和友元类，说明如下：

(1) 一般友元函数不是当前类的成员函数，而是独立于当前类的外部函数，但是它可以访问该类的所有对象的成员，包括私有成员和公有成员。在类定义中声明友元函数时，须在其函数名前加上关键字friend。友元函数可以定义在类的内部，也可以定义在类的外部。

(2) 除了一般的函数可以作为某个类的友元外，一个类的成员函数也可以作为另一个类的友元，这种成员函数不仅可以访问自己所在类对象中的私有成员和公有成员，还可以访问friend声明语句所在类对象中的私有成员和公有成员，这样能使两个类相互合作、协调工作，完成某一任务。

(3) 不仅函数可以作为一个类的友元，一个类也可以作为另一个类的友元。这种友元类的说明方法是在另一个类声明中加入语句“friend 类名(即友元函数的类名);”，此语句可以放在公有部分，也可以放在私有部分，但友元类必须在定义前声明。

例10.19　一般友元函数、友元成员函数和友元类的声明和使用。

```
#include <iostream.h>
class A;                                   // 声明类A，类B定义时使用了A
class B{                                   // 定义类B
  public:
    void BFun(A &);
};
class C{                                   // 定义类C
  public:
    void CFun(A &);
};
class A{                                   //定义类A
    friend void print(A);                  // 一般友元函数声明
    friend void B::BFun(A &);              // 友元成员函数声明
    friend C;                              // 友元类声明，C是A的友元类
  private:
    int a,b;
  public:
    A(int x=0,int y=0) {a=x; b=y;}
};
void print(A ObjA)                         // 定义友元函数，使用对象作为参数
{cout<<"a="<<ObjA.a<<", "<<"b="<<ObjA.b<<endl;   }  // 输出类A的私有成员a和b
void B::BFun(A &ObjA)                      // 定义友元成员函数，使用引用作参数
{    ObjA.a=10;   }                        // 修改类A的私有成员a
void C::CFun(A &ObjA)                      // 定义友元类C的成员函数，使用引用作参数
{    ObjA.b=20;   }                        // 修改类A的私有成员b
```

```
void main()
{     A ObjA(1,2);
      print(ObjA);
      B ObjB;
      ObjB.BFun(ObjA);
      print(ObjA);
      C ObjC;
      ObjC.CFun(ObjA);
      print(ObjA);
}
```

程序运行结果为：

```
a=1, b=2
a=10, b=2
a=10, b=20
```

从例 10.19 中可以看出，友元提供了不同类、不同类的成员函数和一般函数之间的数据共享机制。使用友元虽然方便了程序设计，但破坏了数据的隐蔽性，相当于给类开了个“后门”，这违背了面向对象的程序设计思想，因此使用友元应十分谨慎。特别说明，友元关系是单向的，不具有交换性，也不具有传递性。

10.6 小　　结

本章讲述了 C++语言中面向对象编程的基本概念和基本方法。在 C++语言中，通过 class 关键字可以定义类，类的成员包括数据成员和成员函数两种。用户定义了新的类之后，就可以定义该类的对象。C++中还定义了一个 this 指针，它仅能在类的成员函数中访问，它指向该成员函数所在的对象，即当前对象。

在 C++中，有两种特殊的成员函数，即构造函数和析构函数。它们分别负责对象的初始化和清除工作。复制构造函数的形参是对本类对象的引用，它用一个对象来初始化另一个对象。如果编程者没有显式定义构造函数(包括复制构造函数)，则 C++编译器就隐式定义缺省的构造函数。

为了实现对象的常量化，C++ 引入了 const 函数的概念。const 函数不改变对象的数据成员，也不能调用非 const 函数。const 常量对象只能调用 const 函数；但构造函数和析构函数对这个规则例外，它们从不定义为 const 成员，但可被 const 对象调用(被自动调用)。

在 C++ 中，为了实现类的所有对象对一个或多个类成员的共享，可以定义静态数据成员和静态成员函数。一个类的静态数据成员仅创建和初始化一次，且在程序开始执行的时候创建，然后被该类的所有对象共享；而非静态的数据成员则随着对象的创建而多次创建和初始化。与静态数据成员类似，静态成员函数也是属于类的。静态成员函数仅能访问静态的数据成员，不能访问非静态的数据成员，也不能访问非静态的成员函数，这是因为静态的成员函数没有 this 指针。

一般来说，类的公有成员能够在类外访问，私有成员只能被类的其它成员函数访问。但是通过 C++中提供的友元概念，可以实现类的私有成员的访问。虽然友元为进行程序设计提供了一定的方便，但是面向对象的程序设计要求类的接口与类的实现分开，使对象的访问通过其接口函数进行。如果直接访问对象的私有成员，就破坏了面向对象程序的信息隐藏和封装特性。友元虽然提供了一些方便，但有可能是得不偿失的，所以要慎用友元。

习 题 十

1. 选择题

(1) 下列不是类的成员函数的是________。

A. 构造函数　　B. 析构函数　　C. 拷贝构造函数　　D. 友元函数

(2) 下面不属于构造函数特征的是________。

A. 构造函数可以重载　　B. 构造函数可以设置缺省参数

C. 构造函数的函数名与类名相同　　D. 构造函数必须指定类型说明

(3) 下面有关析构函数的说法中不正确的是________。

A. 析构函数无任何函数类型

B. 析构函数和构造函数一样可以有形参

C. 析构函数有且只有一个

D. 析构函数的作用是在对象被撤销时收回先前分配的内存空间

(4) 假设 MyClass 为一个类，则执行“MyClass a,b(2),*p;”语句时，自动调用该类构造函数________次。

A. 2　　B. 3　　C. 4　　D. 5

(5) 下面对友元函数的描述中正确的是________。

A. 友元函数的实现必须在类的内部定义

B. 友元函数是类的成员函数

C. 友元函数破坏了类的封装性和隐藏性

D. 友元函数不能访问类的私有成员

2. 填空题

(1) 对于类中定义的成员，其默认的访问权限是____________。

(2) 静态数据成员能够被类的所有对象____________。

(3) 完成下面的类定义。

```
    class myclass{
            int x;
    public:
            myClass(int);
            int GetNum();
    };
________::myClass(_____  m)
```

```
{   x=m; }
int myclass::GetNum()
{   __________;   }
```

3. 编程题

(1) 下面是一个类的测试程序，设计出能使用如下测试程序的类。

```
void main()
{
      Test a;
      a.Init(28,13);
      a.Print();
}
```

(2) 编写一个程序，通过设计类 Student 来实现学生数据的输入、输出。学生的基本信息包括：学号、姓名、性别、年龄和专业。

(3) 重新定义第(2)题的 Student 类，要求重载该类的构造函数。

(4) 定义一个类 Student 记录学生计算机课程的成绩。要求使用静态成员变量和静态成员函数计算全班学生计算机课程的总成绩和平均成绩。

(5) 定义一个复数类 Complex，用友元函数实现该类的加、减、乘、除运算。

第 11 章　继承与派生

教学目标

※ 掌握继承的概念和用法。
※ 理解基类和派生类的概念。
※ 掌握派生类构造函数和析构函数的用法。
※ 掌握虚基类的概念和用法。

代码复用是 C++ 最重要的性能之一，它是通过类继承机制来实现的。通过类继承，可以复用基类的代码，并可以在继承类中增加新代码或者覆盖基类的成员函数，为基类成员函数赋予新的意义，实现最大限度的代码复用。

11.1　类的继承与派生

11.1.1　继承与派生的概念

继承是一个非常自然的概念，现实世界中的许多事物都具有继承性。人们一般用层次分类的方法来描述它们的关系。图 11.1 是一个简单的哺乳动物分类图。

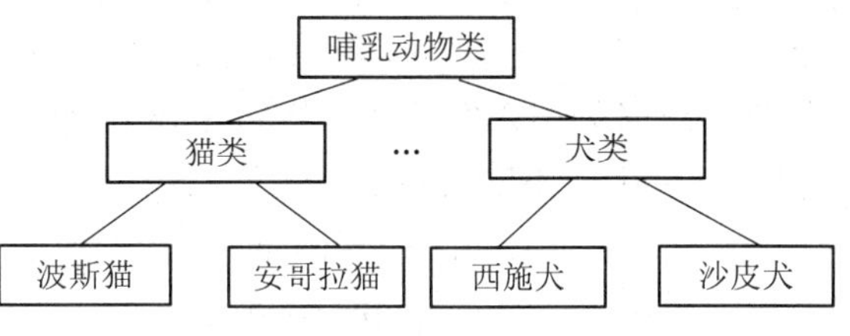

图 11.1　简单的哺乳动物分类图

在这个分类树中建立了一个层次结构，最高层是最普遍、最一般的，每一层都比它的前一层更具体，低层含有高层的特性，同时也与高层有细微的不同。它们之间是基类和派生类的关系。例如，确定某一动物是沙皮犬后，就没有必要指出它是犬类，因为沙皮犬本身就是从犬类派生出来的，它继承了这一特性，同样也不必指出它是哺乳动物，因为凡是犬类都是哺乳动物。

继承是 C++ 的一种重要机制，是程序可重用与扩充的一个重要方面。这一机制使得程序员可以在已有类的基础上建立新类，从而扩展程序功能，体现类的多态性特征。

面向对象程序设计允许声明一个新类作为另一个类的派生。派生类(也称子类)可以声明新的属性(数据成员)和新的操作(成员函数)。最初的类为基类(也称父类、超类)，根据它生成的新类称为派生类(子类)，这种派生可以是多层次的。

现举例说明为什么要使用继承。

现有一个 person 类，它包含有 name(姓名)、age(年龄)、sex(性别)等数据成员与成员函数 print()，程序如下：

```
class person{
  private:
    char name[10];
    int age;
    char sex;
  public:
     void print();
};
```

假如现在要声明一个 employee 类，它包含有 name(姓名)、age(年龄)、sex(性别)、department(部门)、salary(工资)等数据成员与成员函数 print()，程序如下：

```
class employee{
  private:
    char name[10];
    int age;
    char sex;
    char department[20];
    float salary;
  public:
     void print();
};
```

从以上两个类的声明中可以看出，这两个类中的数据成员和成员函数有许多相同的地方。只要在 person 类的基础上再增加成员 department 和 salary，再对 print()成员函数稍加修改就可以定义出 employee 类。现在这样定义两个类，代码重复太严重。为了提高代码的可重用性，就必须引入继承性，将 employee 类说明成 person 类的派生类，那些相同的成员在 employee 类中就不需要再定义了。

```
// 下面定义一个派生类(employee 类)
class employee:public person{
  private:
    char department[20];
    float salary;
  public:
    //…
}
```

11.1.2　派生类的声明

声明一个派生类的一般格式为：

```
class 派生类名:派生方式 基类名{
    // 派生类新增的数据成员和成员函数
}
```

这里，“派生类名”就是要声明的新类名，新类名可由用户任意给出，只要符合标识符的命名规则即可；“基类名”是一个已经定义过的类；“派生方式”的关键字可以是 public、private 或 protected。如果使用了 private，则称派生类从基类私有派生；如果使用了 public，则称派生类从基类公有派生；如果使用了 protected，则称派生类从基类保护派生。

例如，employee 类从 person 类公有派生。employee 类继承了 person 类的所有特性，仅补充了新增的数据成员 department 与 salary，就达到了代码复用的目的。

公有派生、私有派生和保护派生方式各有其特点。

(1) 公有派生：基类的公有成员和保护成员作为派生类的成员时，它们都保持原有的状态，而基类的私有成员仍然是私有的。

(2) 私有派生：基类的公有成员和保护成员都作为派生类的私有成员，并且不能被这个派生类的子类所访问，缺省派生方式为 private。

(3) 保护派生：基类的所有公有成员和保护成员都成为派生类的保护成员，保护成员只能被它的派生类成员函数或友元访问，基类的私有成员仍然是私有的。

表 11.1 给出了这几种派生方式的访问特性。

表 11.1　公有派生、私有派生和保护派生的访问特性

派生方式	基类中的访问权限	派生类中的访问权限
公有派生 public	public protected private	public protected 不可访问
私有派生 private	public protected private	private private 不可访问
保护派生 protected	public protected private	protected protected 不可访问

例 11.1　派生类对基类的访问特性。

```
#include <iostream.h>
class A
{
  public:
    void f1();
  protected:
    int j1;
  private:
    int i1;
};
class B:public A
{
```

```
    public:
       void f2();
    protected:
       int j2;
    private:
       int i2;
};
class C:public B
{
    public:
       void f3();
};
```

针对例 11.1，提出如下问题：

(1) B 中成员函数 f2()能否访问基类 A 中的成员 f1()、i1、j1?

(2) B 的对象 b1 能否访问 A 中的成员？

(3) C 的成员函数 f3()能否访问直接基类 B 中的成员 f2()、i2、j2?

(4) C 的对象 c1 能否访问直接基类 B 中的成员？能否访问间接基类 A 中的成员 f1()、i1、j1?

根据表 11.1，对以上问题的回答如下：

(1) 可以访问 A 的 f1()、j1，不可访问 i1;

(2) 可以访问 A 的 f1()，不可访问 i1、j1;

(3) 可以访问 B 的 f2()、j2 和 A 的 f1()、j1，不可访问 i1、i2;

(4) 可以访问 B 的 f2()，A 的 f1()，其它的都不可以访问。

下面分别讨论私有派生、公有派生和保护派生的特性。

(1) 私有派生。

① 由私有派生得到的派生类，对它的基类的公有成员只能是私有继承。也就是说基类的所有公有成员都只能成为私有派生类的私有成员，这些私有成员能够被派生类的成员函数访问，但是基类私有成员不能被派生类成员函数访问。

例 11.2　私有派生类对基类成员的访问。

```
#include <iostream.h>
class base{                          // 声明一个基类
        int x;
    public:
        void setx(int n)    {x=n;}
        void showx()      {cout<<x<<endl;}
};
class derived:private base{          // 声明一个私有派生类
        int y;
    public:
```

```
        void sety(int n)   { y=n; }
        void showxy()      {cout<<x<<y<<endl;}  // 非法，派生类不能访问基类的私有成员
};
```

上述程序首先定义了一个类 base，它有一个私有数据 x 和两个公有成员函数 setx()和showx()，将 base 类作为基类，派生出一个类 derived，派生类 derived 私有继承了基类的成员， base 类的私有成员 x 在 derived 类中不可访问，base 类的公有成员函数在 derived 类中是私有的属性，可访问。该程序中函数 showxy()中出现的非法语句可改成如下形式：

```
void showxy()
{       showx();
        cout<<y<<endl;
}
```

这样程序就正确了。可见，基类中的私有成员既不能被外部函数访问，也不能被派生类成员函数访问，只能被基类自己的成员函数访问。因此，在设计基类时，总要为它的私有数据成员提供公有成员函数，以使派生类和外部函数可以间接使用这些数据成员。

② 私有派生时，基类的所有成员在派生类中都成为私有成员，外部函数不能访问。

例 11.3　外部函数对私有派生类继承来的成员的访问特性。

```
#include <iostream.h>
class base{
        int x;
    public:
        void setx(int n)   { x=n;}
        void showx()     { cout<<x<<endl;}
};
class derived:private base{
        int y;
    public:
        void sety(int n)   { y=n; }
        void showy()       { cout<<y<<endl; }
};
main()
{
      derived obj;
      obj.setx(10);            // 非法
      obj.sety(20);            // 合法
      obj.showx();             // 非法
      obj.showy();             // 合法
      return 0;
}
```

例 11.3 中派生类 derived 继承了基类 base 的成员。但由于是私有派生，所以基类 base

的公有成员 setx()和 showx()被 derived 私有继承后，成为 derived 的私有成员，只能被 derived 的成员函数访问，不能被外界函数访问。在 main()函数中，定义了派生类 derived 的对象 obj，由于 sety()和 showy()在类 derived 中是公有函数，所以对 obj.sety()和 obj.showy()的调用是没有问题的，但是对 obj.setx()和 obj.showx()的调用是非法的，因为这两个函数在类 derived 中已成为私有成员。

(2) 公有派生。在公有派生时，基类成员的可访问性在派生类中维持不变，基类中的私有成员在派生类中仍是私有成员，不允许外部函数和派生类中的成员函数直接访问，基类中的公有成员和保护成员在派生类中仍是公有成员和保护成员，派生类的成员函数可以直接访问，外部函数仅可访问基类中的公有成员。

例 11.4　声明公有派生。

```
#include <iostream.h>
class base{
        int x;
    public:
        void setx(int n)    { x=n;}
        void showx()        { cout<<x<<endl;}
};
class derived:public base{
        int y;
    public:
        void sety(int n)    { y=n; }
        void showy()      { cout<<y<<endl; }
};
main()
{
       derived obj;
       obj.setx(10);   // 合法
       obj.sety(20);   // 合法
       obj.showx();   // 合法
       obj.showy();   // 合法
       return 0;
}
```

在派生类中声明的名字可以支配基类中声明的同名的名字。如果在派生类的成员函数中直接使用该名字的话，则表示使用派生类中声明的名字。例如：

```
class X{
   public:
       int f();
};
class Y:public X{
```

```
  public:
    int f();
    int g();
};
void Y::g()
{
    f();    // 表示被调用的函数是 Y::f()，而不是 X::f()
}
```

对于派生类的对象的引用，也有相同的结论。例如：

```
Y obj;
obj.f();        // 被调用的函数是 Y::f()
```

如果要使用基类中声明的名字，则应使用作用域运算符来限定。例如：

```
Obj.X::f();  // 被调用的函数是 X::f()
```

(3) 保护派生。前面讲过，无论私有派生还是公有派生，派生类无权访问它的基类的私有成员，派生类要想使用基类的私有成员，只能通过调用基类的成员函数的方式来实现，也就是使用基类所提供的接口来实现。这种方式对于需要频繁访问基类私有成员的派生类而言，使用起来非常不便，每次访问都需要进行函数调用。C++ 提供了具有另外一种访问属性的成员—— protected。该成员可以被派生类访问，但是对于外界是隐藏的，外部函数不能访问它。保护派生时，基类的所有公有成员和保护成员都成为派生类的保护成员，并且只能被它的派生类成员函数或友元访问，基类的私有成员仍然是私有的。

例 11.5 声明保护派生。

```
#include <iostream.h>
class base{
      int x;
  public:
      void setx(int n)   { x=n;}
      void showx()     { cout<<x<<endl;}
};
class derived:protected base{
      int y;
  public:
      void sety(int n)   { y=n; }
      void showy()     { cout<<y<<endl; }
};
void main()
{    derived obj;
     obj.setx(10);              // 非法
     obj.sety(20);              // 合法
     obj.showx();               // 非法
```

```
        obj.showy();                  // 合法
    }
```

例 11.5 中派生类 derived 继承了基类 base 的成员。但由于是保护派生，所以基类 base 的公有成员 setx()和 showx()被 derived 保护继承，成为 derived 的保护成员，只能被 derived 的成员函数访问，不能被外界函数访问。在 main()函数中，定义了派生类 derived 的对象 obj，由于 sety()和 showy()在类 derived 中是公有函数，所以对 obj.sety()和 obj.showy()的调用是没有问题的。但是由于 setx()和 showx()这两个函数在类 derived 中已成为保护成员，因此对 obj.setx()和 obj.showx()的调用是非法的。

11.2　派生类的构造函数和析构函数

构造函数和析构函数不能被继承。由于构造函数可以带参数，所以派生类必须根据基类的情况来决定是否需要定义构造函数。

11.2.1　构造和析构的次序

通常情况下，当创建派生类对象时，首先执行基类的构造函数，随后再执行派生类的构造函数；当撤销派生类的对象时，则先执行派生类的析构函数，随后再执行基类的析构函数。

例 11.6　基类和派生类的构造函数和析构函数的执行顺序。

```
#include <iostream.h>
class base{
  public:
      base()      { cout<<"基类的构造函数"<<endl;}
      ~base()     { cout<<"基类的析构函数"<<endl;}
};
class derived: public base{
  public:
      derived()    { cout<<"派生类的构造函数"<<endl;}
      ~derived()   { cout<<"派生类的析构函数"<<endl;}
};
void main()
{
    derived obj;
}
```

程序运行结果为：

```
基类的构造函数
派生类的构造函数
派生类的析构函数
```

基类的析构函数

上述程序的运行结果反映了基类和派生类的构造函数和析构函数的执行顺序。

11.2.2 派生类构造函数的构造规则

当基类的构造函数没有参数，或没有显示定义构造函数时，派生类可以不向基类传递参数，甚至可以不定义构造函数。但由于派生类不能继承基类中的构造函数和析构函数，因此当基类含有带参数的构造函数时，派生类必须定义构造函数，以提供把参数传递给基类构造函数的途径。

在 C++ 中，派生类构造函数的一般格式为：

```
派生类构造函数名(参数表):基类构造函数名(参数表)
{
    //...
}
```

其中，基类构造函数的参数通常来源于派生类构造函数的参数表，也可以用常数值。

例 11.7 派生类构造函数给基类构造函数传递参数。

```
#include <iostream.h>
class base{
      int x;
   public:
       base(int a)          { cout<<"基类的构造函数"<<endl;   x=a;   }
       ~base()              { cout<<"基类的析构函数"<<endl;}
       void showx()         { cout<<x<<endl; }
};
class derived:public base{
      int y;
   public:
      derived(int a,int b):base(a)      //派生类的构造函数，要缀上基类的构造函数
      {   cout<<"派生类的构造函数"<<endl;
          y=b;
      }
      ~derived()            { cout<<"派生类的析构函数"<<endl;}
      void showy()          { cout<<y<<endl;}
};
void main()
{     derived obj(10,20);
      obj.showx();
      obj.showy();
}
```

程序运行结果为：

基类的构造函数
派生类的构造函数
10
20
派生类的析构函数
基类的析构函数

当派生类中含有对象成员时，派生类必须负责该对象成员的构造，其构造函数的一般形式为：

派生类构造函数名(参数表):基类构造函数名(参数表), 对象成员名 1(参数表),…,
对象成员名 n(参数表)
{
//…
}

其中，基类构造函数、对象成员的参数通常来源于派生类构造函数的参数表，也可以用常数值。在定义含有对象成员的派生类对象时，构造函数执行顺序为：基类的构造函数，对象成员的构造函数，派生类的构造函数。撤销这个对象时，析构函数的执行顺序与构造函数正好相反。

例 11.8　含有对象成员的派生类构造函数的执行情况。

```
#include <iostream.h>
class base{
      int x;
   public:
      base(int a)
      {    cout<<"基类的构造函数"<<endl;
           x=a;
      }
      ~base()          { cout<<"基类的析构函数"<<endl;}
      void showx()  { cout<<x<<endl; }
};
class derived:public base{
   public:
     base d;                                      // d 为基类对象，作为派生类的对象成员
     derived(int a,int b):base(a),d(b)    // 派生类的构造函数，缀上基类构造函数
                                                  // 和对象成员的构造函数
     {    cout<<"派生类的构造函数"<<endl;             }
          ~derived()       { cout<<"派生类的析构函数"<<endl;}
};
void main()
```

```
{     derived obj(10,20);
      obj.showx();
      obj.d.showx();
}
```

程序执行结果为：

```
基类的构造函数
基类的构造函数
派生类的构造函数
10
20
派生类的析构函数
基类的析构函数
基类的析构函数
```

说明：

(1) 当基类构造函数不带参数时，派生类不一定要定义构造函数；然而当基类的构造函数带有参数，哪怕是只带有一个参数时，它所有的派生类都必须定义构造函数，甚至构造函数的函数体可能为空，仅起参数传递的作用。

(2) 若基类使用缺省构造函数或不带参数的构造函数，则在派生类中定义构造函数时可略去"：基类构造函数名(参数表)"。若派生类也不需要构造函数，则可以不定义构造函数。

(3) 每个派生类只需负责其直接基类的构造。

11.3　多重继承

前面介绍的派生类只有一个基类，这种派生称为单一继承；当一个派生类具有多个基类时，这种派生方式称为多重继承。图 11.2 所示就是一个多重继承的例子。该例中玩具车有玩具和车两个基类，因此同时具备玩具和车的特性。

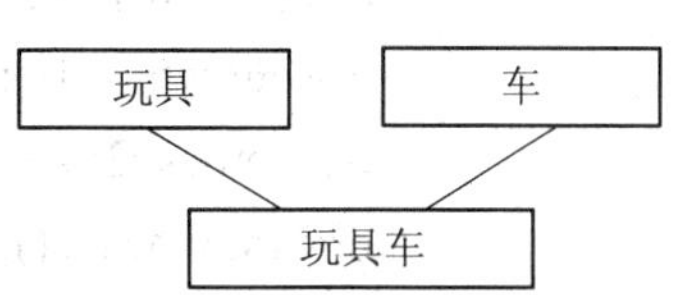

图 11.2　多重继承的例子

11.3.1　多重继承的声明

在 C++中，声明具有两个以上基类的派生类与声明单一继承的形式相似，其声明的一般形式如下：

```
class 派生类名：派生方式 1 基类名 1,…,派生方式 n 基类名 n{
    // 派生类新定义成员
};
```

冒号后面的部分称基类表，各基类之间用逗号分割，其中派生方式缺省为 private。在多重继承中，各种派生方式对于基类成员在派生类中的可访问性与单一继承的规则相同。

例 11.9　声明多重派生。

```
#include<iostream.h>
```

```
class base1{
      int a;
   public:
      void setbase1(int x){a=x;}
      void showbase1()   { cout<<"a="<<a<<endl;}
};
class base2{
      int b;
   public:
      void setbase2(int y){b=y;}
      void showbase2()   { cout<<"b="<<b<<endl;}
};
class derive:public base1,private base2{
      int c;
   public:
      void setderive(int x,int y)     {     c=x;   setbase2(y);   }
      void showderive()
      {     showbase2();
            cout<<"c="<<c<<endl;
      }
};
void main()
{     derive obj;
      obj.setbase1(3);
      obj.showbase1();
      obj.setbase2(4);        // 非法
      obj.showbase2();        // 非法
      obj.setderive(6,8);
      obj.showderive();
}
```

上面的程序中，类 base1 和类 base2 是两个基类，derive 从 base1 和 base2 多重派生。从派生方式看，类 derive 从 base1 公有派生，而从 base2 私有派生。根据派生的规则，类 base1 的公有成员在类 derive 中仍是公有成员，类 base2 的公有成员在类 derive 中是私有成员，所以在 main()函数中不能访问。

对基类的访问必须是无二义性的。多重继承时，若基类具有同名数据成员或函数，则要防止出现二义性。

例 11.10　多重继承时，对基类访问存在二义性的情况。

```
#include<iostream.h>
class base1{
```

```
    public:
        void show() { }
};
class base2{
    public:
        void show() { }
};
class derive:public base1,private base2{
    public:
        void showderive () { }
};
void main()
{       derive obj;
        obj.show();       // 二义性错误，不知调用的是 base1 的 show()还是 base2 的 show()
}
```

为了避免多重继承时存在的二义性，可以使用成员名限定消除二义性。例如：

```
obj.base1::show();
obj.base2::show();
```

11.3.2　多重继承的构造函数

多重继承构造函数的定义形式与单一继承构造函数的定义形式相似，只是 n 个基类的构造函数之间用逗号分隔，在多个基类之间则严格按照派生类声明时从左到右的顺序来排列先后。多重继承构造函数定义的一般形式如下：

派生类构造函数名(参数表)：基类构造函数名 1(参数表)，基类构造函数名 2(参数表)，…，基类构造函数名 n(参数表)

```
{
// 派生类中其它数据成员初始化
}
```

例 11.11　定义多重继承构造函数。

```
#include<iostream.h>
class base1{
        int a;
    public:
        base1(int x)          {a=x;}
        void showbase1()    { cout<<"a="<<a<<endl;}
};
class base2{
        int b;
    public:
```

```
        base2(int y)    {b=y;}
        void showbase2()    { cout<<"b="<<b<<endl;}
};
class derive:public base1,public base2{
        int c;
    public:
        derive(int x,int y,int z):base1(x),base2(y)     // 派生类 derive 的构造函数
                                                        // 缀上基类 base1 和 base2 的构造函数
        {     c=z;       }
        void showderive()  {     cout<<"c="<<c<<endl;  }
};
void main()
{       derive obj(1,2,3);
        obj.showbase1();
        obj.showbase2();
        obj.showderive();
}
```

11.4 虚 基 类

11.4.1 虚基类的引入

当引用派生类的成员时，首先在派生类自身的作用域中寻找这个成员，如果没有找到，则在它的基类中寻找。如果一个派生类是从多个基类派生出来的，而这些基类又有一个共同的基类，则在这个派生类中访问这个共同的基类中的成员时，可能会产生二义性。

例 11.12 多重派生产生二义性的情况。

```
#include<iostream.h>
class base{
    protected:
        int a;
    public:
        base()     {a=5;}
};
class base1:public base{
    public:
        base1()    {cout<<"base1 a="<<a<<endl;}
};
class base2:public base{
```

```
  public:
    base2()    {cout<<"base2 a="<<a<<endl;}
};
class derived:public base1,public base2{
  public:
    derived()    {cout<<"derived a="<<a<<endl;}
};
void main()
{
    derived obj;
}
```

上述程序中，类 base 是一个基类，从 base 派生出类 base1 和类 base2，这是两个单一继承；从类 base1 和类 base2 共同派生出类 derived，这是一个多重继承。类的层次关系如图 11.3 所示。

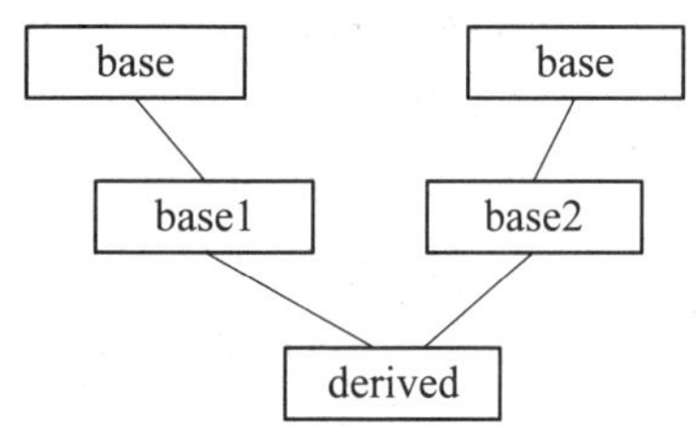

图 11.3　例 11.12 中类的层次关系图

这是一个存在问题的程序，问题出在派生类 derived 的构造函数的定义中，它试图输出一个它有权访问的变量 a，表面上看来这是合理的，但实际上它对 a 的访问存在二义性，即函数中变量 a 的值可能是从类 base1 的派生路径上来的，也有可能是从类 base2 的派生路径上来的，这里没有明确说明。

二义性检查在访问控制权限或类型检查之前进行。若访问控制权限不同或类型不同，则不能解决二义性问题。为了解决这种二义性问题，C++ 引入了虚基类的概念。

11.4.2　虚基类的定义

在例 11.12 中，如果类 base 只存在一个拷贝，那么对 a 的引用就不会产生二义性。在 C++中，如果想使这个公共的基类只产生一个拷贝，则可以将这个基类说明为虚基类。这就要求从类 base 派生新类时，使用关键字 virtual。

例 11.13　定义虚基类。

```
#include<iostream.h>
class base{
  protected:
    int a;
  public:
    base()    {a=5;}
};
class base1: virtual public base{          // virtual 和 public 次序可交换
  public:
    base1()    {cout<<"base1 a="<<a<<endl;}
};
```

```
class base2:virtual public base{
public:
    base2()   {cout<<"base2 a="<<a<<endl;}
};
class derived:public base1,public base2{
  public:
    derived()                  {cout<<"derived
a="<<a<<endl;}
};
void main()
{
    derived obj;
}
```

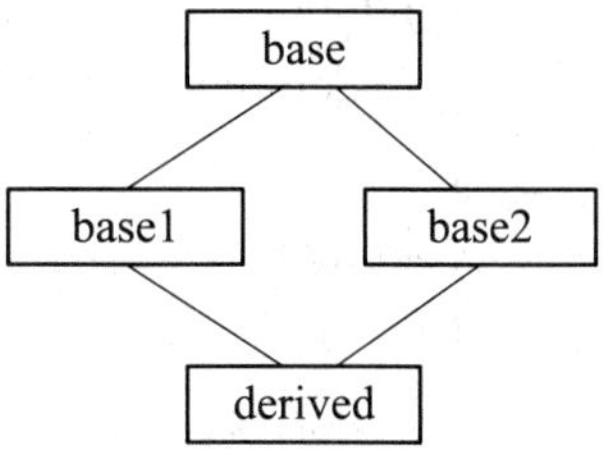

图 11.4　例 11.12 中类的层次关系图

在上述程序中，从类 base 派生出类 base1 和类 base2 时，使用了关键字 virtual，把 base 声明为 base1 和 base2 的虚基类，这样从 base1 和 base2 派生出的类 derived 只有一个间接基类 base，从而可以消除二义性。图 11.4 就是例 11.13 采用虚基类后的类层次图。

11.4.3　虚基类的初始化

虚基类的初始化与一般的多重继承的初始化在语法上是一样的，但构造函数的调用顺序不同。对虚基类构造函数的调用顺序是这样规定的：

(1) 若同一层次中包含多个虚基类，则这些虚基类的构造函数按对它们说明的先后次序调用。

(2) 若虚基类由非虚基类派生而来，则仍然先调用基类构造函数，再调用派生类的构造函数。

(3) 若同一层次中同时包含虚基类和非虚基类函数，则应先调用虚基类的构造函数，再调用非虚基类的构造函数，最后调用派生类的构造函数。例如：

```
class X: public Y, virtual public Z{
  //…
};
X obj;
```

定义类 X 的对象 obj 时，将产生如下调用顺序：

```
Z();
Y();
X();
```

例 11.14　含虚基类的派生类构造函数的执行顺序。

```
#include<iostream.h>
class base{
  protected:
    int a;
```

```
    public:
        base(int xa)
        {    a=xa;
             cout<<"base 的构造函数"<<endl;
        }
};
class base1:virtual public base{
        int b;
    public:
        base1(int xa,int xb):base(xa)
        {    b=xb;
             cout<<"base1 的构造函数"<<endl;
        }
};
class base2:virtual public base{
        int c;
   public:
        base2(int xa,int xc):base(xa)
        {    c=xc;
             cout<<"base2 的构造函数"<<endl;
        }
};
class derived:public base1,public base2{
        int d;
    public:
        derived(int xa,int xb,int xc,int xd):base(xa),base1(xa,xb),base2(xa,xc)
        {    d=xd;
             cout<<"derived 的构造函数"<<endl;
        }
};
void main()
{
     derived obj(1,2,3,4);
}
```

程序的运行结果为：

```
base 的构造函数
base1 的构造函数
base2 的构造函数
derived 的构造函数
```

不难看出，上述程序中虚基类 base 的构造函数只执行了一次。显然，当 derived 的构造函数调用了虚基类 base 的构造函数之后，类 base1 和类 base2 对 base 构造函数的调用被忽略了。这也是初始化虚基类和初始化非虚基类的不同之处。

在上述程序中，base 是一个虚基类，它有一个带参数的构造函数，因此要求在派生类 base1、base2 和 derived 的构造函数的初始化表中都必须带有对 base 构造函数的调用。

如果 base 不是虚基类，则在派生类 derived 的构造函数的初始化表中调用 base 的构造函数是错误的；但是当 base 是虚基类且只有带参数的构造函数时，就必须在类 derived 的构造函数的初始化表中调用类 base 的构造函数，情况正如例 11.14 所示。

11.5 小　结

继承的重要性是支持程序代码复用，它不仅能够从已存在的类中派生出新类，新类能够继承基类的成员，而且可以通过重载基类成员函数，产生新的行为。

本章介绍了 C++ 中继承的概念与用法，单一继承和多重继承的概念，派生类的构造函数和析构函数的构造规则，虚基类的引入和用法等。

习 题 十 一

1. 选择题

(1) 假定类 A 已经定义，对于以 A 为基类的单一继承类 B，以下定义中正确的是______。

A. class B:public A{//...};　　B. class A:public B{//...};

C. class B:public class A{//...};　　D. class A:class B public {//...};

(2) 派生类的对象对它的基类成员中可以访问的是______。

A. 公有继承的公有成员　　B. 公有继承的私有成员

C. 公有继承的保护成员　　D. 私有继承的公有成员

(3) 下列有关构造函数执行顺序说法正确的是______。

A. 当派生类创建对象时，先执行派生类的构造函数，随后再执行基类的构造函数

B. 当派生类创建对象时，先执行基类的构造函数，随后再执行派生类的构造函数

C. 当派生类创建对象时，只执行派生类的构造函数

D. 当派生类创建对象时，只执行基类的构造函数

(4) 下列虚基类的声明中正确的是______。

A. class B: public A virtual　　B. class virtual B: public A

C. class B: public virtual A　　D. virtual class B: public A

(5) 基类的______不能为派生类的成员访问；基类的______在派生类中的性质和继承的性质一样；基类的______在私有继承时在派生类中成为私有成员函数，在公有和保护继承时在派生类中仍为保护成员函数。

A. 公有成员　　B. 私有成员

C. 私有成员函数　　D. 保护成员函数

2. 填空题

(1) 派生类对基类的继承有三种方式：________、________、________。

(2) 类继承中，缺省的继承方式是__________。

(3) 若类Y是类X的私有派生类，类Z是类Y的公有派生类，则类Z______可以访问类X的保护成员和公有成员。

(4) 已知下面的程序框架，按注释中的提示补充细节。

```
#include <iostream.h>
class planet{
  protected:
    double distance;
    int revolve;
  public:
    planet(double d,int r)
    {    distance=d;    revolve=r;    }
};
class earth:public planet{
    double circumference;
  public:
    // 定义构造函数 earth(double d, int r)，并计算地球绕太阳公转的轨道周长。
    // 假定：circumference=2*d*3.1416
    ____________________________
    // 定义 show()函数显示所有信息
    ____________________________
};
void main()
{    earth ob(9300000,365);
     ob.show();
}
```

(5) 在下列给定的继承结构中，判断①～④处是否有二义性。

```
class base1{
  public:
    int x;
    int fun1();
    int fun2();
    int fun3();
};
class base2{
    int x;
    int fun1();
```

```
    public:
        char fun2();
        int fun3();
};
class derived:public base1,public base2
{};
void main()
{       derived *ptr;
        ptr->x=1;           //____①____
        ptr->fun1();        //____②____
        ptr->fun2();        //____③____
        ptr->fun3();        //____④____
}
```

3. 问答题

(1) 什么是多重继承？多重继承时，构造函数和析构函数的执行顺序是怎样的？

(2) 在类的派生类中为何要引入虚基类？虚基类构造函数的调用顺序是如何规定的？

(3) 大学里有这样几类人员：学生、教师、职员，给出这几类人员的类描述。

(4) 建立普通的基类 Building，用来存储一栋楼房的层数、房间数以及它的总平方数。建立派生类 House，继承 Building，并存储下面的内容：卧室与浴室的数量。另外，建立派生类 Office，继承 Building，并存储灭火器与电话的数目。

(5) 设计一个程序。有一个汽车类 Vehicle，它具有一个需要传递参数的构造函数，类中的数据成员包括：车轮个数 wheels 和车重 weight 作为保护成员；小车类 car 是它的私有派生类，其中包含载人数 passengers；卡车类 truck 是 Vehicle 的私有派生类，其中包含载人数 passengers 和载重量 payload。每个类都有相关数据的输出方法。

第 12 章　多　态　性

教学目标

※ 理解多态的概念和作用，掌握多态的实现方法。
※ 掌握函数重载、运算符重载的概念和用法。
※ 理解并掌握虚函数、纯虚函数和抽象类的概念和用法。

12.1　多态性概述

用同一个名字来访问不同函数的性质被称作多态性。也就是说，不同对象收到相同的消息时，产生不同的动作。使用多态性，一些相似功能的函数可用同一个名字来定义，这不仅使得概念上清晰，还可达到动态链接的目的，实现运行时的多态性。

在 C++ 中，多态性的实现和联编这一概念有关。一个源程序经过编译、链接成为可执行文件的过程就是联编。联编分为两类：静态联编和动态联编。静态联编又称前期联编，是指在运行之前就完成的编译；动态联编也称后期联编，是指在程序运行时才完成的编译。

静态联编支持的多态性称为编译时多态性，也称静态多态性。在 C++ 中，编译时多态性是通过函数重载和运算符重载实现的。动态联编支持的多态性称为运行时多态性，也称动态多态性。在 C++ 中，运行时多态性是通过继承和虚函数来实现的。

12.2　函 数 重 载

编译时的多态性可以通过函数重载来实现。函数重载有两种情况：一是参数有所差别的重载，其意义在于它能用同一个名字访问一组相关的函数，这在前面已经做过介绍；再一个是函数所带参数完全相同，只是它们属于不同的类。

例 12.1　在基类和派生类中重载函数。

```
#include<iostream.h>
class base{
     int x,y;
public:
     base(int a,int b)      { x=a; y=b;}
     void show()                        // 基类中的 show()函数
     {
          cout<<"执行基类中的 show()函数"<<endl;
```

```
        cout<<x<<","<<y<<endl;
    }
};
class derived:public base{
    int z;
public:
    derived(int a,int b,int c):base(a,b)
    {    z=c;    }
    void show()              // 派生类中的 show()函数
    {
        cout<<"执行派生类中的 show()函数"<<endl;
        cout<<z<<endl;
    }
};
void main()
{
    base b(20,20);
    derived d(8,8,30);
    b.show();                // 执行基类中的 show()函数
    d.show();                // 执行派生类中的 show()函数
    d.base::show();          // 执行基类中的 show()函数
}
```

在基类和派生类中进行函数重载时，编译时可用以下两种方法区别重载函数：

(1) 使用对象名加以区分。例如，b.show()和 d.show()分别调用类 base 和 derived 的 show()函数。

(2) 使用“类名::”加以区分。例如，d.base::show()调用的是 base 的 show()函数。

12.3 运算符重载

在 C++中，除了可以对函数重载外，还可以对大多数运算符实现重载。自定义的类运算往往用运算符重载函数来实现。运算符重载可以扩充语言的功能，就是将运算符扩充到用户定义的类型上去。运算符重载通过创建运算符函数 operator()来实现。可以重载成为类的成员，也可以重载成为类的友元。

12.3.1 运算符重载的规则

如果有一个复数类 complex：

```
class complex{
  public:
```

```
        double real;
        double imag;
        complex(double r=0,double i=0)
        { real=r; imag=i;}
    };
```

若要把 complex 的两个对象相加，下面的语句是不能实现的：

```
    complex obj1(1.1,2.2),obj2(3.3,4.4),total;
    total=obj1+obj2;          // 错误
```

这是因为类 complex 的类型不是基本数据类型，而是用户自定义的数据类型。因此 C++无法直接将两个 complex 类对象进行相加。

为了表达方便，人们希望能对自定义的类型进行运算，希望内部运算符(如“+”、“−”、“*”、“/”等)在特定的类对象上以新的含义进行解释，即实现运算符的重载。

C++为运算符重载提供了一种方法，使用以下形式进行运算符重载：

type operator@(参数表);

其中，@表示要重载的运算符，type 是返回类型。

说明：

(1) 除了“.”、“.*”、“::”、“?:”、“#”、“##”，其他运算符都可以重载。

(2) delete、new、指针、引用也可以重载。

(3) 运算符函数可以定义为内置函数。

(4) 用户定义的运算符不改变运算符的优先次序。

(5) 不可以定义系统定义的运算符集之外的运算符。

(6) 不能改变运算符的语法结构。

下面是一个使用运算符重载函数将类对象相加的例子。

例 12.2 使用运算符重载函数将类对象相加。

```
#include <iostream.h>
class complex{
  public:
    double real;
    double imag;
    complex(double r=0,double i=0)   { real=r; imag=i;}
};
complex operator+(complex co1,complex co2)
{
    complex temp;
    temp.real=co1.real+co2.real;
    temp.imag=co1.imag+co2.imag;
    return temp;
}
main()
```

```
{
    complex com1(1.1,2.2),com2(3.3,4.4),total1,total2;
    total1=operator+(com1,com2);      // 显式调用运算符函数 operater+( )
    cout<<"real1="<<total1.real<<"  "<<"imag1="<<total1.imag<<endl;
    total2=com1+com2;                 // 隐式调用运算符函数 operater+( )
    cout<<"real2="<<total2.real<<"  "<<"imag2="<<total2.imag<<endl;
    return 0;
}
```

可以看出，程序中定义了一个 operator+() 函数实现了 complex 对象的相加。在调用该函数时，可以采用显式调用和隐式调用。operator+() 函数是一个非类成员，所以将 complex 类的数据成员 real 和 imag 定义成了公有，以方便 operator+() 函数的访问，但这样破坏了 complex 的数据私有性，因此在重载运算符时通常重载为类的成员函数或友元函数。

12.3.2 运算符重载为成员函数

成员运算符定义的语法形式如下：

```
class X{
        //…
        type operator@(参数表);
        //…
};
type X::operator@(参数表)
{
        // 函数体
}
```

其中：type 为函数的返回类型，@为所要重载的运算符符号，X 是重载此运算符的类名，参数表中罗列的是该运算符所需要的操作数。

在成员运算符函数的参数表中，若运算符是单目的，则参数表为空(隐含操作数)；若运算符是双目的，则参数表中有一个操作数(隐含另一个操作数)。

1. 双目运算符重载为成员函数

对双目运算符而言，成员运算符函数的参数表中只有一个参数，它作为运算符的右操作数。此时，当前对象作为运算符的左操作数，它是通过 this 指针隐含地传递给函数的。可采用以下两种调用方式：

```
aa@bb;                 // 隐式调用，aa 和 bb 分别为左、右操作数
aa.operator@(bb);      // 显式调用
```

例 12.3 双目运算符重载为成员函数的应用。

```
#include<iostream.h>
class complex{
  private:
```

```
        double real;
        double imag;
    public:
        complex(double r=0.0,double i=0.0)   {   real=r; imag=i;}
        complex operator+(complex c);          // 重载复数“+”运算符为成员函数
        complex operator-(complex c);          // 重载复数“-”运算符为成员函数
        void show();
};
complex complex::operator +(complex c)
{
        complex temp;
        temp.real=real+c.real;
        temp.imag=imag+c.imag;
        return temp;
}
complex complex::operator -(complex c)
{
        complex temp;
        temp.real=real-c.real;
        temp.imag=imag-c.imag;
        return temp;
}
void complex::show()
{
        cout<<real;
        if(imag>0) cout<<"+";
        if(imag!=0) cout<<imag<<"i\n";
}
void main()
{
        complex A1(1.2,3.4),A2(5.6,7.8),A3,A4,A5,A6;
        A3=A1+A2;               // 对 operator +()隐式调用
        A4=A1-A2;               // 对 operator -()隐式调用
        A1.show();
        A2.show();
        A3.show();
        A4.show();
}
```

程序运行结果为：

```
1.2+3.4i
5.6+7.8i
6.8+11.2i
-4.4-4.4i
```

2. 单目运算符重载为成员函数

对单目运算符而言，成员运算符函数的参数表中没有参数，此时当前对象作为运算符的一个操作数。调用时可采用以下两种方式：

```
@aa;                    //隐式调用，aa 为操作数
aa.operator@();         //显式调用
```

例 12.4　单目运算符重载为成员函数的应用。

```
#include<iostream.h>
class MyClass{
    int x,y;
public:
    MyClass(int i=0,int j=0)   {x=i;y=j;}
    void print()   { cout<<"     x:"<<x<<", y:"<<y<<endl;}
    MyClass operator++();   // 定义单目运算符函数
};
MyClass MyClass::operator ++()
{
    ++x;      ++y;
    return *this;
}
void main()
{
    MyClass ob(10,20);
    ob.print();
    ++ob;                 // 隐式调用
    ob.print();
    ob.operator ++();   // 显式调用
    ob.print();
}
```

程序运行结果为：

```
x:10, y:20
x:11, y:21
x:12, y:22
```

12.3.3 运算符重载为友元函数

在 C++ 中，还可以把运算符函数定义成某个类的友元函数，称为友元运算符函数。友元运算符函数在类内声明格式如下：

friend type operator@(参数表);

类外函数实现形式如下：

```
type operator@(参数表)
{
   // 函数体
}
```

友元运算符函数与成员函数不同，它不属于任何类对象，没有 this 指针。若重载的是双目运算符，则参数表中有两个操作数；若重载的是单目运算符，则参数表中只有一个操作数。

1. 双目运算符重载为友元函数

当用友元函数重载双目运算符时，两个操作数都要传递给运算符函数，调用时可采用以下两种方式：

```
aa@bb;                  // 隐式调用，aa 和 bb 分别为左、右操作数
operator@(aa,bb);       // 显式调用
```

双目友元运算符函数 operator@所需要的两个操作数都在参数表中由对象 aa 和 bb 显式调用。

例 12.5 双目运算符重载为友元函数。

```
#include<iostream.h>
class complex{
   private:
      double real;
      double imag;
   public:
      complex(double r=0.0,double i=0.0) {    real=r; imag=i;}
      friend complex operator+(complex a,complex b);  // 重载复数"+"运算符为友元函数
      friend complex operator-(complex a,complex b);  // 重载复数"–"运算符为友元函数
      void show();
};
complex operator+(complex a,complex b)
{
      complex temp;
      temp.real=a.real+b.real;
      temp.imag=a.imag+b.imag;
      return temp;
```

```
}
complex operator -(complex a,complex b)
{
    complex temp;
    temp.real=a.real-b.real;
    temp.imag=a.imag-b.imag;
    return temp;
}
void complex::show()
{
    cout<<real;
    if(imag>0)    cout<<"+";
    if(imag!=0)   cout<<imag<<"i\n";
}
void main()
{
    complex A1(1.2,3.4),A2(5.6,7.8),A3,A4,A5,A6;
    A3=A1+A2;
    A4=A1-A2;
    A1.show();
    A2.show();
    A3.show();
    A4.show();
}
```

程序运行结果为：

```
1.2+3.4i
5.6+7.8i
6.8+11.2i
-4.4-4.4i
```

2. 单目运算符重载为友元函数

当用友元函数重载单目运算符时，需要一个显式的操作数，调用时可采用以下两种方式：

```
@ aa;                  // 隐式调用，aa 为操作数
operator@(aa);         // 显式调用
```

例 12.6　单目运算符重载为友元函数应用。

```
#include<iostream.h>
class MyClass{
    int x,y;
```

```
public:
    MyClass(int i=0,int j=0)   {x=i;y=j;}
    void print()    { cout<<"     x:"<<x<<", y:"<<y<<endl;}
    friend MyClass operator++(MyClass &op);   // 定义单目运算符函数为友元函数
};
MyClass operator ++(MyClass &op)
{
    ++op.x;
    ++op.y;
    return op;
}
void main()
{
    MyClass ob(10,20);
    ob.print();
    ++ob;                    // 隐式调用
    ob.print();
    operator ++(ob);         // 显式调用
    ob.print();
}
```

需要注意的是，使用友元函数重载“++”、“--”这样的运算符，可能会出现一些问题。现回顾一下例 12.4，用成员函数重载“++”的成员运算符函数。

```
MyClass MyClass::operator ++()
{
    ++x;      ++y;
    return *this;
}
```

由于所有的成员都有一个 this 指针，this 指针指向该函数所属类对象的指针，因此对私有数据 x 和 y 的任何修改都将影响实际调用运算符函数的对象。因此例 12.4 的执行是完全正确的。但是如果像下面那样用友元函数按以下方式改写例 12.6 的运算符函数将不会改变 main()函数中对象 ob 的值。例如：

```
MyClass operator ++(MyClass op)
{
    ++op.x;
    ++op.y;
    return op;
}
```

为了解决以上问题，使用友元函数重载单目运算符“++”和“--”时，应采用引用参数传递操作数，如例 12.6，这样形参的任何改变都影响实参，从而保持了两个运算符的原义。

12.3.4 “++”和“--”的重载

运算符“++”和“--”作前缀和后缀是有区别的。但是，C++ V2.1 之前的版本在重载“++”或“--”时，不能显示区分是前缀方式还是后缀方式。在 C++ V2.1 及以后的版本中，编辑器可以通过在运算符函数表中是否插入关键字 int 来区分这两种方式。

对于前缀方式 ++ob，可以使用运算符函数重载为：

```
ob.operator++();                // 成员函数重载
operator++(X &ob);              // 友元函数重载
```

对于后缀方式++ob，可以使用运算符函数重载为：

```
ob.operator++(int);             // 成员函数重载
operator++(X &ob, int);         // 友元函数重载
```

调用时，参数 int 一般被传递给值 0。

例 12.7 运算符“++”和“--”作前缀和后缀重载。

```
#include<iostream.h>
#include<iomanip.h>
class MyClass{
    int x1,x2,x3;
public:
    void init(int a1,int a2,int a3);
    void print();
    MyClass operator ++();                        // 成员函数重载“++”前缀方式原型
    MyClass operator ++(int);                     // 成员函数重载“++”后缀方式原型
    friend MyClass operator --(MyClass &);        // 友元函数重载“--”前缀方式原型
    friend MyClass operator --(MyClass &,int);    // 友元函数重载“--”后缀方式原型
};
void MyClass::init(int a1,int a2,int a3)
{   x1=a1; x2=a2; x3=a3;          }
void MyClass::print()
{   cout<<"   x1:"<<x1<<"   x2:"<<x2<<"   x3:"<<x3<<endl;}
MyClass MyClass::operator ++()
{
    ++x1; ++x2; ++x3;
    return *this;
}
MyClass MyClass::operator ++(int)
{
    x1++; x2++; x3++;
    return *this;
}
```

```
MyClass operator--(MyClass &op)
{
    --op.x1; --op.x2; --op.x3;
    return op;
}
MyClass operator--(MyClass &op,int)
{
    op.x1--; op.x2--; op.x3--;
    return op;
}
void main()
{
    MyClass obj1,obj2,obj3,obj4;
    obj1.init(4,2,5);
    obj2.init(2,5,9);
    obj3.init(8,3,8);
    obj4.init(3,6,7);
    ++obj1;
    obj2++;
    --obj3;
    obj4--;
    obj1.print();
    obj2.print();
    obj3.print();
    obj4.print();
    cout<<"--------------------"<<endl;
    obj1.operator ++();
    obj2.operator ++(0);
    operator--(obj3);
    operator--(obj4,0);
    obj1.print();
    obj2.print();
    obj3.print();
    obj4.print();
}
```

程序运行结果为：

```
x1:5   x2:3   x3:6
x1:3   x2:6   x3:10
```

```
x1:7   x2:2   x3:7
x1:2   x2:5   x3:6
--------------------
x1:6   x2:4   x3:7
x1:4   x2:7   x3:11
x1:6   x2:1   x3:6
x1:1   x2:4   x3:5
```

12.4 虚　函　数

虚函数是重载的另一种表现形式。虚函数允许函数调用与函数体之间的联系在程序运行时才建立，也就是在运行时才决定如何动作，即所谓的动态联编。

12.4.1 引入派生类后的对象指针

引入派生类后，由于派生类是由基类派生出来的，因此指向基类和派生类的指针也是相关的。其特点如下：

(1) 声明为指向基类对象的指针可以指向它的公有派生的对象，但不允许指向它的私有派生对象。

(2) 允许将一个声明为指向基类的指针指向其公有派生类的对象，但是不能将一个声明为指向派生类对象的指针指向其基类的对象。

(3) 声明为指向基类对象的指针，当其指向其公有派生类对象时，只能用它来直接访问派生类中从基类继承来的成员，而不能直接访问公有派生类中定义的成员。请看下例。

例 12.8 基类指针指向派生类。

```
#include <iostream.h>
class base{
      int a,b;
   public:
      base(int x,int y)
      {     a=x;
            b=y;
      }
      void show()
      {     cout<<"base--------\n";
            cout<<a<<"   "<<b<<endl;
      }
};
class derived:public base{
      int c;
```

```
  public:
    derived(int x,int y,int z):base(x,y) {     c=z;   }
    void show()
    {     cout<<"derived---------\n";
          cout<<c<<endl;
    }
};
void main()
{
    base ob1(10,20),*op;
    derived ob2(30,40,50);
    op=&ob1;
    op->show();
    op=&ob2;
    op->show();
}
```

程序运行的结果为：

```
base--------
10   20
base--------
30   40
```

从程序运行的结果可以看出，虽然执行了语句“op=&ob2;”后，基类指针 op 已经指向了对象 ob2，但是它所调用的函数仍然是其基类对象的 show()，显然这不是所期望的，这时期望调用的函数是 derived 的 show()。为了达到这个目的，可以将函数 show()声明为虚函数。

12.4.2 虚函数的定义及使用

使用对象指针的目的是为了表达一种动态多态性，即当指针指向不同对象时，执行不同的操作。但在例 12.8 中并没有起到这种作用。要想实现这种动态多态性，需引入虚函数的概念。

虚函数就是在基类中被关键字 virtual 说明，并在派生类中重新定义的函数。在派生类中重新定义时，其函数原型(包括返回类型、函数名、参数个数与参数类型的顺序)都必须与基类中的原型完全相同。

例 12.9 使用虚函数改写例 12.8，实现动态多态性。

程序如下：

```
#include <iostream.h>
class base{
    int a,b;
  public:
    base(int x,int y)
```

```
        {
            a=x;
            b=y;
        }
        virtual void show()                    //定义虚函数 show()
        {
            cout<<"base--------\n";
            cout<<a<<"   "<<b<<endl;
        }
};
class derived:public base{
        int c;
    public:
        derived(int x,int y,int z):base(x,y)  {    c=z;   }
        void show()                            //重新定义虚函数 show()
        {
            cout<<"derived---------\n";
            cout<<c<<endl;
        }
};
void main()
{
        base ob1(10,20),*op;
        derived ob2(30,40,50);
        op=&ob1;
        op->show();
        op=&ob2;
        op->show();
}
```

程序运行结果为：

```
base--------
10   20
derived---------
50
```

从程序运行的结果可以看出，执行了语句“op=&ob2;”后，基类指针 op 已经指向了对象 ob2，它所调用的函数是 derived 的 show()，达到了实现动态多态性的要求。

说明：

(1) 在基类中，用关键字 virtual 可以将其 public 或 protected 部分的成员函数声明为虚函数。在派生类对基类中声明的虚函数进行重新定义时，关键字 virtual 可以写也可以不写。

(2) 虚函数被重新定义时，其函数的原型与基类中的函数原型必须完全相同。

(3) 一个虚函数无论被公有继承多少次，它仍然保持虚函数的特性。

(4) 虚函数必须是其所在类的成员函数，而不能是友元函数，也不能是静态成员函数，因为虚函数调用要靠特定的对象来决定该激活哪个函数。但是虚函数可以在另一个类中被声明为友元函数。

12.4.3 虚析构函数

构造函数不能是虚函数，但析构函数可以是虚函数。看下面的例子。

例 12.10 析构函数定义不当造成内存泄漏。

```
#include "iostream.h"
class A {
   public:
      int *a;
      A() { a=new(int); }
      virtual void func1(){}
      ~A() {delete a; cout<<"delete a"<<endl; }
};
class B:public A{
   public:
      int *b;
      B() {b=new(int); }
      virtual void func1(){}
      ~B() { delete b; cout<<"delete b"<<endl; }
};
void main()
{
      A *pb=new B();
      delete pb;
}
```

程序运行结果为：

```
delete a
```

在 main 函数中，动态创建了一个 B 类对象。当 B 对象创建时，调用的是 B 类的构造函数。但是，当对象析构时，却调用的是 A 类的析构函数，B 类的析构函数没有被调用，因而发生了内存泄漏，这是不希望看到的。造成这种问题的原因是：当 A 类指针指向的内存单元(即 B 类对象的数据)被释放时，编译器看到指针类型是 A 类的，所以调用 A 类的析构函数。其实，这个时候需要调用指针所指向的对象类型的析构函数即 B 类的析构函数。虚函数能够满足这个要求。所以，可以使用虚析构函数来解决上面遇到的问题。

例 12.11 虚析构函数的使用。

```
#include "iostream.h"
```

```
class A {
  public:
    int *a;
    A() { a=new(int); }
    virtual void func1(){ }
    virtual ~A() {delete a; cout<<"delete a"<<endl; }
};
class B:public A{
  public:
    int *b;
    B() {b=new(int); }
    virtual void func1(){ }
    virtual ~B() { delete b; cout<<"delete b"<<endl; }
};

void main()
{
    A *pb=new B();
    delete pb;
}
```

程序运行得到所希望的结果：

```
delete b
delete a
```

从例 12.11 中还可以看到，虚析构函数的工作过程与普通虚函数不同，普通虚函数只是调用相应层上的函数，而虚析构函数是先调用相应层上的析构函数，然后逐层向上调用基类的析构函数。

12.5 抽　象　类

有时，基类往往表示一种抽象的概念，它并不与具体的事物相联系。例如，例 12.12 中，Shape 是一个基类，从 Shape 可以派生出三角形和矩形，这个类等级中的基类 Shape 体现了一个抽象的概念。显然，在 Shape 中定义一个求面积的函数是无意义的。但是可以将其说明为虚函数，为它的派生类提供一个公共的接口，各派生类根据所表示的图形的不同重新定义这些虚函数，以提供求面积的各自版本。为此，C++引入了纯虚函数和抽象类的概念。

例 12.12　用虚函数求三角形和矩形面积。

```
#include <iostream.h>
class Shape{
  protected:
```

```
        int width, height;
    public:
        void set_values (int a, int b)    { width=a; height=b; }
        virtual int area ()      { cout<<"No area"<<endl; return 0;}
};
class CRectangle: public Shape{
    public:
        int area (void)    { return (width * height); }
};
class CTriangle: public Shape{
    public:
        int area (void)    { return (width * height / 2); }
};
void main ()
{
        CRectangle rect;
        CTriangle trgl;
        Shape * ppoly1 = &rect;
        Shape * ppoly2 = &trgl;
        ppoly1->set_values (4,5);
        ppoly2->set_values (4,5);
        cout << ppoly1->area() << endl;
        cout << ppoly2->area() << endl;
}
```

纯虚函数是一个在基类中说明的虚函数，它在基类中没有定义，但要求在它的派生类中定义自己的版本，或重新说明为纯虚函数。

纯虚函数的一般形式如下：

```
virtual type 函数名(参数表)=0;
```

使用纯虚函数重写例 12.12 的类定义。

```
class Shape{
    protected:
        int width, height;
    public:
        void set_values (int a, int b)    { width=a; height=b;    }
        virtual int area ()=0;            // 纯虚函数
};
```

如果一个类至少有一个纯虚函数，那么就称该类为抽象类。因此，上述程序中定义的类 Shape 就是一个抽象类。对于抽象类的使用有以下几点规定：

(1) 由于抽象类中至少包含有一个没有定义功能的纯虚函数，因此抽象类只能用作其它

类的基类，也不能建立抽象类对象。

(2) 抽象类不能用作参数类型、函数返回类型或显式转换的类型。但可以声明指向抽象类的指针或引用，此指针可以指向它的派生类，进而实现多态性。

(3) 如果在抽象类的派生类中没有重新说明纯虚函数，而派生类只是继承基类的纯虚函数，则这个派生类仍然是一个抽象类。

分析下面例子，判断定义语句是否正确，写出理由：

```
class shape{
        //…
  public:
        //…
    virtual void show()=0;
};
shape s1;                // 错误，不能建立抽象类的对象
shape *ptr;              // 正确，可以声明指向抽象类的指针
shape f();               // 错误，抽象类不能作为函数的返回类型
shape g(shape s);        // 错误，抽象类不能作为函数的参数类型
shape &h(shape &);       // 正确，可以声明抽象类的引用
```

12.6　综合实例——俄罗斯方块游戏

本小节以俄罗斯方块游戏为例，阐述面象对象程序设计的全过程：面向对象的分析——面向对象的设计——面向对象的实现。其内容贯穿了 C++语言的基本语法知识和面向对象特性。封装、继承、多态在该例中都有所体现。

俄罗斯方块是由俄罗斯人阿列克谢·帕基特诺夫发明的。俄罗斯方块原名是俄语 Тетрис(英语是 Tetris)，这个名字来源于希腊语 tetra，意思是“四”，而游戏的作者最喜欢网球(tennis)。于是，他把两个词 tetra 和 tennis 合而为一，命名为 Tetris，这也就是俄罗斯方块名字的由来。

Tetris 游戏在一个 m × n 的矩形框内进行。游戏开始时，矩形框的顶部会随机出现一个由四个小方块构成的砖块，每过一个很短的时间(称这个时间为一个 tick)，它就会下落一格，直到它碰到矩形框的底部，然后再过一个 tick 它就会固定在矩形框的底部，成为固定块；接着再过一个 tick 顶部又会出现下一个随机形状，同样每隔一个 tick 都会下落，直到接触到底部或者接触到下面的固定块时；再过一个 tick 它也会成为固定块；再过一个 tick 之后会进行检查，发现有充满方块的行则会消除它，同时顶部出现下一个随机形状；……直到顶部出现的随机形状在刚出现时就与固定块重叠，表示游戏结束。

操作说明：左移；右移；翻转；下落。

Tetris 游戏的分析、设计与实现如下所述。

1. Tetris 游戏的矩形框类——CBin

(1) Tetris 游戏的矩形框可以描述成为一个二维数组 image，变量 width 和 height 存储了

image 的维数。如图 12.1 所示。有砖块的地方的值为砖块的颜色值(例如 1 为红色，4 为蓝色)，没有砖块的地方应为 0 值。

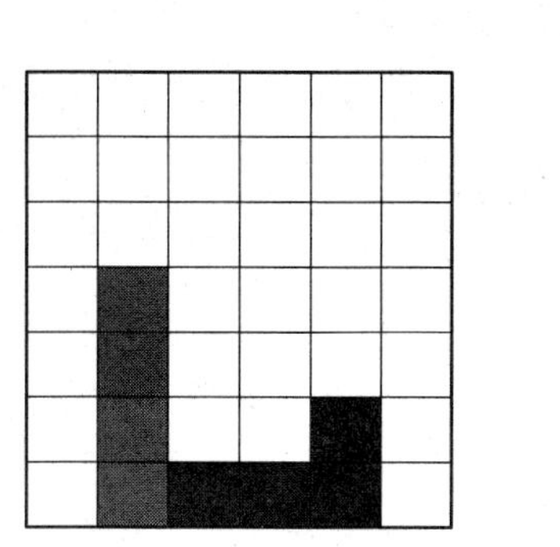

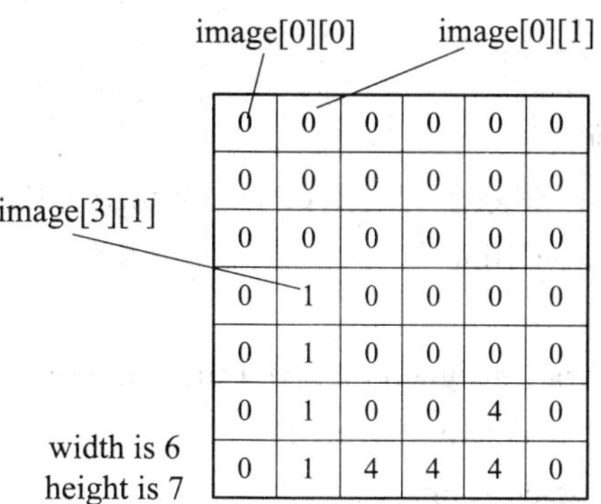

图 12.1　Tetris 游戏的矩形框

用自然语言和 C++语言对游戏的矩形框的描述见表 12.1。

表 12.1　Tetris 游戏的矩形框的描述

自然语言描述	C++语言描述
名称：矩形框	class CBin {
属性：	private:
高度	unsigned int width;
宽度	unsigned int height;
映像	unsigned char** image;
方法(操作):	public:
构造函数	CBin(unsigned int w, unsigned int h);
析构函数	~CBin();
获取矩形宽度值	unsigned int getWidth() { return width; }
获取矩形高度值	unsigned int getHeight() { return height; }
获取映像数据	void getImage(unsigned char** destImage);
设置映像数据	void setImage(unsigned char** srcImage);
删除整行	unsigned int removeFullLines();
	};

(2) 矩形框类方法的实现。

● 构造函数

算法描述：用来初始化数据成员 width 和 height，为 image 分配空间并初始化。

```
CBin::CBin(unsigned int w, unsigned int h)
{    width=w;
     height=h;
     image = new unsigned char* [height];
     for (unsigned int i = 0; i<height; i++)
     {    image[i] = new unsigned char [width];
```

```
            for (unsigned int j = 0; j<width; j++)
                image[i][j]=0;
        }
    }
```

● 析构函数

算法描述：删除在构造函数中为 image 分配的空间。

```
    CBin::~CBin()
    {
        for (unsigned int i=0; i<height; i++)
            delete image[i];
        delete[] image;
    }
```

● 获取映像数据

算法描述：将游戏面板的源映像数据拷贝到目的映像中。源映像为 CBin 类数据成员 image，目的映像为与 image 大小相同的二维数组 destImage。

```
    void CBin::getImage(unsigned char** destImage)
    {
         for (unsigned int i = 0; i<height; i++)
              for (unsigned int j = 0; j<width; j++)
                  destImage[i][j]=image[i][j];
    }
```

● 设置映像数据

算法描述：将源映像数据拷贝到目的映像中。源映像为与 image 大小相同的二维数组 srcImage，目的映像为 CBin 类数据成员 image。

```
    void CBin::setImage(unsigned char** srcImage)
    {    for (unsigned int i = 0; i<height; i++)
                 for (unsigned int j = 0; j<width; j++)
                     image[i][j]=srcImage[i][j];
    }
```

● 删除整行

算法描述：检查 image 的每一行是否被填满，如果任何一行完全填满，则删除这一行，并让上面行的数据下移一行，记录删除的总行数，并返回删除的总行数。

```
    unsigned int CBin::removeFullLines()
    {
        unsigned int flag,EmptyLine=0;
        unsigned int i,j,m;
        for (i=0; i<height; i++)
        {    flag=0;                    // 检查一行是否被填满
             for (j=0; j<width; j++)
```

```
        {       if (image[i][j]==0 )
                    flag=1;
        }
        if(flag==0)                          // 一行完全被填满
        {
            for(m=i; m>0; m--)               // 删除整行，依次下移
                for (j=0; j<width; j++)
                    image[m][j]=image[m-1][j];
            for (j=0; j<width; j++)
                image[0][j]=0;
            EmptyLine++;                     // 记录删除的行数
        }
    }
    return EmptyLine;
}
```

将游戏矩形框类的类定义代码写入文件 bin.h，实现代码写入文件 bin.cpp。

2. Tetris 游戏的砖块类

现在来完成 Tetris 砖块类。Tetris 的常用砖块见图 12.2。经分析所有的砖块都有共同的特征，因此可以定义一个所有砖块共同的基类 CBrick(可定义为抽象类，其描述见表 12.2)。

图 12.2　Tetris 的常用砖块

表 12.2　砖块类基类的描述

自然语言描述	C++ 语言描述
名称：砖块类	class CBrick {
属性：	protected:
状态	int orientation;
特定点 X 坐标	int posX;
特定点 Y 坐标	int posY;
颜色	unsigned char colour;
方法(操作):	public:
获取状态	int getOrientation(){ return orientation; }
获取位置 X 坐标	int getPosX(){ return posX; }
获取位置 Y 坐标	int getPosY(){ return posY; }
获取颜色	unsigned char getColour(){ return colour; }
设置状态	void setOrientation(int newOrient){ orientation = newOrient; }

续表

自然语言描述	C++ 语言描述
设置位置 X 坐标	void setPosX(int newPosX){ posX = newPosX; }
设置位置 Y 坐标	void setPosY(int newPosY){ posY = newPosY; }
设置颜色	void setColour(unsigned char newColour){colour= newColour; }
左移	int shiftLeft(CBin* bin);
右移	int shiftRight(CBin* bin);
下落	int shiftDown(CBin* bin);
旋转	int rotateClockwise(CBin* bin);
冲突检查	virtual int checkCollision(CBin* bin)=0;
设置游戏面板	virtual void operator>>(unsigned char** binImage)=0;
置顶	virtual void putAtTop(int newOrient, int newPosX)=0;
	};

CBrick 成员函数功能实现如下：

● 左移

算法描述：获取特定点 X 坐标，重设特定点 X 坐标为当前值减 1。检查冲突，如果冲突，则不能左移，恢复特定点 X 坐标，返回 0 值；否则，返回 1 值。右移、下落、旋转的算法与左移算法类似，重置 posX、posY、orientation 的值即可。详细代码请在西安电子科技大学出版社网站下载。

```
int CBrick::shiftLeft(CBin* bin)
{   int posX;
    posX=getPosX();
    setPosX(posX-1);
    if (checkCollision(bin)== 0)    {   setPosX(posX);   return 0; }
    return 1;
}
```

接下来以图 12.3 所示的砖块为例，阐述 I 型砖块类的设计与实现。

为图 12.3 砖块建立 CBrick 的派生类：CIBrick。CIBrick 类继承了 CBrick 的四个数据成员：orientation、posX、posY 和 colour。orientation 表示了“I”砖块的四个状态，可能的取值为{0, 1, 2, 3}，砖块的状态如图 12.4 所示，由状态 0 到状态 1 是“I”砖块固定一个特定点顺时针旋转 90°，依此类推，状态 3 的下一个状态是状态 0；posX、posY 记录了特定点(图中黑点)的坐标；colour 为砖块的颜色值。

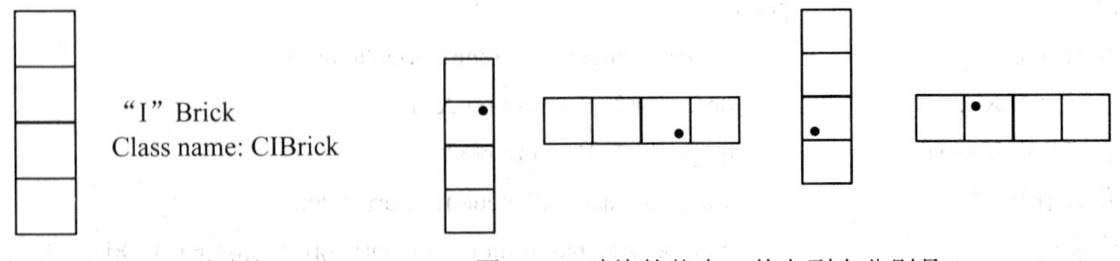

图 12.3　“I”型砖块

图 12.4　砖块的状态，从左到右分别是 0、1、2、3

CIBrick 的 C++ 类定义如下：

```
class CIBrick : public CBrick {
  public:
     int checkCollision(CBin* bin);
     void operator>>(unsigned char** binImage);
     void putAtTop(int newOrient, int newPosX);
};
```

重载的虚函数实现功能如下：

- 检查冲突

算法描述：获取游戏面板映像，获取当前砖块的状态和特定点，针对砖块不同的状态进行检查，如果冲突，返回 0 值；否则，返回 1 值。

```
int CIBrick::checkCollision(CBin* bin)
{   int width, height, orientation, posX, posY;
    unsigned char** image;
    idth=bin->getWidth();      height=bin->getHeight();
    image = new unsigned char* [height];
    for (int i = 0; i<height; i++)   image[i] = new unsigned char [width];
    bin->getImage(image);
    orientation=getOrientation();
    posX=getPosX();       posY=getPosY();
    if (orientation==0)     // I-brick 状态 0
    {   // 砖块碰到边界
        if( (posX<0)||(posX>width-1)||(posY<1)||(posY+2>height-1))
            return 0;
        // 砖块碰到其它固定砖块
        if ( (image[posY-1][posX]!=0)||(image[posY][posX]!=0)||
            (image[posY+1][posX]!=0)||(image[posY+2][posX]!=0))
            return 0;
    }
    // I-brick 状态 1、状态 2、状态 3 代码实现方式与 I-brick 状态 0 类似
    // …此处省略
  return 1;
}
```

- 设置游戏面板

算法描述：获取当前砖块的状态、特定点和颜色，针对砖块不同的状态进行设置。

```
void CIBrick::operator>>(unsigned char** binImage)
{     int orientation, posX, posY;
      unsigned char colour;
      posX=getPosX( );
```

```
        posY=getPosY();
        orientation=getOrientation();
        colour=getColour();
        if (orientation==0)        //I-brick 状态 0
        {    binImage[posY-1][posX]=colour;
             binImage[posY][posX]=colour;
             binImage[posY+1][posX]=colour;
             binImage[posY+2][posX]=colour;
        }
        // I-brick 状态 1、状态 2、状态 3 代码实现方式与 I-brick 状态 0 类似
        // …此处省略
    }
```

● 置顶

算法描述：根据新的特定点 X 坐标和状态，设置特定点的 Y 坐标，将砖块放在面板顶部。

```
    void CIBrick::putAtTop(int newOrient, int newPosX)
    {   etPosX(newPosX);
        setOrientation(newOrient);
        switch(newOrient)
        {   case 0:setPosY(1); break;
            case 1: setPosY(0); break;
            case 2: setPosY(2); break;
            case 3: setPosY(0); break;
        }
    }
```

仿照 CIBrick，完成其它 6 种形状砖块类的实现，将砖块类的类定义代码写在 brick.h 文件中，类实现代码写在 brick.cpp 文件中。

3. 游戏界面的设计

在 Visual C++ 6.0 平台下完成游戏界面的设计。

(1) 用 AppWizard 新建一个 Win32 Console 应用程序 NewTetris。

(2) 将 bin.h、bin.cpp、brick.h 和 brick.cpp 文件加入 NewTetris 工程。

(3) 添加一个 C++ 源文件 Tetris.cpp，内容如下：

```
    #include <stdio.h>
    #include <windows.h>
    #include <stdlib.h>
    #include <time.h>
    #include <conio.h>
    #include "bin.h"
```

```
#include "brick.h"
#define NUM_BRICK_TYPES 7           // 砖块的形状数，根据已定义的砖块数修改
void Welcome()                      // 游戏欢迎界面
{   printf("【欢迎进入俄罗斯方块游戏】\n");
    printf("[旋转：W 左移：A 右移：D 瞬间下落：S 暂停：p\n");
    printf("按任意键继续...");
    getch();
    system("cls");              // 调用清屏命令
}
void GotoXY(int x, int y)       // 设定输出位置
{   COORD c;
    c.X = x-1;      c.Y = y-1;
    SetConsoleCursorPosition (GetStdHandle(STD_OUTPUT_HANDLE), c);
}
void Display(unsigned char** img,int score)
// 显示游戏界面，img 为游戏面板对应的二维数组
{   int i,j;
    GotoXY(1,1);
    for(i=0;i<20;i++)
    {   printf("■");           // 左边墙
        for(j=0;j<10;j++)
        {   if(img[i][j]==0)        printf("  ");           // 此处为 2 个空格
            else                    printf("□");
        }
        printf("■\n");         // 右边墙
    }
    for(i=0;i<12;i++)   printf("■");                       // 输出游戏面板的底部
    GotoXY(30,5);       printf("SCORE:%d",score);           // 输出分数
    GotoXY(30,6);       printf("LEVEL=%d",score/100);       // 输出级别
}
void Pause()   //暂停功能
{   char c;
    GotoXY(1,23);   printf("Pause! ");
    do   {   c=getch(); }   while(c!='p');
}
void main()
{   unsigned int binWidth, binHeight;
    CBin* tetrisBin=NULL;                           // 指向游戏面板类对象的指针
    unsigned char** outputImage=NULL;               // 用于显示目的
```

```
//注意: outputImage 独立于 CBin 对象的 image
CBrick *activeBrick=NULL;          // 指向当前正在下落砖块的指针，注意指针类型
int difficulty=500;                // 难度
unsigned int i=0;
unsigned int j=0;
int gameOver=0;                    // 游戏是否结束
int brickInFlight=0;               // 砖块是否处于飞行状态
int brickType=0;                   // 砖块类别
unsigned int initOrientation=0;    // 初始状态
int notCollide=0;                  // 砖块是否冲突
int arrowKey=0;
int score=0;                       // 记录分数
binWidth = 10;                     // 游戏面板的宽度
binHeight = 20;                    // 游戏面板的高度
tetrisBin = new  CBin(binWidth,binHeight);      // 创建游戏面板类对象
Welcome();                         // 显示欢迎界面
GotoXY(1,1);
// 为游戏面板对应的二维数组动态开辟空间
outputImage = new unsigned char* [binHeight];
for (i=0; i<binHeight; i++)
{outputImage[i] = new  unsigned char [binWidth];
     for (unsigned int j = 0; j<binWidth; j++)
         outputImage[i][j]=0;
}
Display(outputImage,score);
while (!gameOver)              // 开始游戏
{if (!brickInFlight)
 {  // 没有砖块落下时，需要新建一个砖块
    // 新建砖块需要随机指定砖块的形状和初始状态
   brickType = (rand() % NUM_BRICK_TYPES) + 1;
   initOrientation = (unsigned int) (rand() % 4);
   if (brickType == 1)
        activeBrick = new CIBrick;   // 动态生成 I 型砖块对象
   else if (brickType == 2)
        activeBrick = new CLBrick;   // L 型砖块，需添加相应类定义代码
        // ...这里添加其它砖块类对象的生成代码
   activeBrick->setColour((unsigned char)brickType);   // 动态多态性的体现
   activeBrick->putAtTop(initOrientation, binWidth/2); // 动态多态性的体现
```

```
        notCollide = activeBrick->checkCollision(tetrisBin); // 检查是否冲突
        if (notCollide) {
            // 新建砖块同游戏面板的顶部没有冲突，就可以下落了
            brickInFlight = 1;
            tetrisBin->getImage(outputImage);
            // 拷贝游戏面板类的 image 到 outputImage
            activeBrick->operator>>(outputImage);
            // 输出当前下落砖块的映像到 outputimage
            Display(outputImage,score);          // 显示 outputImage
        }
        else {       // 新建砖块同游戏面板的顶部有冲突，
                     // 表明面板剩余空间已经放不下新砖块，游戏结束
            gameOver = 1;
            delete activeBrick;
            brickInFlight = 0;
        }
    }
    else                          // 当前有砖块正在下落，因此需要检测用户的按键
    {   if(kbhit())                              // 检测是否有键按下
        {   arrowKey = getch();                  // 检查用户输入
            if (arrowKey == 'd'||arrowKey == 'D')
                activeBrick->shiftRight(tetrisBin);
            else if (arrowKey == 'a'||arrowKey == 'A')
                activeBrick->shiftLeft(tetrisBin);
            else if (arrowKey == 'w'||arrowKey == 'W')
                activeBrick->rotateClockwise(tetrisBin);
            else if (arrowKey == 's'||arrowKey == 'S')    // 按向下按键加速下落
                {   while(activeBrick->shiftDown(tetrisBin));     }
            else if (arrowKey == 'p')
                Pause();
            tetrisBin->getImage(outputImage);        // 更新屏幕显示
            // 拷贝游戏面板类的内部图像到 outputImage
            activeBrick->operator>>(outputImage);
            // 输出当前下落砖块的映像到 outputimage
            Display(outputImage,score);
        }
        Sleep(difficulty);
        notCollide = activeBrick->shiftDown(tetrisBin);        // 砖块靠重力下落
```

```
                if (notCollide)
                {    tetrisBin->getImage(outputImage);
                     activeBrick->operator>>(outputImage);
                }
                else
                {   // 砖块落在底部或已固定的砖块上，不再下落
                    brickInFlight = 0;
                    tetrisBin->getImage(outputImage);
                    activeBrick->operator>>(outputImage);
                    tetrisBin->setImage(outputImage);
                    Display(outputImage,score);
                    switch (tetrisBin->removeFullLines())    // 检查是否需要消行
                    {   // 计分方式。这里还可以实现更复杂的计分方式
                        case 1:score++;break;
                        case 2:score+=3;break;
                        case 3:score+=5;break;
                        case 4:score+=8;break;
                    }
                    switch(score/100)     //等级确定
                    {   case 0:difficulty=500;break;
                        case 1:difficulty=200;break;
                        case 2:difficulty=100;break;
                        default: difficulty=50;
                    }
                    tetrisBin->getImage(outputImage);   // 检查消行后，更新外部图像面板
                }
                Display(outputImage,score);
            }
        }
        GotoXY(1,24);
        printf("Game Over");
        getch();
        for (i=0; i<binHeight; i++)     // 释放动态开辟的空间
             delete[] outputImage[i];
        delete[] outputImage;
    }
```

实例的完整源程序请从西安电子科技大学出版社网站下载。游戏运行界面如图 12.5 所示。

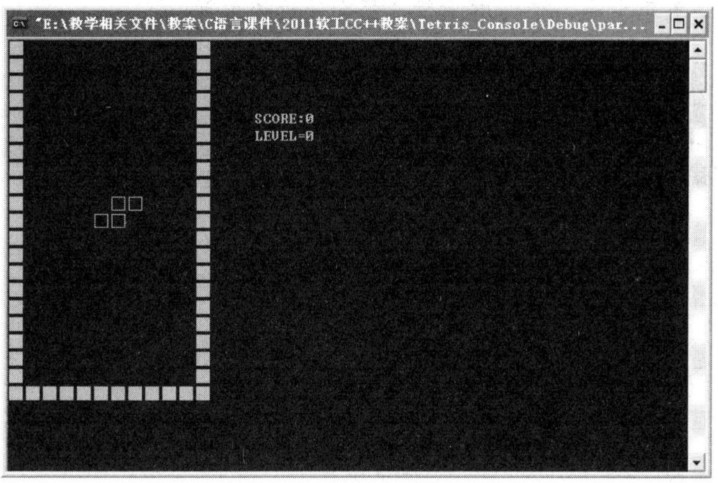

图 12.5　Tetris 游戏运行界面

12.7　小　　结

多态性是面向对象程序设计又一重要特征。本章主要陈述了静态多态性和动态多态性的概念与应用，静态多态性通过函数重载和运算符重载实现，动态多态性主要通过虚函数实现。

函数重载能用同一个名字访问一组相关的函数，减轻程序员记忆函数名的负担。

运算符重载是对已有的运算符赋予新的含义，使得已有运算符可对用户自定义类的类型进行运算。运算符重载的实质就是函数重载。

虚函数能够实现动态多态性。若将基类的同名函数设置为虚函数，使用基类类型指针就可以访问到该指针正在指向的派生类的同名函数。这样，通过基类类型的指针，就可以导致属于不同派生类的不同对象产生不同的行为，从而实现了运行时的多态性。

本章最后以“俄罗斯方块”游戏实例的程序设计贯穿了面向对象程序设计的方法与理念，为读者展示了面向对象程序设计的分析、设计与实现的全过程。

习 题 十 二

1. 选择题

(1) 编译时的多态性可以通过______获得。

A. 指针　　B. 重载函数　　C. 对象　　D. 虚函数

(2) 运行时的多态性通过使用______获得。

A. 虚函数　　B. 运算符重载　　C. 析构函数　　D. 构造函数

(3) 下面基类中的成员函数表示纯虚函数的是______。

A. virtual void func(int);　　B. void func(int)=0;

C. virtual void func(int)=0;　　D. virtual void func(int){};

(4) 如果一个类至少有一个纯虚函数，那么就称该类为______。

A. 抽象类　　B. 虚基类　　C. 派生类　　D. 以上都不对

(5) 下面的描述中，正确的是______。

A. virtual 可以用来声明虚函数

B. 含有纯虚函数的类是不可以用来创建对象的，因为它是虚基类

C. 即使基类的构造函数没有参数，派生类也必须建立构造函数

D. 静态数据成员可以通过成员初始化列表来初始化

2. 填空题

(1) 在程序运行之前就完成的联编称为______________；而在程序运行时才完成的联编称为______________。

(2) C++ 中______虚构造函数，但______虚析构函数。

(3) 抽象类不能______________，但可以______________________。

(4) 下列程序的运行结果如下：

Derive1's print() called.

Derive2's print() called.

根据结果将程序补充完整。

```
#include <iostream.h>
class Base{
  protected:
    int b;
  public:
    Base(int i)      { b=i; }
    _______________;
};
class Derive1:public Base{
  public:
    ___________________
    void Print()      { cout<<"Derive1's Print() called."<<endl; }
};
class Derive2:public Base
{    _____________________ };
void fun(_____________)       {    obj->Print();    }
void main()
{    _______________________
    fun(d1);
    fun(d2);
}
```

(5) 写出下列程序的运行结果________。

```
#include <iostream.h>
class Base {
   protected:
      int b;
   public:
      virtual int func()     {    return 0;    }
};
class Derived:public Base{
   public:
      int func()        {    return 100;    }
};
void main()
{     Derived d;
      Base &b=d;
      cout<<b.func()<<endl;
      cout<<b.Base::func()<<endl;;
}
```

3. 编程题

(1) 编写一个程序实现图书和杂志销售管理。当输入一系列图书和杂志销售记录后，将销售良好(图书每月 300 本以上，杂志每月 2000 本以上)的图书和杂志名称显示出来。

(2) 设计评选优秀教师和优秀学生的程序。判断标准如下：考试成绩超过 90 分的学生和一年发表论文超过 3 篇的教师分别是优秀学生和优秀教师。

(3) 应用抽象类，求圆、圆内接正方形和圆外切正方形的面积和周长。

(4) 应用面向对象程序设计方法，仿照“俄罗斯方块”游戏实例，实现“贪吃蛇”游戏。

第 13 章　模　板

教学目标

※ 理解模板的概念和作用。
※ 掌握函数模板的定义和应用。
※ 掌握类模板的定义和应用。

C++ 最重要的特性之一就是代码重用，为了实现代码重用，代码必须具有通用性。通用代码应该不受数据类型的影响，并且可以自动适应数据类型的变化。这种程序设计类型称为参数化程序设计。模板是 C++ 支持参数化程序设计的工具，通过它可以实现参数化多态性。所谓参数化多态性，是将一段程序所处理的对象类型参数化，就可以使这段程序能够处理某个类型范围内的各种类型的对象。使用模板可以使程序员建立具有通用类型的函数库和类库，缩短程序的长度，在某种程度上也增加了程序的灵活性。由于 C++ 语言的程序结构主要是由函数和类构成的，因此，模板也具有两种不同的形式：函数模板和类模板。

13.1　函 数 模 板

第 12 章介绍了函数重载，可以看出重载函数通常是对于不同的数据类型完成类似的操作。很多情况下，一个算法是可以处理多种数据类型的。但是用函数实现算法时，即使设计为重载函数也只是使用相同的函数名，函数体仍然要分别定义。如果能写一段通用代码适用于多种不同的数据类型，将会使代码的可重用性大大提高，从而提高软件的开发效率。使用函数模板就是为了这一目的。程序员只需对函数模板编写一次，然后基于调用函数时提供的参数类型，C++ 编译器将自动产生相应的函数来正确处理该类型的数据。一般函数是对相同类型数据对象操作的抽象。函数模板是对相同逻辑结构数据对象操作的抽象，是“生成”不同类型参数的重载函数的“模板”。

下面是求两个数据中最小值的函数 min()的实现过程。其中，a 和 b 可以是整型、实型，当然也可以是用户定义的数据类型。C++ 是强类型语言，参数 a 和 b 的类型在编译时就必须声明。因此需要对不同的数据类型分别定义不同的版本。

```
int min(int a, int b)          // 求两个整数中的最小值
{   int temp;
    temp=a<b?a:b;
    return temp;
}
```

```
float min(float a, float b)        // 求两个实型数据中的最小值
{   float temp;
    temp=a<b?a:b;
    return temp;
}
```

还有双精度实型、字符类型等的重载版本，程序代码几乎完全一致。能不能为这些函数只写一套代码呢？C++ 提供的模板机制可以解决上述问题。

使用模板，把数据类型本身作为一个参数，这样就可以使用一套代码完成不同数据类型的数据交换，实际上也使编程趋于标准化。与声明和定义通常不在一起的普通函数不同，函数模板的定义紧接其声明之后。其格式如下：

```
template <模板参数表>
返回值类型　函数名 (形参表)
{
  // 函数体
}
```

其中，template 是声明模板的关键字。模板参数表必须用尖括号<>括起来的，模板参数表可以有一个或多个模板参数项(用逗号分隔参数项)，每一个参数项由关键字 class 后跟一个标识符组成。例如：

```
template <class T>
```

或

```
template <class T1, class T2>
```

标识符 T、T1 和 T2 为类型参数，它们表示传递给函数的参数类型、函数返回值类型和函数中定义变量的类型。注意，类型参数在函数模板的定义中是一种抽象的数据类型，而不表示某一种具体的数据类型。在使用函数模板时，必须将这种类型参数实例化，即用某种具体的数据类型替代它。

编写函数模板的方法是：

第一步，定义一个普通的函数，数据类型采用具体的普通的数据类型。

第二步，将数据类型参数化，将其中需要使用到的具体数据类型名(如 int)全部替换成由自己定义的抽象的类型参数名(如 T)。

第三步，在函数头前用关键字 template 引出对类型参数名的声明。这样就把一个具体的函数改造成一个通用的函数模板。

例 13.1　用模板实现求两数中最小值函数 min( )。

```
#include <iostream.h>
template <class T>
T min(T a,T b)
{   T temp;
    temp=a<b?a:b;
    return temp;
}
```

```
void main( )
{    int a=10,b=20,c;
     c=min(a,b);
     cout<<" min("<< a<< ", "<< b<<")= "<<c<< endl;
     float m=8.7f, n=5.4f,p ;
     p=min(m,n);
     cout<<" min("<< m<< ", "<< n<<")= "<<p<<endl;
}
```

程序输出结果为:

```
min(10,20)=10
min(8.7,5.4)=5.4
```

在上面的程序中，分别调用了两次 min( )函数，一次是以整型参数调用的：

```
c=min(a, b);      // a,b 为 int 型
```

编译器从调用 min( )时的实参类型推导出函数模板的类型参数。由于实参 a 和 b 为 int 型，所以推导出函数模板中类型参数 T 为 int。当类型参数的含义确定后，编译器将以函数模板为样板，生成一个模板函数：

```
int min(int a, int b)
{    int temp;
     temp=a<b?a:b;
     return temp;
}
```

由其实现求两个整型数据中的最小值。同样地，再调用语句：

```
p=min(m, n);      // m,n 为 float 型
```

函数模板的参数 T 实例化为 float 型，生成参数为 float 型的 min( )函数，从而求出两个 float 型数据中的最小值。

说明：

(1) 虽然函数模板中的类型参数 T 可以被实例化为各种类型，其实际类型取决于模板函数给出的实参类型。但是，实例化 T 的各模板函数的实参之间必须保持完全一致的类型，否则会出现语法错误。

例 13.2　分析下面程序的运行结果。

```
#include <iostream.h>
template <class T>
T min(T a,T b)
{
  T temp;
  temp=a<b?a:b;
  return temp;
}
void main()
```

```
{
   int i=8;
   float d=10.2f;
   cout<<" min("<< i<< ", "<< i<<")= "<<min(i,i)<< endl;    // 正确，调用 min(int,int)
   cout<<" min("<< d<< ", "<< d<<")= "<<min(d,d)<< endl; // 正确，调用 min(float,float)
   cout<<" min("<< i<< ", "<< d<<")= "<<min(i,d)<< endl;  // 错误
}
```

错误的原因是函数模板中的类型参数只有到该函数真正被调用时才能确定其实际类型。在调用函数时，编译器按最先遇到的实参的类型隐含生成一个模板函数，并用它对所有的参数进行类型一致性检查。例如，对函数 max(i,d)，编译器首先按变量 i 的类型将类型参数 T 解释为 int 类型，而实参 d 是 float 类型，与 int 类型不一致(此处不进行隐含的类型转换)，因此将出现类型不一致错误。

(2) 区分两个术语——函数模板和模板函数。其中函数模板是对一组函数的描述，它不是一个实实在在的函数，编译系统并不产生任何执行代码；而模板函数则是类型参数实例化之后的函数。它们俩之间的关系就好像类与对象的关系。

(3) 模板函数与重载是密切相关的。从函数模板产生的模板函数都是同名的，因此编译器采用重载的解决方法调用相应函数。注意，模板函数虽然类似于重载函数，但它要更严格一些。函数被重载时，在每个函数体内可以执行不同的动作，但同一函数模板实例化后的所有模板函数都必须执行相同的动作。例如，下面的重载函数就不能用模板函数替代，因为它们所执行的动作是不同的。

```
void display(int x)  { cout<<x<<endl;  }
void display(char c){ cout<<" The char is " <<c<<endl; }
```

函数模板本身可以用多种方式重载。可以通过提供其它函数模板指定不同参数的相同函数名进行重载，也可以与其它非模板函数(同名而参数不同)重载。

例 13.3　分析以下程序的运行结果。

```
#include <iostream.h>
#include <string.h>
template <class T>
T Sum(T* array ,int size=0)                          // A
{
    T total=0;
    return  total;
}
template <class T1,class T2>
T2 Sum(T1* array1,T2* array2 ,int size=0)            // B
{
    T2 total=0;
    for(int i=0;i<size;i++)total+=array1[i]+array2[i];
    return total;
```

```
}
char* Sum(char* s1, char* s2)                    // C
{
   char* str=new char[strlen(s1)+strlen(s2)+1];
   strcpy(str,s1);
   return strcat(str,s2);
}
void main()
{
   int iArr[]={0,1,2,3,4,5,6,7};
   double dArr[]={0.2,1.2,2.2,3.2,4.2,5.2,6.2,7.2};
   int iTotal=Sum(iArr,10);                      // D
   char *p1="How ";
   char *p2="are you?";
   p1=Sum(p1,p2);                                // E
   double dTotal1=Sum(dArr,8);                   // F
   double dTotal2=Sum(iArr,dArr,8);              // G
   cout<<"The sum of integer array is: "<<iTotal<<endl;
   cout<<"The sum of double array is: "<<dTotal1<<endl;
   cout<<"The sum of integer array and double array is: "<<dTotal2<<endl;
   cout<<"The sum of two strings is: "<<p1<<endl;
}
```

执行程序后，输出结果为：

```
The sum of integer array is: 0
The sum of double array is: 0
The sum of integer array and double array is: 57.6
The sum of two strings is: How are you?
```

在 A 行、B 行和 C 行分别定义了三个同名函数 Sum()，A 行和 B 行定义了两个函数模板，C 行定义了一个一般函数，编译器采用重载方法调用相应的函数。主程序中四次调用了 Sum()函数；D 行调用 Sum(iArr,8)时，用 int 型数组 iArr 实例化函数模板 Sum(T*, int)的类型参数 T；F 行调用函数 Sum(dArr,8)时，用 double 型数组 dArr 实例化函数模板 Sum(T*, int)的类型参数 T；G 行调用函数 Sum(iArr,dArr,8)时，用 int 型数组 iArr 和 double 型数组 dArr 分别实例化函数模板 Sum(T1*, T2*, int)的类型参数 T1 和 T2；E 行调用函数 Sum(p1,p2)时，调用一般函数 Sum(char*, char*)。

在 C++ 编译时，函数模板和同名的非模板函数重载时，编译器通过如下的匹配过程确定调用哪一个函数：

(1) 先去匹配最符合函数名和参数类型的函数调用，即优先调用对应的一般函数(非模板函数)。如果参数完全匹配，则调用重载函数。

(2) 如果重载函数的参数类型不匹配，则去匹配函数模板，将其实例化产生一个匹配的模板函数，如果匹配成功，则调用此模板函数。

(3) 如果模板函数匹配不成功，编译器尝试通过类型转换来检验调用是否和重载函数匹配，如果是，则调用重载函数。

(4) 如果上述操作均不能进行，则产生编译错误。如果最后得到了多于一种选择，那么这个函数调用有二义性，指出是一种错误的函数调用。

13.2　类　模　板

使用类模板使用户可以为类声明一种模式，使得类中的某些数据成员、某些成员函数的参数、某些成员函数的返回值能取任意类型(包括系统预定义的和用户自定义的)。类是对一组对象的公共性质的抽象，而类模板则是对不同类的公共性质的抽象，因此类模板是属于更高层次的抽象。由于类模板需要一种或多种类型参数，所以类模板也常常称为参数化类。

定义类模板的格式为：

```
template <模板参数表>
class  类名
{
    // 类体
};
```

其中，template <模板参数表>的意义和函数模板相同，类中成员声明的方法与普通类的定义几乎相同，只是在它的各个成员(数据成员和函数成员)中通常要用到模板的类型参数。

如果需要在类模板以外定义其成员函数，则要采用以下的形式：

```
template<模板参数表>
返回值类型  类名::函数名(参数表)
{
  // 函数体
}
```

例如：

```
template <class T>
void Score<T>::input(T x)
{
   //…
}
```

表示定义一个类模板 Score 的成员函数，函数名为 input，形参 x 的类型是 T，函数无返回值。

类模板不代表一个具体的、实际的类，而代表若干个具有相同特性的类，它是生成类的样板。实际上，类模板的使用就是将类模板实例化为一个个具体的类，即模板类，然后再通过模板类建立对象。说明模板类对象的格式为：

<类名> <类型参数表> 对象 1, … , 对象 n;

其中，类型参数表必须用尖括号括起来，它由用逗号分隔的若干类型标识符或常量表达式构成。类型参数表中的参数与类模板定义时类型参数表中的参数必须一一对应。

当编译器遇到对类模板的使用时，将根据类型参数表中所给出的类型去替换类模板定义中的相应参数，从而生成一个具体的类，称其为类模板的一个实例，这个过程就是将类模板实例化的过程。类模板只有被实例化后才能定义对象。

看一个堆栈类实现的例子。无论堆栈中存放的是整数、浮点数或者是其他类型的元素，它在所有类型上进行的操作都是一样的，如入栈、出栈等。使用模板类，可以将元素的类型作为类的类型参数来处理，减少了代码的重复。

例 13.4　堆栈类模板 Stack 的使用。

```
#include <iostream.h>
template <class T>              // 定义堆栈类的模板
class Stack
{
    T*   data;
    int  top;                   // 栈顶
    int  size;                  // 堆栈的尺寸
    int  IsEmpty( )  { return (top<0)?  1:0;   }          // 判断堆栈是否为空
    int  IsFull( )   { return (top==size)?  1:0;   }      // 判断堆栈是否已满
  public:
    Stack(int n)                // 初始化堆栈
    {   data=new T[n];
        size=n;
        top=0;
    }
    ~Stack( )       {    delete[ ] data;     }
    void push(T a);                 // 压入操作
    T pop( );                       // 弹出操作
};
template <class T>                  // 类模板的成员函数的实现
void Stack<T>::push(T a)            // 堆栈类 Stack 的压入操作的实现
{
    if (IsFull( ) )  {    cout<<"Full of Stack"<<endl;}
    else             {    *(data+top++)=a;   }
}
template <class T>                  //类模板的成员函数的实现
T   Stack<T>::pop( )                //堆栈类 Stack 的弹出操作的实现
{
    if (IsEmpty( ) )     { cout<<"Empty of Stack"<<endl; }
    return(*(data + --top));
```

```
    }
    void main( )                              // 测试堆栈类模板 Stack
    {
        cout<<"----整数堆栈----\n";
        Stack<int>    x(5);                   // 定义一个可以放 5 个整型元素的堆栈
        x.push(1);
        x.push(2);
        cout<<x.pop( )<<endl;
        x.push(3);
        x.push(4);
        cout<<x.pop( )<<endl;
        cout<<x.pop( )<<endl;
        cout<<x.pop( )<<endl<< endl;
        cout<<"----浮点数堆栈----\n";
        Stack<float>    y(6);                 // 定义一个可以放 6 个浮点型元素的堆栈
        y.push(2.1f);
        y.push(3.4f);
        cout<<y.pop( )<<endl;
        y.push(5.2f);
        y.push(2.5f);
        cout<<y.pop( )<<endl;
        cout<<y.pop( )<<endl;
        cout<<y.pop( )<<endl<< endl;
    }
```

程序运行结果为：

```
----整数堆栈----
2
4
3
1
----浮点数堆栈----
3.4
2.5
5.2
2.1
```

在上面的程序中分别用堆栈类模板实现了两个堆栈模板类的操作，分别为整型堆栈和浮点型堆栈。注意在类模板实例化时，其参数类型是通过下面的格式明确指出的，如把参数类型实例化为 int 型：

```
Stack<int>   x(5);
```

这样，在编译时，系统就将类型参数 T 用 int 来替换，其它类模板实例化类似，模板类型参数列表可以有多个参数。

注意，类模板和模板类的关系同函数模板与模板函数的关系一样。

13.3 综 合 实 例

例 13.5 使用类模板编写一个对数组进行排序、查找和求元素和的程序。

分析：设计一个类模板 template<class T>class Array，用于对 T 类型的数组进行排序、查找和求元素和，然后由此产生模板类 Array<int>和 Array<double>。

```
#include<iostream.h>
#include<iomanip.h>
template <class T>
class Array
{     T *set;
      int n;
   public:
      Array(T *data,int i){set=data;n=i;}
      ~Array(){}
      void sort();              // 排序
      int seek(T key);          // 查找指定的元素
      T sum();                  // 求和
      void disp();              // 显示所有的元素
};
template<class T>
void Array<T>::sort()
{
   int i,j;
   T temp;
   for(i=1;i<n;i++)
      for(j=n-1;j>=i;j--)
         if(set[j-1]>set[j])
         {  temp=set[j-1];   set[j-1]=set[j];   set[j]=temp; }
}
template <class T>
int Array<T>::seek(T key)
{     int i;
      for(i=0;i<n;i++)
           if(set[i]==key)
```

```
            return i+1;
        return -1;
}
template<class T>
T Array<T>::sum()
{   T s=0;int i;
    for(i=0;i<n;i++)
        s+=set[i];
    return s;
}
template<class T>
void Array<T>::disp()
{
    int i;
    for(i=0;i<n;i++)
        cout<<set[i]<<"   ";
    cout<<endl;
}
void main()
{   int a[]={6,3,8,1,9,4,7,5,2};
    double b[]={2.3,6.1,1.5,8.4,6.7,3.8};
    Array<int>arr1(a,9);
    Array<double>arr2(b,6);
    cout<<" 序列 1:"<<endl;
    cout<<" 原序列:"; arr1.disp();
    cout<<" 8 在序列 1 中的位置:"<<arr1.seek(8)<<endl;
    arr1.sort();
    cout<<" 排序后:"; arr1.disp();
    cout<<" 序列 2:"<<endl;
    cout<<" 原序列:"; arr2.disp();
    cout<<" 8.4 在序列 2 中的位置:"<<arr2.seek(8.4)<<endl;
    arr2.sort();
    cout<<" 排序后:"; arr2.disp();
}
```

程序的执行结果为：

```
序列 1:
原序列：6  3  8  1  9  4  7  5  2
8 在序列 1 中的位置：3
排序后：1  2  3  4  5  6  7  8  9
```

序列 2:
原序列：2.3　6.1　1.5　8.4　6.7　3.8
8.4 在序列 2 中的位置：4
排序后：1.5　2.3　3.8　6.1　6.7　8.4

13.4 小　结

模板是 C++支持参数化多态性的工具。函数模板实现了类型参数化，将函数处理的数据类型作为参数，提高了代码的可重用性。类模板则使用户可以为类定义一种模式，使得类中的某些数据成员、某些成员函数的参数、某些成员函数的返回值能取任意类型(包括系统预定义的和用户自定义的)。

本章讨论了模板的概念、函数模板和模板函数的定义与应用、类模板与模板类的定义与应用，并给出了具体的应用实例。

习 题 十 三

1. 选择题

(1) 类模板的模板参数 ______。

A. 只可作为数据成员的类型　　B. 只可作为成员函数的返回类型

C. 只可作为成员函数的参数类型　　D. 以上三者皆可

(2) 一个________允许用户为类定义一种模式，使得类中的某些数据成员及某些成员函数的返回值能取任意类型。

A. 函数模板　　B. 模板函数　　C. 类模板　　D. 模板类

(3) 下列对模板的声明，正确的是______。

A. template<T>　　B. template<class T1,T2>

C. template<class T1,class T2>　　D. template<class T1;class T2>

(4) 设有函数模板：

```
template <class Q>
Q Sum(Q x,Q y)
{return (x)+(y);}
```

则下列语句中对该函数模板错误的使用是________。

A. Sum(10,2);　　B. Sum(5.0,6.7);

C. Sum(15.2f,16.0f);　　D. Sum("AB", "CD");

2. 简答题

(1) 函数模板与模板函数、类模板与模板类之间的关系如何?

(2) 分析以下程序的执行结果

```
#include<iostream.h>
```

```
template <class T>
T max(T x,T y)
{   return (x>y?x:y);   }
void main()
{       cout<<max(2,5)<<","<<max(3.5,2.8)<<endl;   }
```

(3) 分析以下程序的执行结果：

```
#include<iostream.h>
template <class T>
class Sample
{     T n;
   public:
      Sample(T i ){n=i;}
      void operator++();
      void disp(){cout<<"n="<<n<<endl;}
};
template <class T>
void Sample<T>::operator++()
{
    n+=1;                    //不能用"n++;"，因为 double 型不能用++
}
void main()
{   Sample<char> s('a');
    s++;
    s.disp();
}
```

3. 编程题

(1) 编写两个同名的函数，分别求出整型数的两点间距离和浮点型数的两点间距离，调试成功后，再将其改为用函数模板实现。

函数形式为：

```
double dist(int x1, int y1, int x2, int y2);
double dist(double x1, double y1, double x2, double y2);
```

(2) 定义一个求指数为正整数的幂函数的函数模板，并测试之。

(3) 定义一个模板类，实现任何数组的边界检查。

(4) 定义一个模板类，实现一个集合。类包含设置、清除并检测集合元素的功能。

第 14 章　异 常 处 理

教学目标

※ 理解异常处理机制。
※ 理解异常处理机制的实现。
※ 理解异常处理的执行过程。
※ 异常规范。

异常一般指的是程序运行期(Run-Time)发生的非正常情况。异常一般是不可预测的，如内存不足、打开文件失败、范围溢出等。一个优秀的软件，不仅要保证软件的正确性，而且还要保证软件具有一定的容错能力。也就是说，一个好的软件不仅要在正确的环境下或用户正确操作时运行正确，而且在环境出现意外或用户操作不当的情况下，也要力争做到允许用户排除环境错误，继续运行程序，或者至少要给出适当的提示信息，不能轻易地关闭程序，更不能出现灾难性的后果。因此，在设计程序时，要充分考虑各种可能出现的意外情况，给予适当的处理，即异常处理。

14.1　异常处理机制

C++语言异常处理机制的基本思想是将异常的检测与处理分离。当在一个函数体中检测到异常条件存在，但却无法确定相应的处理方法时，该函数将引发一个异常，由函数的直接或间接调用者捕获这个异常并处理这个错误。如果程序始终没有处理这个异常，最终它会被传到 C++运行系统那里，运行系统捕获异常后，通常只是简单地终止这个程序。

由于异常处理机制使得异常的引发和处理不必在同一函数中，这样，底层的函数可以着重解决具体问题而不必过多地考虑如何对异常进行处理；上层调用者可以在适当的位置设计对不同类型异常进行处理。

14.2　异常处理的实现

C++的异常处理机制通过 throw、try 和 catch 三个语句来实现。一般情况下，被调用函数直接检测到异常处理条件的存在，并使用 throw 引发一个异常；在上层函数中，使用 try 监测函数确定是否引发异常；检测到的各种异常由 catch 捕获并作出相应的处理，从而使程序从这些异常事件中恢复过来。下面具体介绍异常处理的语法。

14.2.1　异常处理的语法

1. throw 语法

```
throw <表达式>;
```

当某段程序发现处理不了的异常时，就可以使用 throw 语句将这个异常抛掷给调用者。throw 语句的使用与 return 语句类似，如果程序中有许多处要抛出异常，应该用不同的表达式类型来互相区别，表达式的值不能用来区别不同的异常。

2. try 语法

```
try
{
    复合语句
}
```

try 语句后的复合语句是代码的保护段。如果预料某段程序代码(或对某个函数的调用)有可能发生异常，就将它放在 try 语句之后。如果这段代码(或被调函数)运行时真的遇到异常情况，其中的 throw 表达式就会抛掷这个异常。

3. catch 语法

```
catch(异常类型 1  参数 1)
{
    复合语句 1          //针对异常类型 1 的处理语句
}
catch(异常类型 2  参数 2)
{
    复合语句 2          // 针对异常类型 2 的处理语句
}
…
catch(异常类型 n  参数 n)
{
    复合语句 n          // 针对异常类型 n 的处理语句
}
```

catch 语句后的复合语句是异常处理程序，捕获由 throw 表达式抛掷的异常。异常类型声明部分指明语句所处理的异常类型，它与函数的形参相类似，可以是某个类型的值，也可以是引用。这里的类型可以是任何有效的数据类型，包括 C++的类。当异常被抛掷后，catch 语句便依次被检查。若某个 catch 语句的异常类型声明与被抛掷的异常类型一致，则执行该段异常处理程序。如果异常类型声明是一个省略号(…)，catch 语句便处理任何类型的异常，但这段处理程序必须是异常处理程序的最后一段。

14.2.2　异常处理的执行过程

异常处理的执行过程如下:

(1) 通过正常的顺序执行到达 try 语句，然后执行 try 块内的保护段。

(2) 如果在保护段执行期间没有引起异常，那么跟在 try 块后的 catch 子句不执行。程序从 try 块后面跟随的最后一个 catch 语句之后的语句继续执行下去。

(3) 如果在保护段执行期间或在保护段调用的任何函数中(直接或间接的调用)有异常被抛出，则通过 throw 创建一个异常对象(这隐含指可能包含一个拷贝构造函数)。在此处，编译器在执行代码中寻找一个能够处理抛掷类型异常的 catch 处理程序(或一个能处理任何类型异常的 catch 处理程序)。catch 处理程序按其在 try 块后出现的顺序被检查，如果没有找到合适的处理程序，则继续检查下一个动态封闭的 try 块；此处理继续下去，直到最外层的封闭 try 块被检查完。

(4) 如果匹配的处理程序未找到，则函数 terminate()被自动调用。该函数的默认功能是终止程序。

(5) 如果找到一个匹配的 catch 处理程序，且它通过值进行捕获，则其形参通过拷贝异常对象进行初始化。如果它通过引用进行捕获，则参量被初始化为指向异常对象，在形参被初始化之后，"循环展开栈"的过程开始。这包括对那些在与 catch 处理程序相对应的 try 块开始和异常抛掷地点之间创建的(但尚未析构的)所有自动对象的析构。析构以与构造相反的顺序进行，然后 catch 处理程序被执行，接下来程序跳转到跟随在处理程序之后的语句。

接下来通过例子来理解异常处理的执行过程。

例 14.1　处理零异常。

```
#include    <iostream.h>
int Div(int x,int y);
void main()
{     try
      {     cout<<"5/2="<<Div(5,2)<<endl;
            cout<<"5/0="<<Div(5,0)<<endl;
            cout<<"5/1="<<Div(5,1)<<endl;
      }
      catch(int)
      {     cout<<"Exception of dividing zero."<<endl; }
      cout<<"That is OK!"<<endl;
}
int Div(int x,int y)
{     if(y==0)  throw y;
      return x/y;
}
```

程序运行结果为：

```
5/2=2
Exception of dividing zero.
That is OK!
```

从运行结果可以看出，当执行语句"cout<<"5/0="<<Div(5,0)<<endl;"时，在函数 Div()

中发生除零异常，异常被抛出后，在 main()函数中被捕获，异常处理程序输出有关信息后，程序流程跳转到主函数的最后一条语句，输出“That is OK!”，而 try 块中的下列语句没有被执行：

```
cout<<"5/1="<<Div(5,1)<<endl;
```

catch 处理程序的出现顺序很重要，因为在一个 try 块中，异常处理程序是按照它出现的顺序被检查的。只要找到一个匹配的异常类型，后面的异常处理都将被忽略。例如，在下面的异常处理块中，首先出现的是 catch(…)，它可以捕获任何异常，在任何情况下，其它的 catch 语句都不被检查。因此，catch(…)应该放在最后。

```
…
Try
{
    //…
}
catch(…)
{
    // 只在这里处理所有的异常，后面的异常处理程序段不会被检查
}
catch(const char *str)
{
    //…
}
catch(int)
{
    //…
}
…
```

14.3 异 常 规 范

异常规范(Exception Specification)提供了一种方案：它能够随着函数声明列出该函数可能抛出的异常，它保证该函数不会抛出任何其它类型的异常。异常规范跟随在函数参数表之后，它由关键字 throw 来指定，后面是用括号括起来的异常类型名表。异常规范的语法格式为：

值类型　函数名(形参表) throw(类型名表) 函数体

例如可以按如下方式给出 iStack 类的成员函数的声明以增加适当的异常规范：

```
class iStack {
  public:
    // ...
    void pop( int &value ) throw(popOnEmpty);
```

```
    void push( int value ) throw(pushOnFull);
  private:
  // ...
};
```

如果函数声明指定了一个异常规范，则同一函数的重复声明必须指定同一类型的异常规范，同一函数的不同声明上的异常规范是不能累积的。例如：

```
// 同一函数的两个声明
extern int foo(int parm) throw(string);
// 错误: 异常规范被省略
extern int foo(int parm) { }
```

如果函数抛出了一个没有被列在异常规范中的异常会怎么样？程序只有在遇到某种不正常情况时，异常才会被抛出。在编译时刻，编译器不可能知道在执行时程序是否会遇到这些异常。因此，一个函数的异常规范的违例只能在运行时刻才能被检测出来。如果函数抛出了一个没有被列在其异常规范中的异常，则系统调用 C++ 标准库中定义的函数 unexpected()。

unexpected()的缺省行为是调用 terminate()。在某些条件下可能有必要改变 unexpected()执行的动作，C++ 标准库提供了一种机制可让我们改变 unexpected()的缺省行为：

(1) 空的异常规范保证函数不会抛出任何异常，例如函数 no_problem()保证不会抛出任何异常。

```
extern void no_problem() throw();
```

(2) 如果一个函数声明没有指定异常规范，则该函数可以抛出任何类型的异常。否则在被抛出的异常类型与异常规范中指定的类型之间不允许类型转换。例如：

```
int convert( int parm ) throw(string)
{    // ...
     if (somethingRather)
    // 程序错误:
    // convert()不允许 const char* 型的异常
     throw "help!";
}
```

在函数 convert()中的 throw 表达式抛出"help!"字符串，由这个 throw 表达式创建的异常对象的类型为 const char*。通常 const char*型的表达式可以被转换成 string 类型，但是异常规范不允许从被抛出的异常类型到异常规范指定的类型之间的转换。如果 convert()抛出该异常，则调用函数 unexpected()。为了修正这种情况可以用如下语句修改 throw 表达式，显式地把表达式的值转换成 string 类型：

```
throw string( "help!" );
```

(3) 也可以在函数指针的声明处给出一个异常规范，例如:

```
void (*pf) (int) throw(string);
```

该声明表示 pf 是一个函数指针，它只能抛出 string 类型的异常。和函数声明一样，同一指针的不同异常规范不能累积。指针 pf 的所有声明都必须指定相同的规范，例如：

```
extern void (*pf)(int) throw(string);      //正确
void (*pf) (int);                          // 错误: 缺少异常规范
void recoup(int, int) throw(exceptionType);
void no_problem( ) throw( );
void doit(int, int) throw(string, exceptionType);
// 以下语句正确: recoup( )与 pf1 的异常规范一样严格
void (*pf1)( int, int ) throw(exceptionType) = &recoup;
// 以下语句正确: no_problem( )比 pf2 更严格
void (*pf2)( ) throw(string) = &no_problem;
// 以下语句错误: doit( )没有 pf3 严格
void (*pf3)( int, int ) throw(string) = &doit;
```

C++ 异常处理的真正能力不仅在于其处理各种不同类型异常的能力，还在于在堆栈循环展开期间，为异常丢弃前构造的所有局部对象自动调用析构函数的能力。

例 14.2　使用带析构语义的类的 C++ 异常处理。

```
#include    <iostream.h>
void MyFunc(void);
class CTest{
  public:
    CTest()     {};
    ~CTest()    {};
    const    char    *ShowReason()    const
    {    return    "Exception in CTest class.";    }
};
class   CDtorDemo{
  public:
    CDtorDemo( );
    ~CDtorDemo( );
};
CDtorDemo::CDtorDemo( )
{    cout <<"Constructing CDtorDemo.\n";    }
CDtorDemo::~CDtorDemo( )
{    cout<<"Destructing CDtorDemo.\n";    }
void    MyFunc( )
{    CDtorDemo D;
     cout <<"In MyFunc( ). Throwing CTest exception.\n";
     throw    CTest( );
}
void main( )
{    cout<<"In main.\n";
```

```
        try {     cout<<"In try block, calling MyFunc().\n";
                  MyFunc( );
          }
       catch (CTest E)
        {     cout<<"In catch handler.\n";
              cout<<"Caught CTest exception type;";
              cout<<E.ShowReason()<<"\n";
        }
        catch (char *str)
        {     cout<<"Canght some other exception:" <<str<<"\n";     }
        cout<<"Back in main. Execution resumes here.\n";
   }
```

程序运行结果为：

```
In main.
In try block, calling MyFunc()
Constructing CDtorDemo.
In MyFunc(). Throwing CTest exception.
Destructing CDtorDemo.
In catch handler.
Caught CTest exception type; Exception in CTest class.
Back in main. Execution resumes here.
```

注意在此例中，异常参量(catch 子句的参量)在两个 catch 处理器中都被说明：

```
catch(CTest    E)
  //...
catch(char    *str)
  //...
```

在很多情况下，通知处理器有某个特定类型的异常已经产生就足够了，但是如果在异常说明中没有说明一个异常对象，将无法访问 catch 处理程序子句中的那个对象。

一个不带操作数的 throw 表达式把当前正被处理的异常再次丢弃，这样一个表达式仅仅应该出现在一个 catch 处理器中或从 catch 处理器内部被调用的函数中，再次丢弃的异常对象是源异常对象(不是拷贝)。例如：

```
try {
    throw    CSomeOtherException();
}
catch(...)             // 处理所有异常
{  // 对异常作出响应(也许仅仅是部分的)
   // ...
   throw;              // 将异常传给某个其它处理器
}
```

14.4 小 结

异常一般指的是程序运行期发生的非正常情况。异常一般是不可预测的，例如内存不足、打开文件失败、范围溢出等。一个优秀的软件，不仅要保证软件的正确性，而且还要保证软件具有一定的容错能力。本章讨论了异常处理机制及其实现、异常处理的执行过程和异常规范，并给出了具体的应用实例。

习题十四

1. 什么叫做异常？什么叫做异常处理？
2. C++ 的异常处理机制有何优点？
3. 举例说明 throw、try、catch 语句的用法。
4. 什么是异常规范？

参考文献

[1] 谭浩强. C语言程序设计. 2版. 北京：清华大学出版社，1999.

[2] 谭浩强. C程序设计试题汇编. 北京：清华大学出版社，1998.

[3] 秦友淑，曹化工. C语言程序设计教程. 北京：电子工业出版社，2002.

[4] 方风波，宋世发，等. C语言程序设计. 北京：地质出版社，2006.

[5] 黄桂钦，于中华，高元鹏. C语言程序设计. 北京：机械工业出版社，1999.

[6] 赵永哲，李雄飞，戴秀英. C语言程序设计. 北京：科学出版社，2003.

[7] 李大友. C语言程序设计. 北京：清华大学出版社，2000.

[8] 卢凤双，张律. C语言程序设计案例教程. 北京：北京科海电子出版社，2002.

[9] 邱希春，周建中，陈莲君. C语言程序设计教程. 北京：清华大学出版社，2004.

[10] 顾治华. C语言程序设计. 四川：四川大学出版社，2004.

[11] 李春葆. C语言习题与解析. 2版. 北京：清华大学出版社，2004.

[12] 郑莉，董渊. C++语言程序设计. 北京：清华大学出版社，2001.

[13] 陈维兴，林小茶. C++面向对象程序设计教程. 北京：清华大学出版社，2000.

[14] 张富编. C及C++程序设计. 北京：人民邮电出版社，2000.

[15] 郭小刚，金星. C/C++程序设计教程. 北京：人民邮电出版社，2004.

[16] 王超，陈文斌，等. C++程序设计. 北京：地质出版社，2006.

[17] 林锐，韩永泉. 高质量程序设计指南——C/C++语言. 北京：电子工业出版社，2003.

[18] 周学毛. 新编C语言程序设计教程. 西安：西安电子科技大学出版社，2000.

[19] 马锐，胡思康. C++语言程序设计习题集. 北京：人民邮电出版社，2003.

[20] 揣锦华，李军民. C++程序设计语言. 西安：西安电子科技大学出版社，2003.